肖佳 著

HTTP抓包之接口自动化测试

人民邮电出版社
北京

图书在版编目（CIP）数据

HTTP抓包之接口自动化测试 / 肖佳著. -- 北京 ：人民邮电出版社，2020.12（2022.1重印）
ISBN 978-7-115-53431-6

Ⅰ. ①H… Ⅱ. ①肖… Ⅲ. ①计算机网络－通信协议－自动检测 Ⅳ. ①TN915.04

中国版本图书馆CIP数据核字(2020)第028151号

内 容 提 要

本书内容来自作者多年从事接口测试的经验总结，贴近实际，能帮助读者解决实际工作中的难题。本书的主要内容有 HTTP 的基础知识；如何使用 Fiddler 来抓 HTTP 包；如何分析 HTTP 包；如何通过 JMeter 和 Postman 等发送 HTTP 包，从而实现软件自动化测试和接口的自动化测试；如何使用抓包工具来实现安全测试和性能测试等；几个日常生活中应用比较广泛的综合实例。

本书图文并茂、实例丰富，方便读者参考并动手实践，适合前端开发工程师、测试工程师、线上故障技术人员、接口开发人员和 Web 开发人员阅读。

◆ 著　　　　肖 佳
责任编辑　武晓燕
责任印制　王 郁　焦志炜
◆ 人民邮电出版社出版发行　　北京市丰台区成寿寺路 11 号
邮编　100164　　电子邮件　315@ptpress.com.cn
网址　https://www.ptpress.com.cn
北京天宇星印刷厂印刷
◆ 开本：800×1000　1/16
印张：17.5　　2020 年 12 月第 1 版
字数：360 千字　　2022 年 1 月北京第 5 次印刷

定价：69.00 元

读者服务热线：(010)81055410　印装质量热线：(010)81055316
反盗版热线：(010)81055315
广告经营许可证：京东市监广登字 20170147 号

序

肖佳是我在 EMC 的同事，但是在他入职之前我们就神交已久。2012 年我从微软来到 EMC，工作方向从传统的操作系统数据库转向前后端结合的云存储系统，彼时我对 Web 系统测试方面的知识一片空白，又面临着非常大的项目压力。偶然间在网上阅读了肖佳关于 Fiddler 的一篇博客文章。那篇文章解决了我当时遇到的一个问题，令我受益匪浅。后来，我阅读了肖佳许多关于 Fiddler 使用的经典文章。这一系列文章为我提供了巨大的帮助，不仅让我快速了解了 Web 开发测试的相关知识，还让我对测试有了一个全新的认识。再后来，肖佳入职 EMC，他的丰富知识、专注和努力为团队的 Web 系统测试水平的快速提升做出了巨大贡献。

非常高兴看到肖佳把他的专业测试知识整理成书。这本书不仅全面介绍了如何使用 Fiddler 进行 HTTP 抓包，还提供了丰富的应用场景实战示例。本书除了介绍 HTTP 抓包及其应用，还介绍了许多 Web 应用方面的相关知识。本书内容深入浅出、图文并茂，阅读起来非常轻松。本书对 HTTP 抓包技术的知识体系重新进行了梳理，加入了作者在工作中新的实践、新的总结。本书对初、中级的测试人员而言是一本入门自动化测试非常有用的读物，对高级测试工程师来说是一本可以随时翻阅的参考书。希望读者能和我一样，从本书中获益，并在工作中不断取得进步。

林应

分众传媒技术总监

2020 年 5 月

前言

为什么写这本书

《HTTP 抓包实战》一书出版后受到了大家的广泛关注，非常感谢读者的信任。但是书里面还是有很多知识点需要扩展和深入，本书是《HTTP 抓包实战》的升级版。

关于“HTTP 抓包”，我打算写成一个系列，接下来几年会陆续出版《HTTP 抓包之性能测试》（暂定名）和《HTTP 抓包之安全测试》（暂定名）。

接口自动化测试是以后的主流

在现在的移动互联网时代，接口测试具备以下的优点。

- 投入产出比高。一个测试工程师一天能写完十几个接口的自动化测试。
- 公司需求大。大部分公司首选有接口自动化测试能力的技术人员。基本上所有的招聘要求测试工程师会接口自动化测试。
- 产品质量有保证。在快速迭代的过程中，一个完善的接口测试体系能够在很大程度上保证产品的质量。

UI 自动化的真面目会慢慢被发现

在过去几年，测试行业中比较流行的是 UI 自动化测试，然而在移动互联网时代，UI 自动化有一些缺点使其不太适合再使用。

- 投入产出比非常低。
- UI 自动化代码维护困难。产品前端的快速变化，会使 UI 代码的自动化管理的复杂程度呈几何级数增长。如果没有规划好，那么修改代码的成本将是一场灾难，即使自动化系统高度解耦，UI 元素的管理和调试的成本也非常巨大。

- UI 自动化对测试人员的技术水平要求非常高。
- 最致命的是 UI 自动化找不到太多的 Bug，还不如手工测试。

在高速迭代的移动互联网时代，越来越多的公司抛弃使用 UI 自动化而选择了接口自动化。

写书的过程

本书花了一年半的时间才写完。写书的过程非常累，非常痛苦，而且费脑子。每天早上 5 点多就起床，利用早上的 2 小时来写书。因为这个时候头脑最清醒，效率最高。

本书面向的读者对象

建议读者先阅读《HTTP 抓包实战》，再阅读本书。

本书适合测试工程师或者想要学习接口测试的读者。如果你是“大牛”级别的人物，请忽略本书。

本书可以帮助软件测试人员在较短的时间内快速掌握接口自动化测试，为项目中实施接口自动化测试提供更多的思路。

本书的独特之处

本书的内容都是我多年从事接口测试的经验总结，非常贴近我们的实际工作，能帮助大家解决实际工作中的难题。

本书的内容比较简单，实例丰富，读者阅读起来会感觉比较轻松、容易上手，读完本书不需要花费太多时间。如果读者通过本书的学习，能够自行开发出一个订票工具，或者实现一个电商网站的自动下订单操作，那么恭喜你，你已经掌握了本书的所有知识。

本书所介绍技术的适用场景

本书适用软件测试人员或者接口开发人员学习 HTTP 接口测试。

本书的内容和组织结构

本书分为 30 章，每章的内容并不多，但配有生动有趣的实例和大量的图片，方便读者参考并动手实践。读者可以很快学完一章，每学一章都会有成就感。

第 1～11 章：补充了一些 HTTP 的知识，包括如何使用 Fiddler 来抓 HTTP 包、如何分析 HTTP 包。

第 12～22 章：介绍了如何通过 JMeter、Postman 和 Python+requests 来发送 HTTP 包，以实现软件自动化测试和接口的自动化测试。

第 23～26 章：通过列举很多有意思的案例，介绍如何使用抓包工具来实现安全测试和性能测试。

第 27～30 章：运用本书所讲述的内容，实现了几个日常生活中应用比较广泛的综合实例。

勘误和支持

我为本书创建了一个学习 QQ 群：1035642205。我将在 QQ 群中解答读者的问题，并且给大家发送一些补充的学习资料。篇幅有限，还有很多复杂的例子没有办法写在本书上。

群名称:HTTP抓包之接口自动化测试
群　号:1035642205

由于本人能力有限，书中难免会出现一些错误，或者写得不好的地方，恳请读者批评指正。您可以加入我们的 QQ 群或者直接联系我。期待得到读者朋友的反馈。

致谢

感谢多位读者帮忙对这本书进行公测。我写完后找了读者试读，读者给我提供了很有用的建议。感谢陈慧楠、胡卉。

另外要感谢人民邮电出版社的武晓燕编辑，在本书写作过程中给予的大力支持。

肖佳
写于上海市杨浦区五角场
2019 年 7 月 27 日

资源与支持

本书由异步社区出品，社区（https://www.epubit.com/）为您提供相关资源和后续服务。

提交勘误

作者和编辑尽最大努力来确保书中内容的准确性，但难免会存在疏漏。欢迎您将发现的问题反馈给我们，帮助我们提升图书的质量。

当您发现错误时，请登录异步社区，按书名搜索，进入本书页面，单击“提交勘误”，输入勘误信息，单击“提交”按钮即可。本书的作者和编辑会对您提交的勘误进行审核，确认并接受后，您将获赠异步社区的 100 积分。积分可用于在异步社区兑换优惠券、样书或奖品。

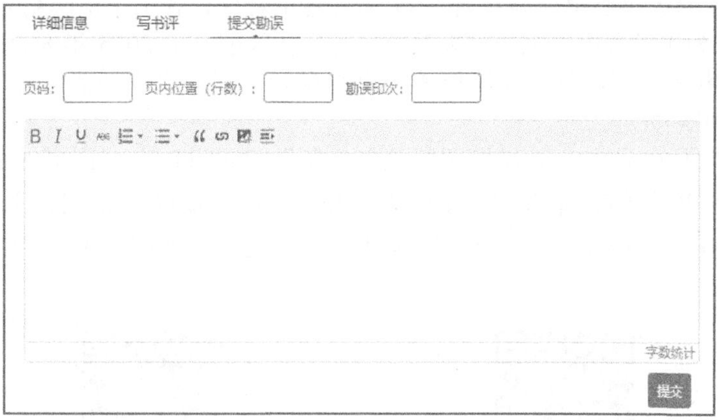

扫码关注本书

扫描下方二维码，您将会在异步社区微信服务号中看到本书信息及相关的服务提示。

与我们联系

我们的联系邮箱是 contact@epubit.com.cn。

如果您对本书有任何疑问或建议，请您发邮件给我们，并请在邮件标题中注明本书书名，以便我们更高效地做出反馈。

如果您有兴趣出版图书、录制教学视频，或者参与图书翻译、技术审校等工作，可以发邮件给我们；有意出版图书的作者也可以到异步社区在线投稿（直接访问 www.epubit.com/selfpublish/submission 即可）。

如果您所在的学校、培训机构或企业想批量购买本书或异步社区出版的其他图书，也可以发邮件给我们。

如果您在网上发现有针对异步社区出品图书的各种形式的盗版行为，包括对图书全部或部分内容的非授权传播，请您将怀疑有侵权行为的链接发邮件给我们。您的这一举动是对作者权益的保护，也是我们持续为您提供有价值的内容的动力之源。

关于异步社区和异步图书

“异步社区”是人民邮电出版社旗下 IT 专业图书社区，致力于出版精品 IT 技术图书和相关学习产品，为作译者提供优质出版服务。异步社区创办于 2015 年 8 月，提供大量精品 IT 技术图书和电子书，以及高品质技术文章和视频课程。更多详情请访问异步社区官网 https://www.epubit.com。

“异步图书”是由异步社区编辑团队策划出版的精品 IT 专业图书的品牌，依托于人民邮电出版社近 30 年的计算机图书出版积累和专业编辑团队，相关图书在封面上印有异步图书的 LOGO。异步图书的出版领域包括软件开发、大数据、AI、测试、前端、网络技术等。

异步社区

微信服务号

目录

第1章

抓包的用处

数据包也叫报文，捕获数据包简称抓包。抓包（Packet Capture）就是对网络传输中发送与接收的数据包进行截获、重发、编辑、转存等操作，也用来检查网络安全。IT 从业人员都应该学会抓包。抓到包后，具体能做什么取决于你的思路。

改包是指把抓到的包进行修改，再发送出去。Fiddler 是抓包、改包的“神器”，简称 FD。搜索“FD 抓包”或“FD 改包”，可以找到 Fiddler 很多特殊的用法。

1.1 Fiddler 抓包的应用

很多人听说过抓包，但是并不知道抓包可以做什么。抓到包后，你就可以分析客户端与服务器之间是如何交互的了。

修改包的用途就更广泛了。把抓到的数据包修改后再发送给服务器，可以测试服务器的安全机制。抓包本身不难，关键在于如何分析。

抓包高手能做到这些：

- 开发全自动买票软件，比如自动买火车票、演唱会门票和电影票，采用多线程登录账户，一次可以购买多张；
- 实现电商网站全自动化下订单；
- 自动登录邮箱，读取邮箱中的邮件；
- 通过分析 HTTP 数据包，来查找网站系统的漏洞；
- 开发网络爬虫，抓取数据。

抓包的应用非常广泛，如图 1-1 所示。

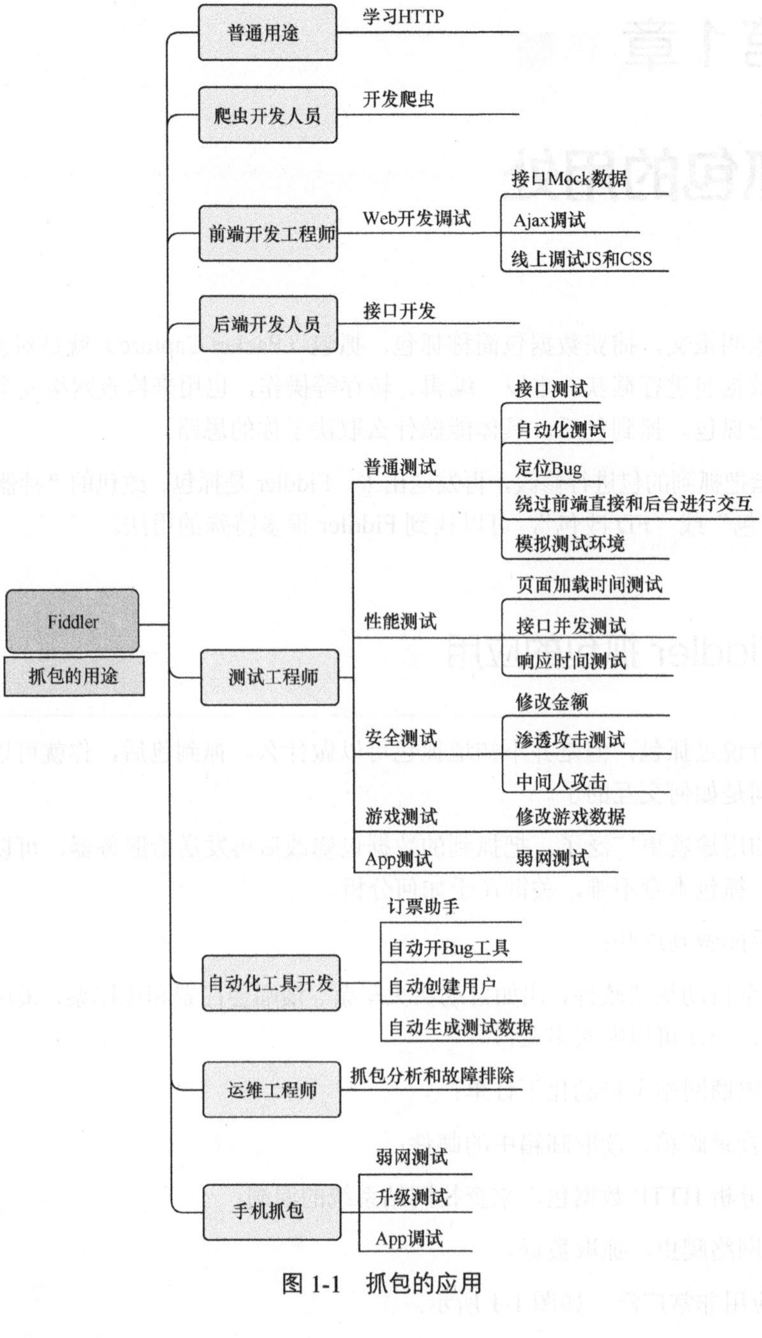

图 1-1 抓包的应用

1.2 学习 HTTP

HTTP 是一种网络协议。学习 HTTP 较好的方法就是使用抓包工具去分析 HTTP 请求和响应的内容。就好比如果想学习 TCP/IP，就必须使用 Wireshark 工具去抓包，分析 TCP 包的内容。

学习 HTTP，非常重要的是熟记 HTTP 请求和 HTTP 响应的结构。不管用什么抓包工具都是为了抓取想要的数据包，不管用什么发包工具都是为了发送数据包。

1.2.1 HTTP 请求的结构

HTTP 请求分为 3 个部分：首行、信息头和信息主体。这 3 个部分的结构一定要记住。特别是信息主体中数据的格式一定要清楚。

```
POST http://123.206.30.76/clothes/index/login HTTP/1.1
Host: 123.206.30.76
Content-Type:application/x-www-form-urlencoded;charset=utf-8
User-Agent: Mozilla/5.0  Chrome/71.0.3578.98 Safari/537.36
Connection: keep-alive

username=tankxiao%40outlook.com&password=test1234
```

1.2.2 HTTP 响应的结构

HTTP 响应也分为 3 个部分，重点要理解状态码的含义。状态码是一个 3 位数字的代码，用来表示网页服务器超文本传输协议的响应状态。

```
HTTP/1.1 200 OK
Date: Sun, 06 Jan 2019 23:30:17 GMT
Content-Type: text/html; charset=utf-8
Content-Length: 63
Connection: keep-alive
Cache-Control: private
Set-Cookie: ASP.NET_SessionId=0q1bheoez45kimbejjsixove; path=/; HttpOnly
Set-Cookie: ht_cookie_user_name_remember=HT=%e8%82%96%e4%bd%b3; path=/
Set-Cookie: ht_cookie_user_pwd_remember=HT=CF03E6F3D17B1851; path=/
Server: WAF/2.4-12.1

{"status":1, "msg":"会员登录成功！","url":"/index.aspx"}
```

『1.3 爬虫』

理解 HTTP 是写爬虫的必备基础。学习任何爬虫都要从 HTTP 学起。

抓包是了解客户端和服务器交互的过程，爬虫是了解交互过程后模拟请求获取数据的工具，两者相辅相成。可以说抓包是做爬虫的基础，不抓包直接写爬虫就像是蒙着眼睛找东西。爬虫示意图如图 1-2 所示。

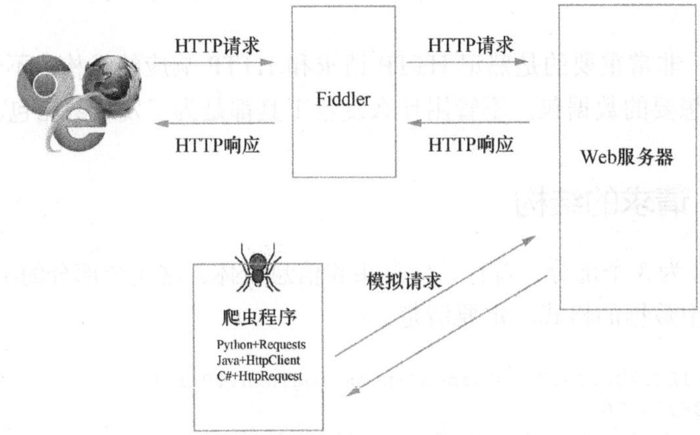

图 1-2 爬虫示意图

先进行抓包分析，再进行程序模拟，这就是爬虫的开发过程，以此来达到爬虫的目的。

爬虫抓取数据的优先级是手机 App 端>手机网页端>PC 端。

爬虫的应用

接下来介绍一下如何对二手房楼盘数据进行爬取。

某程序员想要买房，于是他写了二手房楼盘数据爬虫，来抓取二手房楼盘的各种数据，包括房屋大小和价格。然后他就从中挑选满意的房子，相比去现场看房，这种方法的效率更高，或许更有可能买到实惠、优质的房子。

爬虫的运行结果如图 1-3 所示。

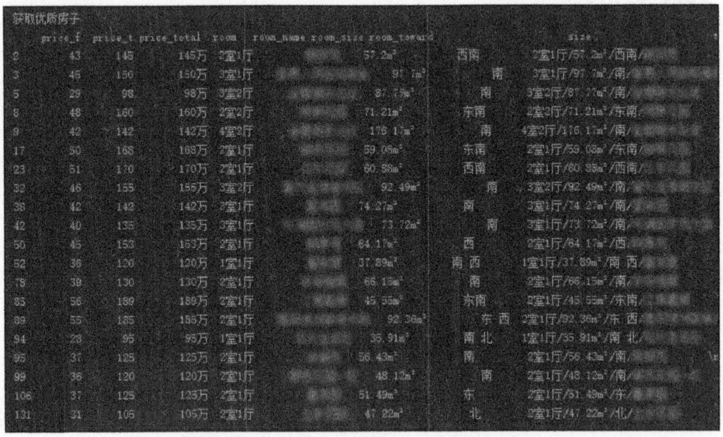

获取优质房子

	price_f	price_t	price_total	room	room_name	room_size	room_toward	size
2	43	145	145万	2室1厅	[illegible]	57.2m²	西南	2室1厅/57.2m²/西南/[illegible]
3	45	150	150万	3室1厅	[illegible]	97.7m²	南	3室1厅/97.7m²/南/[illegible]
5	29	98	98万	3室2厅	[illegible]	87.77m²	南	3室2厅/87.77m²/南/[illegible]
8	48	160	160万	2室2厅	[illegible]	71.21m²	东南	2室2厅/71.21m²/东南/[illegible]
9	42	142	142万	4室2厅	[illegible]	176.17m²	南	4室2厅/176.17m²/南/[illegible]
17	50	168	168万	2室1厅	[illegible]	59.05m²	东南	2室1厅/59.05m²/东南/[illegible]
23	51	170	170万	2室1厅	[illegible]	60.88m²	西南	2室1厅/60.88m²/西南/[illegible]
32	46	155	155万	3室2厅	[illegible]	92.49m²	南	3室2厅/92.49m²/南/[illegible]
38	42	142	142万	2室1厅	[illegible]	74.27m²	南	3室1厅/74.27m²/南/[illegible]
42	40	135	135万	3室1厅	[illegible]	73.72m²	南	3室1厅/73.72m²/南/[illegible]
50	45	153	153万	2室1厅	[illegible]	64.17m²	西	2室1厅/64.17m²/西/[illegible]
52	36	120	120万	1室1厅	[illegible]	37.89m²	南 西	1室1厅/37.89m²/南 西/[illegible]
78	39	130	130万	2室1厅	[illegible]	66.15m²	南	2室1厅/66.15m²/南/[illegible]
85	56	189	189万	2室1厅	[illegible]	45.55m²	东南	2室1厅/45.55m²/东南/[illegible]
89	55	185	185万	2室1厅	[illegible]	92.36m²	东 西	2室1厅/92.36m²/东 西/[illegible]
94	28	95	95万	1室1厅	[illegible]	35.91m²	南 北	1室1厅/35.91m²/南 北/[illegible]
95	37	125	125万	2室1厅	[illegible]	56.43m²	南	2室1厅/56.43m²/南/[illegible]
99	36	120	120万	2室1厅	[illegible]	48.12m²	南	2室1厅/48.12m²/南/[illegible]
106	37	125	125万	2室1厅	[illegible]	51.49m²	东	2室1厅/51.49m²/东/[illegible]
131	31	105	105万	2室1厅	[illegible]	47.22m²	北	2室1厅/47.22m²/北/[illegible]

图 1-3 爬虫捕捉房屋销售数据

1.4 Fiddler 在测试中的作用

Fiddler 常用于性能测试、安全测试、接口测试等测试方向。

1.4.1 抓包用于性能测试

性能测试的本质是模拟多个用户同时发包，所以需要知道发送的数据包长什么样子。性能测试必然会用到抓包工具，如图 1-4 所示。

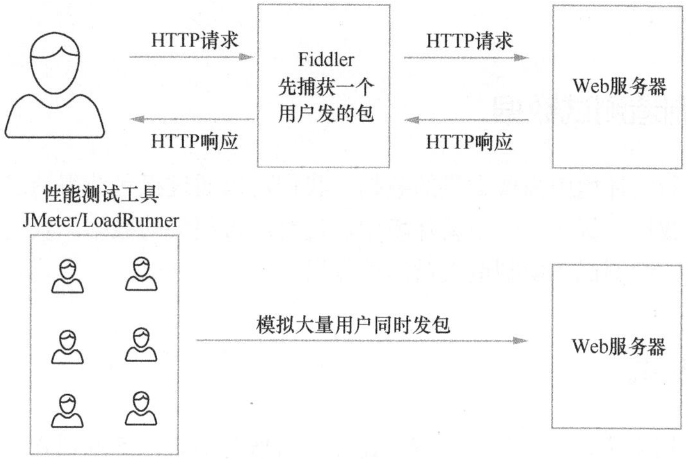

图 1-4 性能测试

先用 Fiddler 捕获到一个用户发送的数据包，然后再用工具模拟很多用户同时发包，这就是性能测试的原理。目前主流的性能测试工具是 JMeter 和 LoadRunner。

1.4.2 抓包用于安全测试

SQL 注入、重放攻击、修改订单金额、冒充账号等，都需要用 HTTP。HTTP 是安全测试的基础，你需要深刻地理解 HTTP 中的 Cookie 和认证机制。安全测试如图 1-5 所示。

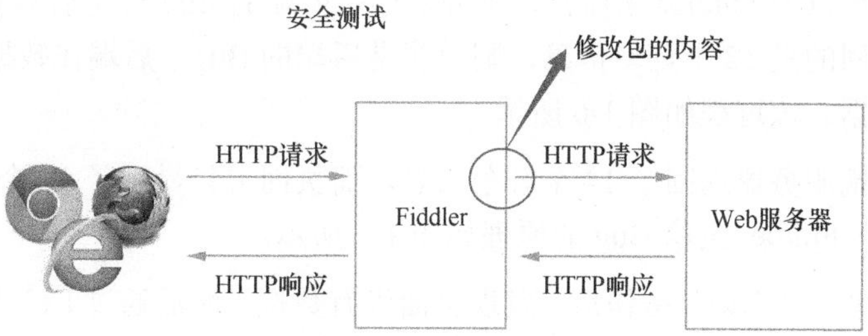

图 1-5 安全测试

1.4.3 抓包用于接口测试

如果开发人员没有给测试人员接口文档，那测试人员可以自己去抓包查看接口的信息。在给其他公司的产品做接口测试的时候，测试人员也需要抓包。

即使开发人员给了接口文档，我们还可以用 Fiddler 进行抓包，因为通过 Fiddler 抓包，我们可以看到首行、信息头和信息主体，再结合开发给的开发文档，从而提高设计接口测试用例的效率。

1.4.4 大量制造测试数据

有时在一个新的环境中需要大量的数据，我们可以通过抓包获得请求参数之后，直接调用接口，填充数据。例如在一个新环境中，没有广告相关的数据，我们可以通过抓包模拟用户发布广告，给测试环境制造大量测试数据。

1.4.5 异常测试

Fiddler 还可用来模拟一些异常情况，比如模拟服务器返回 500 错误、模拟服务器崩溃的情况，从而测试客户端是否正常工作。

1.4.6 排除故障和定位 Bug

很多测试人员在测试 App 或者 Web 的时候，发现页面上的数据不对，例如数据库里有 14 个订单，而页面只显示 12 个订单，就马上发送 Bug 给前端开发人员。前端开发人员看到 Bug 后很不高兴，回复说：服务器端（后端）只给我 12 个订单的信息，我把 12 个订单的信息显示在页面上，前端代码没有任何问题；不是我的 Bug，是服务器端的问题。

这时，我们可以用 Fiddler 来抓包，来分析这是前端的 Bug 还是后端的 Bug。抓包后，如果发现响应返回的是 12 个订单信息，则说明是后端的 Bug。后端在数据库查询的时候，没有获取全部数据。该过程如图 1-6 所示。

如果发现后端服务器返回了 14 个订单信息，而页面上只显示了 12 个订单信息，说明这是前端的 Bug。Fiddler 定位 Bug 的原理如图 1-7 所示。

在图 1-8 中单击“查询”按钮后，发现页面没有数据。然后通过 F12 开发者工具抓包，可以看到页面根本没有发送 HTTP 请求，说明这是一个前端 Bug。

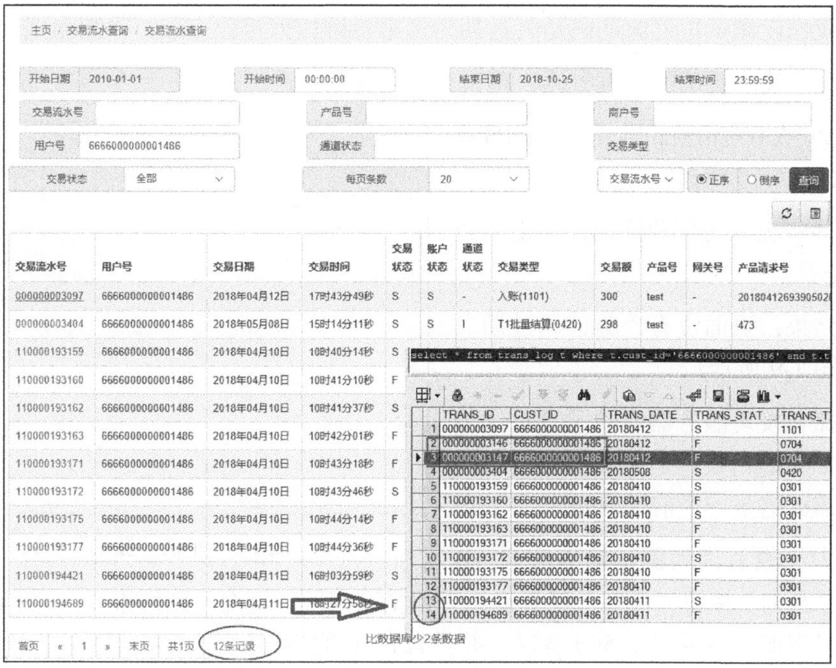

图 1-6 页面数据和数据库的不一致

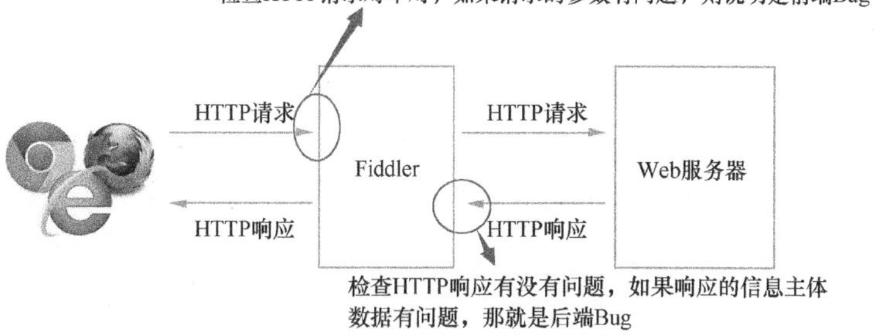

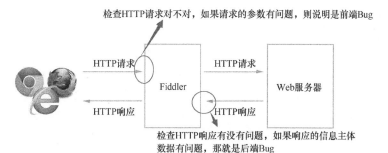

图 1-7 Fiddler 定位 Bug

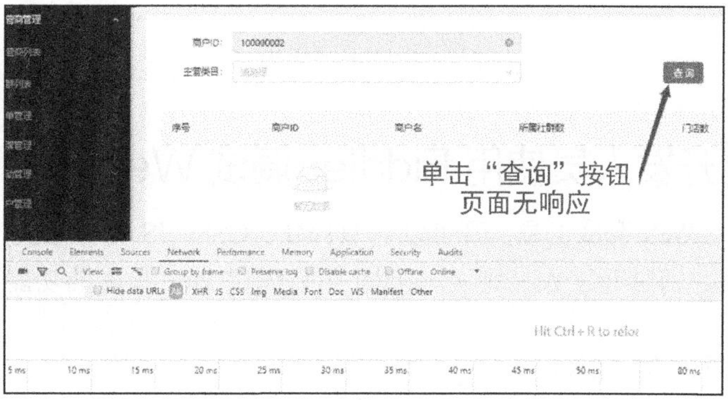

图 1-8 单击“查询”按钮没有数据

现在我们以测试短信验证码是否过期为例来讲解如何定位 Bug，详细测试步骤如下。

第 1 步：输入正确的手机号码，单击获取验证码。

第 2 步：收到短信验证码后，等待 180s，此时验证码已经过期。

第 3 步：输入短信验证码，单击“登录”按钮。

测试结果：页面没有“验证码过期”提示，如图 1-9 所示。

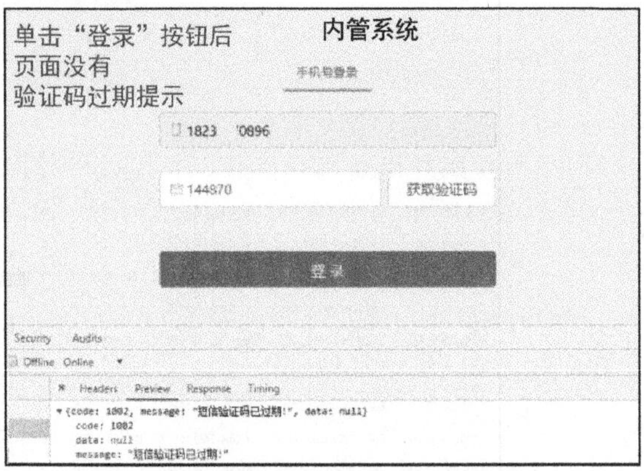

图 1-9　单击“登录”按钮

如果抓包发现服务器返回了“短信验证码已过期”的错误，但是页面上没有任何显示，那么这是一个前端 Bug。

以商户列表查询为例，输入商户 ID 后，单击“查询”按钮，可以发现查询结果数量有问题（查询不到结果），如图 1-10 所示。通过抓包发现服务器返回了 500 错误，并且有 SQL 的错误信息，这明显是一个后端 Bug。

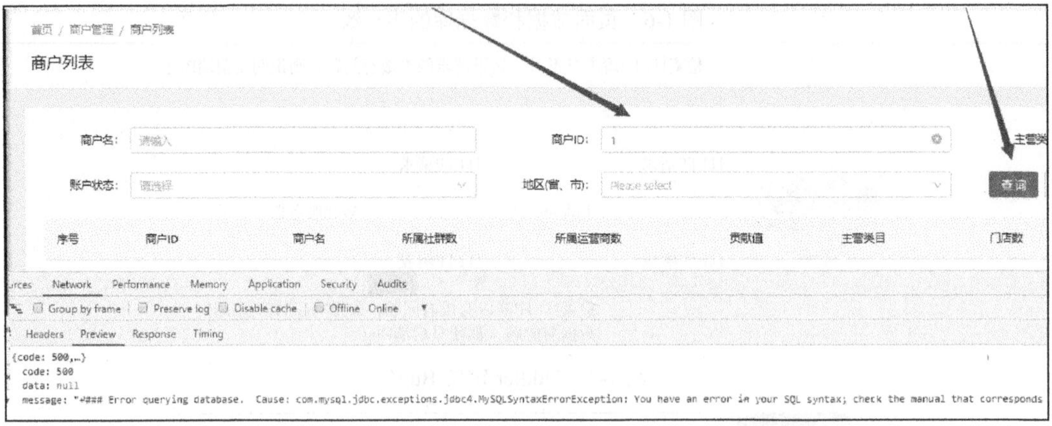

图 1-10　查询出错

1.5　前端开发人员使用 Fiddler 调试 Web

Fiddler 是一个 Web 调试工具，既可以对 HTML、CSS、JS 文件修改，还可以伪造各种 HTTP 请求和响应。前端开发人员利用 Fiddler 可以调试 Web 页面的功能。

1.5.1　后端接口 Mock

前端开发人员和后端开发人员是分开工作的，前端开发人员的 UI 组件写好了，但是后端开发人员的接口还没有写好，那么前端开发人员可以利用 Fiddler 中的 AutoResponder 模拟请求接口，来调试自己的 UI 组件，查看有没有 Bug。

1.5.2 AJAX 调试

在前端调试数据 AJAX 接口时，为了测试一些后端返回的特殊数据结构对页面和客户端的影响，测试人员需要造一些假数据来测试。假数据有 XSS、长数据、不同的字段类型（数组、字符串、数字）等。

1.5.3 线上调试

如果线上产品出现了 Bug，前端开发人员要去修复这个 Bug，那么需要调试服务器上某个 HTML/CSS/JavaScript 文件。此时我们可以使用 Fiddler 中的 AutoResponder 功能。直接用本地的 HTML/CSS/JavaScript 文件来替换线上的文件，这样就可以直接线上调试。

1.6 后端开发人员使用 Fiddler 抓包

后端开发人员会先使用 Fiddler 或者 Postman 来测试接口，主要是测试接口的主流程能否跑通。能跑通之后才给前端开发人员联调或者给测试人员做接口测试。

1.7 安全测试

安全测试人员会用抓包工具来进行安全性测试，如图 1-11 所示。

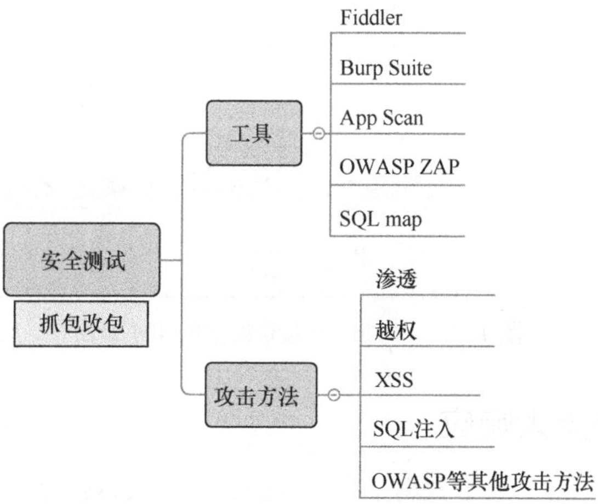

图 1-11 安全测试人员使用 Fiddler

给自己公司的产品做安全测试叫作安全测试或者渗透测试，有些公司专门给别人公司的产品做安全性测试。两者用的技术一样，目的也基本一致。

1.8 检查网站的简单问题

在网站开发过程中，可以用 Fiddler 来发现 404 错误，以及较大的响应输出问题。

1.8.1 Fiddler 检查 404 错误

过多的 404 错误会影响网站的性能，多数的 404 错误都与一些资源文件的引用有关，例如代码中引用了不存在的 CSS 或者 JS 文件。这些 404 错误发生时，可能并不会影响页面的正常显示，因此这类错误根本不会引起一些开发人员的注意。

当 404 错误产生时，响应的内容是一个正常的网页，虽然这个响应看起来不大，但是由于请求不成功，每当打开这些页面时，请求都会重新发起，其数量会越来越多。

反过来，我们可以想一下，如果引用的资源文件存在，这些文件仅仅需要请求一次，浏览器就会缓存它们，根本不需要每次都重新发起请求。这样一来客户端减少了请求次数，服务器减轻了连接压力，那些无意义的 404 错误响应造成的网络流量的浪费也能避免。

因此，过多的 404 错误请求是一个恶性循环，它延长了页面的加载时间，给服务器端带来了连接压力，也浪费了网络资源。

可以用 Fiddler 来检查网站的 404 错误，如图 1-12 所示。

图 1-12 用 Fiddler 检查网站的 404 错误

1.8.2 Fiddler 检查大响应

大响应（响应数据很多）会导致浏览器显示速度变慢。大响应就是指服务器返回的 HTTP 响应太大了，花费了较长的网络传输时间。我们可以用 Fiddler 检查大响应，如图 1-13 所示。

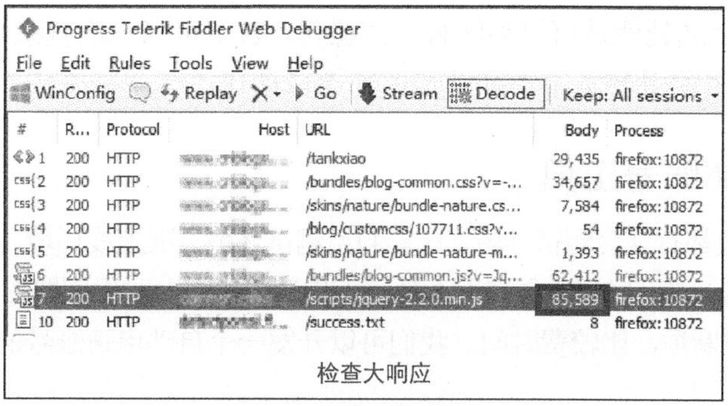

图 1-13 用 Fiddler 检查大响应

1.9 自动化小工具的开发

我们可以通过抓包来开发一些小工具，用来做测试的辅助。以下工具仅为展示用，例子不可模仿并非法使用。

1.9.1 购票助手

图 1-14 展示了一个购票助手，类似的工具非常多。这种工具的思路都是先通过抓包来分析浏览器和 Web 服务器的 HTTP 请求和 HTTP 响应，然后自己开发一个程序来发包，从而模拟登录、查询、预订、提交订单等。这样可以实现无人值守，自动买票功能。我们可以开发买火车票、演唱会门票、足球比赛门票和电影票等的工具。

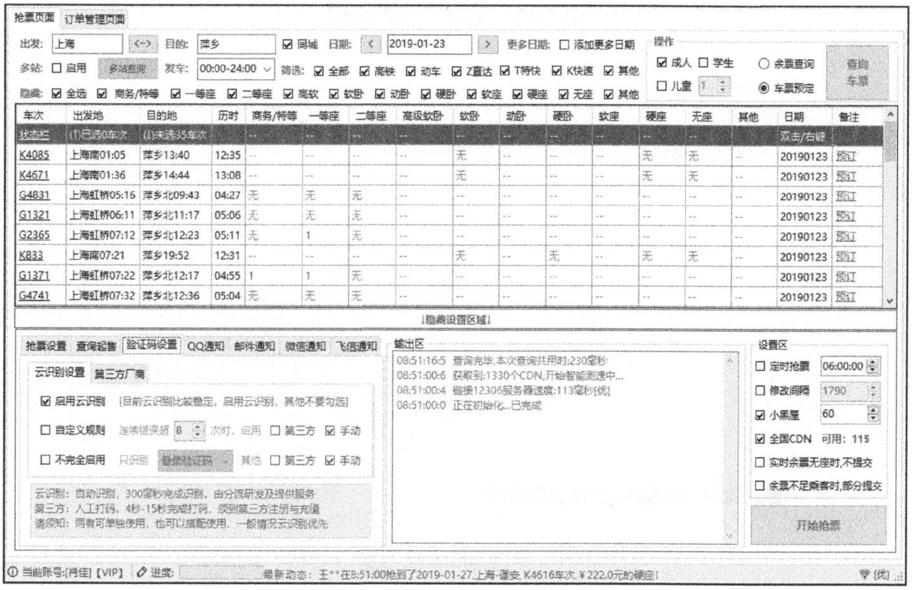

图 1-14 购票助手

这种工具的强大之处就是可以多线程并发操作，甚至可以一次登录十多个账号，而且可以挂机。这种工具无须用户操作，可以实现全部自动化。

1.9.2 自动申请账号工具

互联网公司一般都有几套测试环境，比如 QA 测试环境、准上线环境、线上环境等。这几个环境是独立的。测试人员有时候需要在 QA 环境上申请账号，有时候需要在准上线环境上申请账号。手动申请账号很麻烦，比较费时间。我们可以开发一个自动申请账号的工具，一键申请。

1.9.3 Fiddler 找回密码

当我们忘记密码的时候，恰好浏览器记住了密码（见图 1-15），那我们可以用 Fiddler 找回密码，如图 1-16 所示。

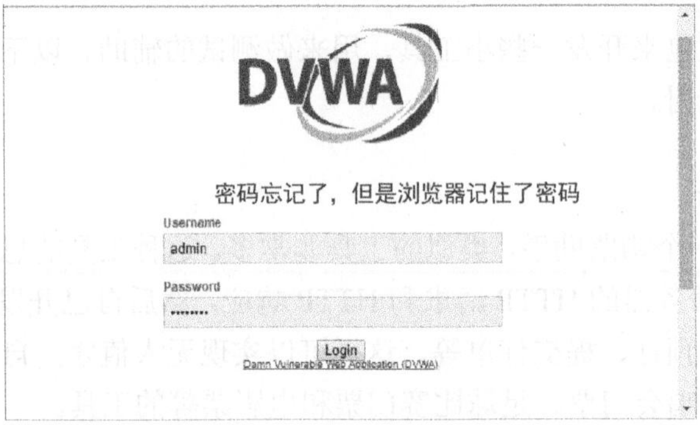

图 1-15 忘记网站的密码

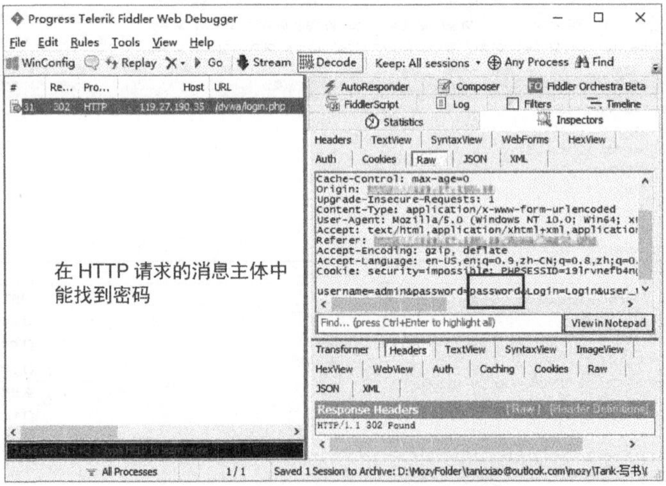

图 1-16 用 Fiddler 抓包查看密码

通过 Fiddler 抓包，我们可以抓到浏览器登录等请求，然后从请求中找到密码。这种情况只适合密码没有被 JavaScript 加密的情况。

1.9.4 网络游戏助手

游戏测试中会用到 Fiddler 来抓包，从而寻找游戏的漏洞。

1.10 概念的区别

经常会听到抓包、录制、爬虫、自动化测试和外挂等词语，这些概念很容易让人感到困惑。其实这些概念之间有关系。

1.10.1 抓包和录制的区别

自动化测试中还有两个重要的概念：录制和重放，详细说明如图 1-17 所示。

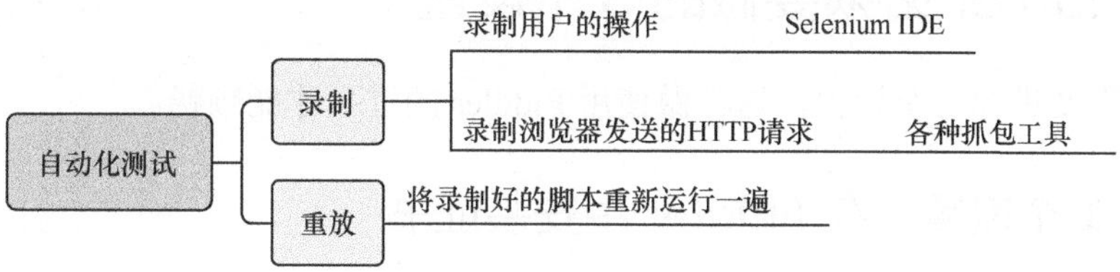

图 1-17 录制和重放

抓包其实就是一种录制，Fiddler 抓包其实就是录制脚本。Fiddler 既可以把录制后的脚本保存下来，也可以重放。

1.10.2 自动化测试和爬虫的区别

自动化测试和爬虫都可以模拟浏览器发送 HTTP 请求，用的技术和写的脚本差不多，区别在于目的不同。爬虫是为了获取页面上的信息；自动化测试的目的是验证软件是否存在 Bug。

1.10.3 自动化测试和外挂的区别

自动化测试和外挂用的技术是一样的。其区别在于：自动化测试是给自己公司的产品做自动化测试；外挂是给别人公司的产品做自动化测试。

1.11 本章小结

本章通过大量的实例列举了抓包的用途。抓包的用途非常广泛，大多数的 IT 工程师会用到抓包。同时，根据抓包目的的不同，本章对抓包、录制、爬虫、外挂和自动化测试的概念进行了区分。

第2章

Fiddler 如何抓包

在《HTTP 抓包实战》中，介绍了 Fiddler 的多种用法，抓包的目的是查看 HTTP 包的内容，分析客户端是如何与服务器交互的。Fiddler 在使用的过程中经常会碰到一些问题。本章补充一些 Fiddler 的用法。

2.1 Fiddler 必须要做的 3 个设置

Fiddler 需要进行 3 个设置，这样做使用 Fiddler 的过程才能顺畅。

2.1.1 第 1 个设置：在 Fiddler 中安装证书

大部分网站使用 HTTPS，所以必须安装证书，这样才能捕获 HTTPS，如图 2-1 所示。

如果证书没有安装成功，那么 Fiddler 只能抓到 HTTP 请求，抓不到 HTTPS 请求，如图 2-2 所示。因此一定要想办法把证书安装好。

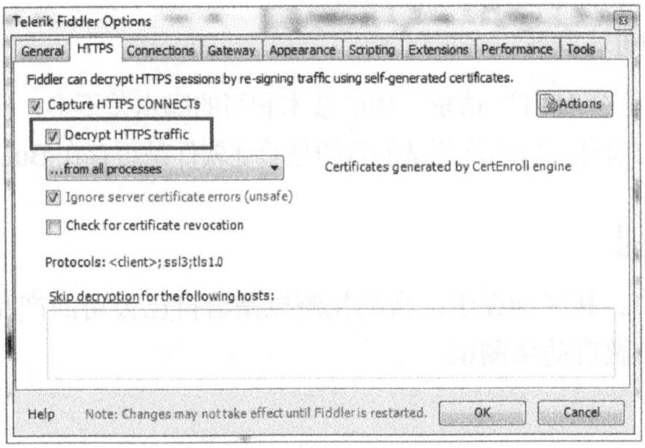

图 2-1　在 Fiddler 中安装证书

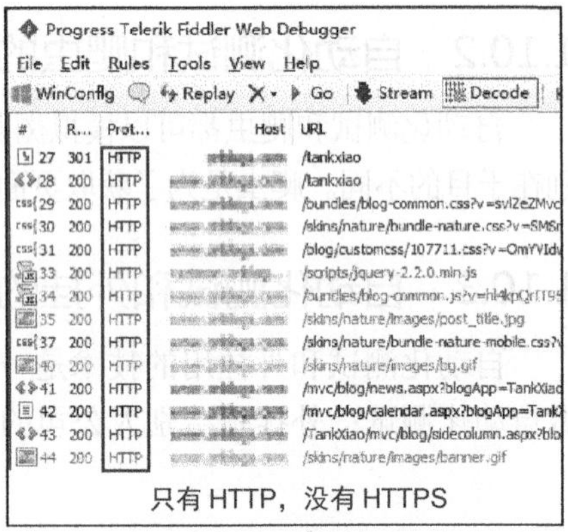

图 2-2　没有抓到 HTTPS

2.1.2 第 2 个设置：自动解压 HTTP 响应

在 Fiddler 工具栏中选中 Decode 按钮，如图 2-3 所示。这样就会自动解压 HTTP 响应，否则我们看到的 HTTP 响应是乱码。

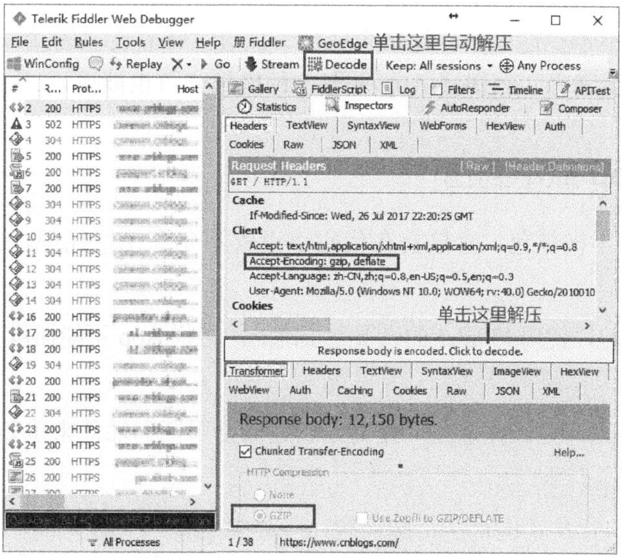

图 2-3 Fiddler 选中 Decode 按钮

2.1.3 第 3 个设置：隐藏“Tunnel to”请求

可以在 Fiddler 中隐藏“CONNECT Tunnels”请求，如图 2-4 所示。隐藏的方法是选择菜单栏中的 Rules→Hide CONNECTs。这样 Fiddler 就不会捕获大量无用的握手验证请求，如图 2-5 所示。这些“Tunnel to”的请求对我们没什么用处，因为我们抓包是为了看 HTTP 请求和响应的数据内容，抓 HTTPS 也是看数据内容，而不关心 HTTPS 的通信是怎么建立的。

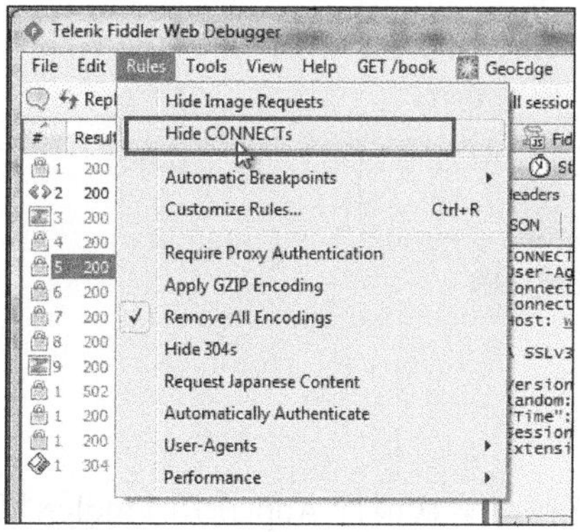

图 2-4 在 Fiddler 中选中 Hide CONNECTs

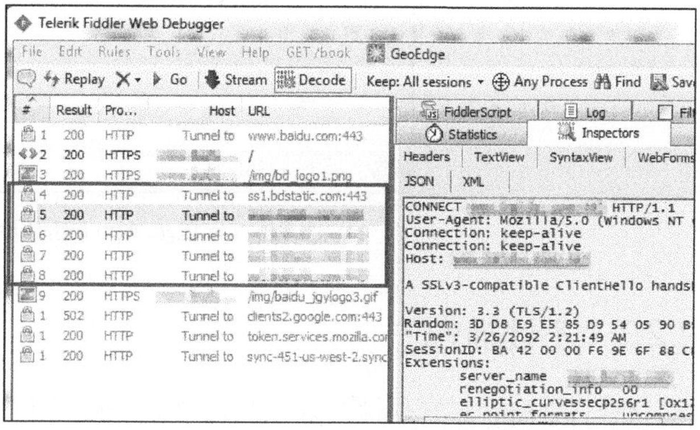

图 2-5 Fiddler 中的握手验证请求

2.2 不允许抓包

软件开发商并不希望自己的软件被人抓包，抓包意味着自己的接口全部被人看得一清二楚，存在很多安全隐患。有很多 App 采取各种措施来防止被抓包。

2.2.1 某些 App 抓不到包

某些 App 为了不被抓包，直接会在代码里设置不允许使用代理，这样 Fiddler 就抓不到包了。

有些 App 能抓包，说明 Fiddler 的设置是正确的。某些 App 不能抓包，原因有很多，常见原因如下。

- 可能是 Fiddler 证书的原因，解决方法是需要用证书插件来重新制作一个证书，然后重新配置。
- 这个 App 的开发者进行了特殊设置，不让抓包。

2.2.2 HTTP 请求和响应全部加密

图 2-6 是一个查违章的 App 的抓包内容，可以看到这个 App 可以被抓包，但是其 HTTP 请求和 HTTP 响应全部被加密了，安全性很高。

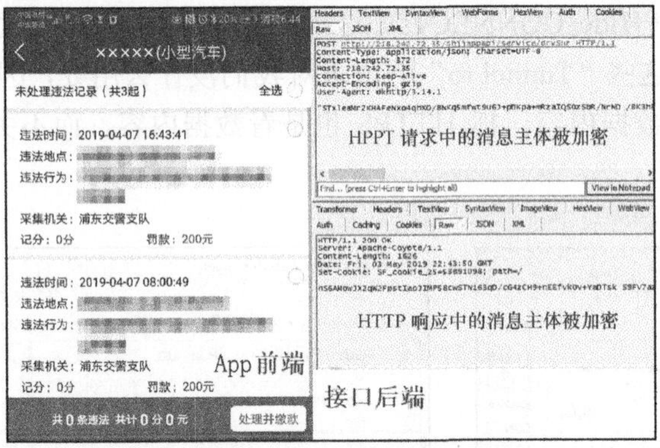

图 2-6 查违章 App 的接口全部被加密

2.2.3 不让抓包

银行的 App 对安全性要求很高，所以一般不允许抓包。某款银行 App 在用 Fiddler 抓包的时候，App 会提示网络错误，不让抓包，如图 2-7 所示。

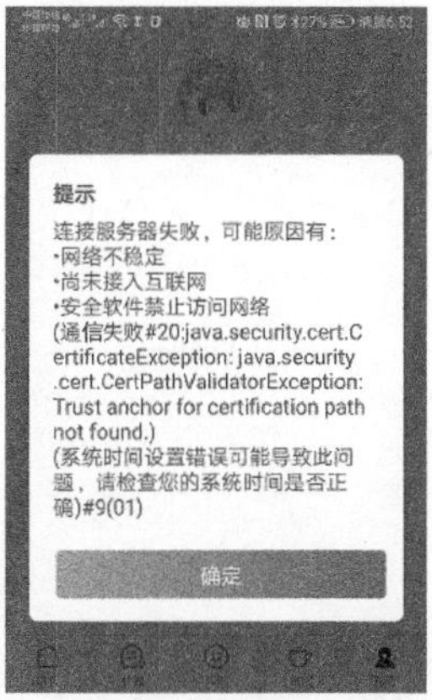

图 2-7　某银行 App 不让抓包

2.3　Fiddler 抓不到包

在使用 Fiddler 的过程中，有时候会发现 Fiddler 抓不到包。下面介绍如何解决抓包失败的问题。

2.3.1　Fiddler 的抓包开关

Fiddler 有一个抓包的开关。打开状态栏的时候，状态栏的最左边有个 Capturing 图标，如图 2-8 所示。如果没有这个图标，当然抓不到包了。初学者很容易忘记这个开关。

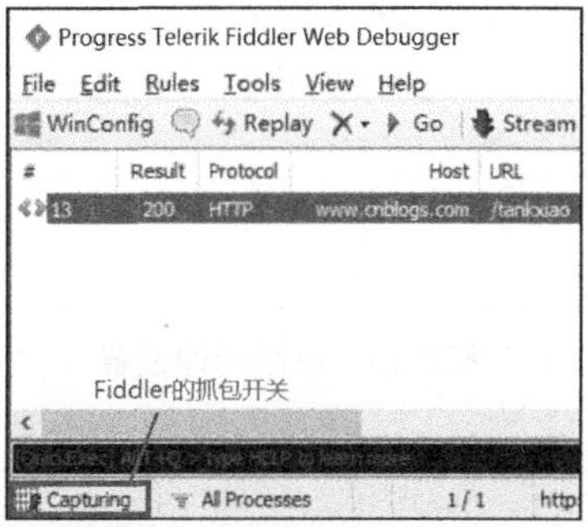

图 2-8　Fiddler 的抓包开关

2.3.2　浏览器抓不到包

Fiddler 能抓包是因为它是一个代理服务器。需要抓包的程序必须把代理指向 Fiddler 才行。如果浏览器抓不到包，可能是因为浏览器的代理设置没有指向 Fiddler。我们可以先重启 Fiddler，然后查看浏览器的代理服务器设置，或者换不同的浏览器试试。

我们先来看一下 Fiddler 的抓包原理图，如图 2-9 所示。

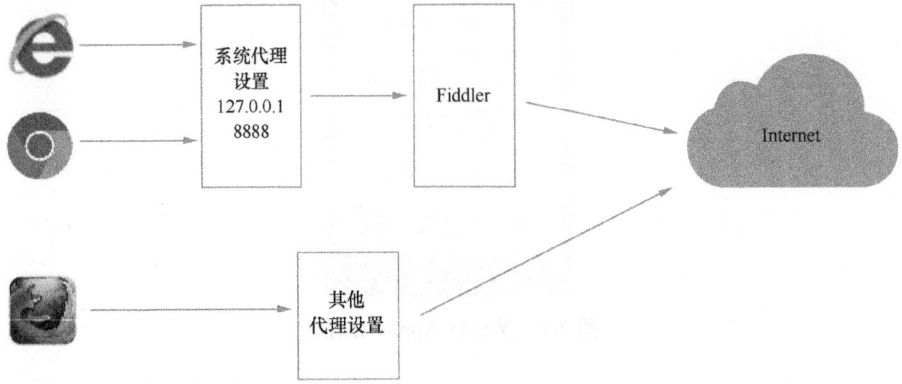

图 2-9 浏览器的抓包原理

如果是某一个浏览器抓不到包，解决方案是换其他的浏览器。例如 IE 和 Chrome 都能抓到，只是 Firefox 抓不到包，说明 Fiddler 本身没有问题，可能是 Firefox 的代理设置没有指向 Fiddler。

如果是所有的浏览器都抓不到包，这说明整个 Fiddler 都不工作。那么要先重启 Fiddler，再检查系统的代理设置，如图 2-10 所示。

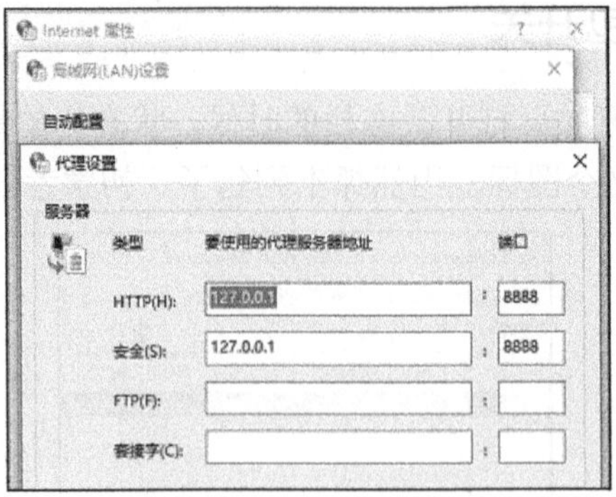

图 2-10 系统代理设置

设置系统代理的打开方式为：控制面板→Internet 选项→连接→局域网设置→代理服务器。

2.3.3 能抓 HTTP 不能抓 HTTPS 的请求

如果发现 Fiddler 可以抓到 HTTP 的请求，但是抓不到 HTTPS 的请求，这说明没有安装 Fiddler 的证书或者安装 Fiddler 证书失败。Fiddler 可能会提示你安装证书。解决办法是重新安装证书，再重启 Fiddler，如图 2-11 所示。

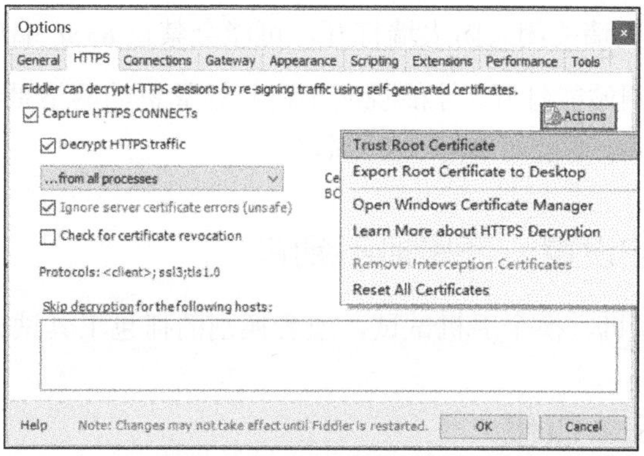

图 2-11 重新安装证书

重新安装证书的操作是 Options→HTTPS→Actions→Trust Root Certificate。

2.3.4 抓不到手机中的包

很多人会碰到这种情况：Fiddler 能抓本地计算机浏览器的包，但是抓不到手机的包。本地计算机和手机位于同一个网络，各种配置也正常，但是手机的包就是抓不到。

出现这样的问题的原因是 Fiddler 所在的计算机和手机之间的网络不通。即使 Fiddler 所在的计算机和手机连的是同一个 Wi-Fi，也可能网络不通。在同一个 Wi-Fi 下，网络不一定是通的。操作系统上的防火墙或者其他软件的设置都会影响网络的通信。我们需要通过下面的步骤来检测网络是否是通的。

第 1 步：测试 Fiddler 能否捕获本地计算机的浏览器的包，如果本地浏览器都不能抓包，那就说明 Fiddler 的配置有问题。

第 2 步：如果 Fiddler 所在的计算机的 IP 地址是 192.168.0.100，那么 Fiddler 证书网站的网址是 http://192.168.0.100:8888。用计算机的浏览器访问 Fiddler 证书网站，如图 2-12 所示。

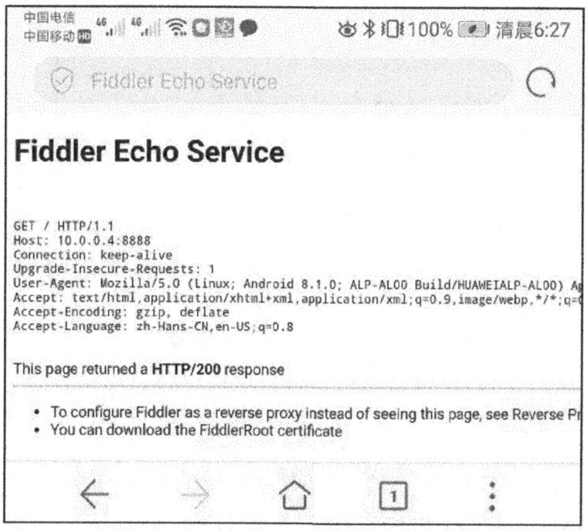

图 2-12 Fiddler Echo Service 网页

第 3 步：在手机没有设置代理的情况下，在手机上用浏览器打开 Fiddler 的证书网站。

如果网页打不开，则说明网络不通。其原因可能如下。

- 手机和计算机不在同一个网络。
- Fiddler 的允许远程连接的设置没有打开。

- Windows 的防火墙关闭（防火墙打开，可能会禁止 8888 端口对外开放）。

只有 Fiddler 证书网站能打开，才能说明手机和计算机的网络是通的。然后再去修改手机上的代理设置，Fiddler 才能对 App 进行抓包。

2.3.5 经过上面的设置，还是抓不到包

可以考虑换台计算机、换个手机试试，或者换别的抓包工具试试。

2.3.6 在 macOS 中抓包

Fiddler 是用 C#开发的，目前对 macOS 的支持不太友好。现在很多人用 Mac 笔记本办公，在 macOS 上抓包可以考虑用另外两个工具：浏览器开发者工具和 Charles。

2.3.7 Fiddler 证书安装不成功

有时候会碰到 Fiddler 安装证书不成功的情况，如图 2-13 所示。

这种情况一般在 Windows 7 系统中出现，可以试图用下面介绍的两种方法来解决。

方法 1：从别的机器中复制一个 Fiddler 根证书“FiddlerRoot.cer”放到 Fiddler 的安装目录下面，然后再重新配置证书，如图 2-14 所示。

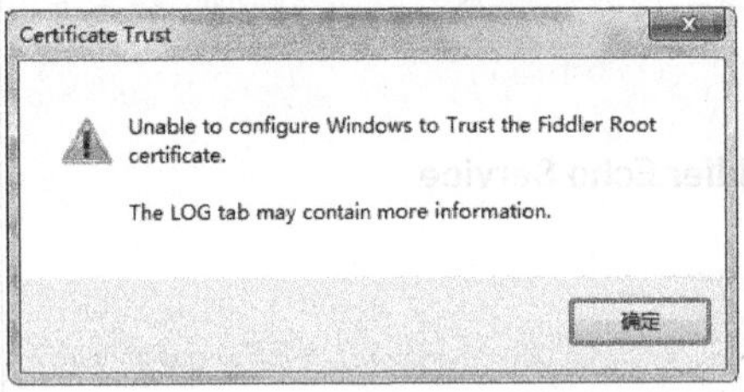

图 2-13 证书安装不成功

图 2-14 配置 Fiddler 证书

方法 2：使用 Fiddler 证书制作工具来重新制作证书，详细步骤如下。

第 1 步：在 Fiddler 中删除证书。打开 Fiddler，依次打开 Tools→Options，取消选中 Decrypt HTTPS traffic，并且在 Actions 中选择 Remove Interception Certificates，如图 2-15 所示。

第 2 步：卸载证书。找到 Fiddler 的安装目录，其中有个 unCert.exe 文件。如果没有 unCert.exe 就不需要卸载。双击它运行，结果如图 2-16 所示。

第 3 步：使用 Fiddler 证书制作工具来重新制作证书。下载 Certificate Make 插件，运行下载的文件之后会生成新的证书。

第 4 步：在 Fiddler 中重新配置证书。

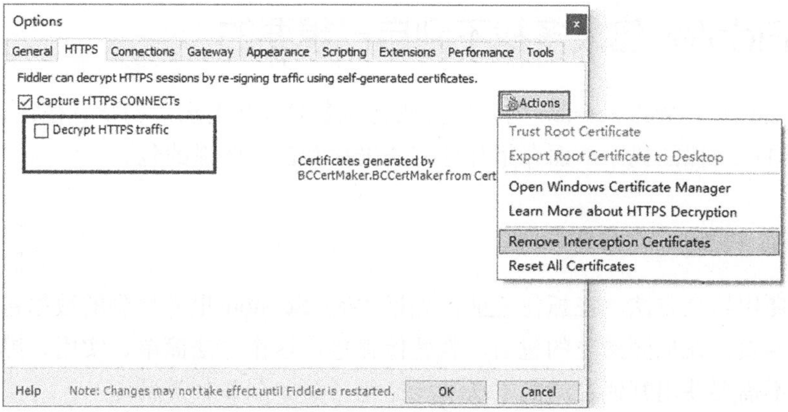

图 2-15 删除证书

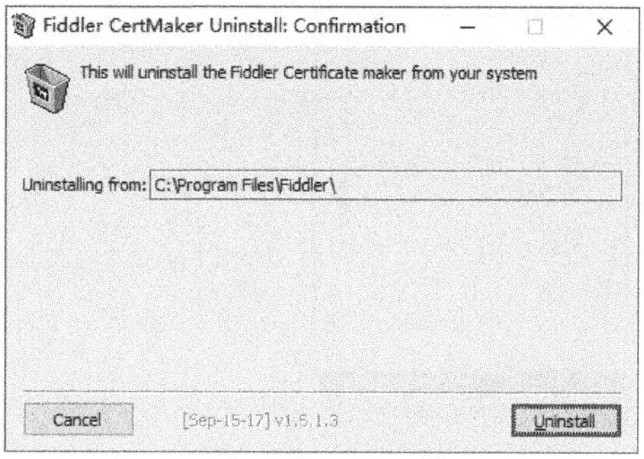

图 2-16 卸载证书

2.3.8 iOS 10.3 以上，手动信任证书

若系统为 iOS 10.3 以上，那么证书可能没有被信任，需要手动设置信任证书。依次打开“设置”→“通用”→“关于本机”→“证书信任设置”，将 Fiddler 证书启用即可，如图 2-17 所示。

图 2-17 在 iOS 中启用 Fiddler 证书

2.4 Fiddler 包太多找不到自己想要的

Fiddler 启动后，Web Session 列表就会抓到很多 HTTP 请求，初学者往往会比较迷茫，因为找不到自己要抓的包。下面介绍几种方法来找到自己要抓的包。

2.4.1 停止抓包

最推荐使用这个方法。在抓包之前，先把 Web Session 里面抓到的数据包全部清空，然后再操作网页。在抓到想要的包后，就暂停抓包，这个方法简单、实用。熟练使用这个方法后，就不需要使用其他过滤的方法了。抓包开关如图 2-18 所示。

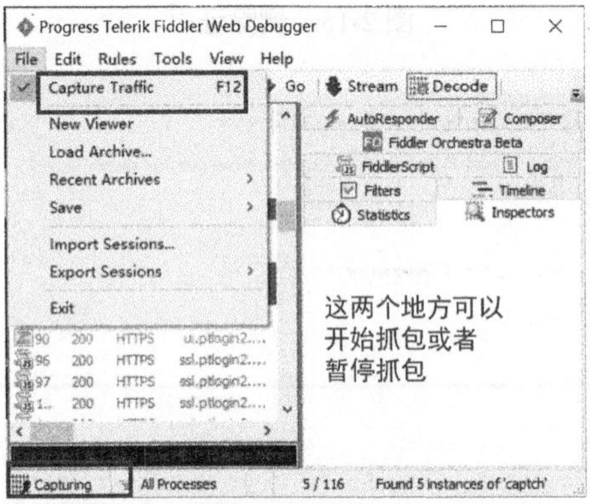

图 2-18 抓包开关

2.4.2 只抓手机，不抓本地的包

在专门抓 App 的包的时候，Fiddler 里面混杂了本地计算机和手机 App 的包，如果只想抓手机 App 的包，这时候可以选择"...from remote clients only"，如图 2-19 所示。

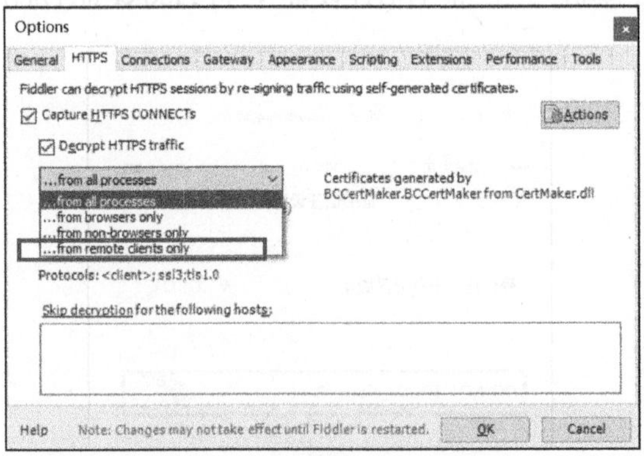

图 2-19 设置只抓手机的包

2.4.3 过滤会话

Fiddler 有非常强大的过滤会话的功能，假如不想看到 localhost 的数据包，就可以把它隐藏。过滤的设置如图 2-20 所示。注意，在设置时两个 Host 之间要用分号隔开。

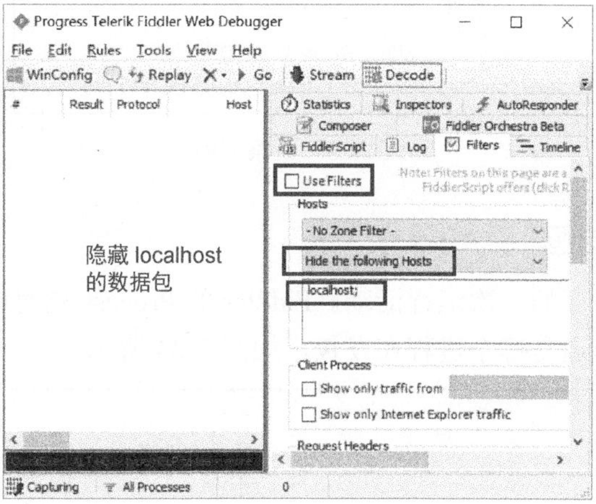

图 2-20 用 Filters 选项卡隐藏 localhost

注意：使用了 Filters 选项卡后，记得取消选择 Filters 选项卡。因为可能下次抓包的时候，忘记设置 Filters 选项卡而抓不到包。很多人犯过这个错误。

2.4.4 只抓特定的进程

在状态栏中选择 Web Browsers 或者 Non-Browser 来选择进程，如图 2-21 所示。此外，工具栏中还有个按钮：Any Process，单击这个按钮把十字图标拖曳到想要抓包的程序上面，就只会抓特定进程的包，如图 2-22 所示。

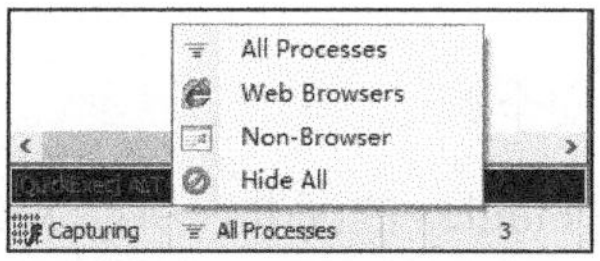

图 2-21 按进程过滤

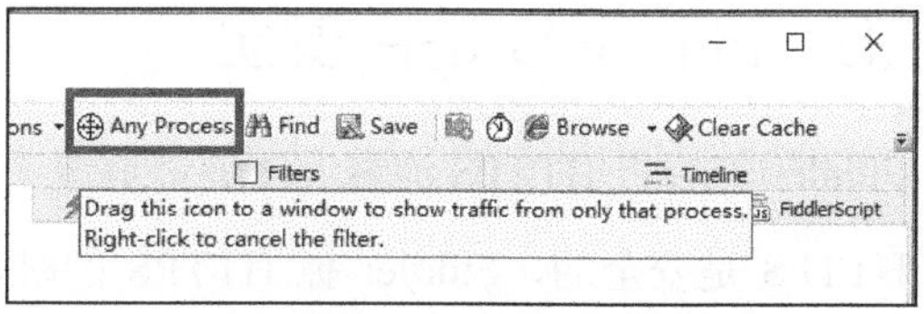

图 2-22 只抓特定进程的包

2.4.5 观察 URL 和 HOST

观察图 2-23 中的 URL，可知这是登录相关的数据包。URL 的命名都是有意义的。例如登录的接口会包含 login，注销的 URL 中会包含 logout。

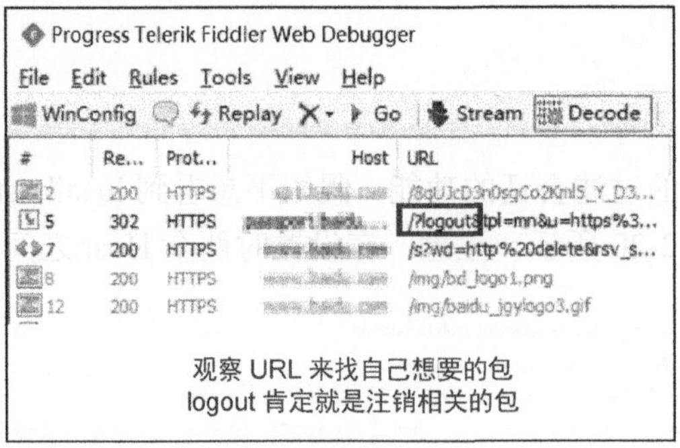

图 2-23 观察 URL

2.4.6 查看进程发包

进程是计算机中程序的一次运行活动。Fiddler 的 Process 列对应本地 Windows 进程。通过这一列我们可以知道是哪个进程在发包，如图 2-24 所示。

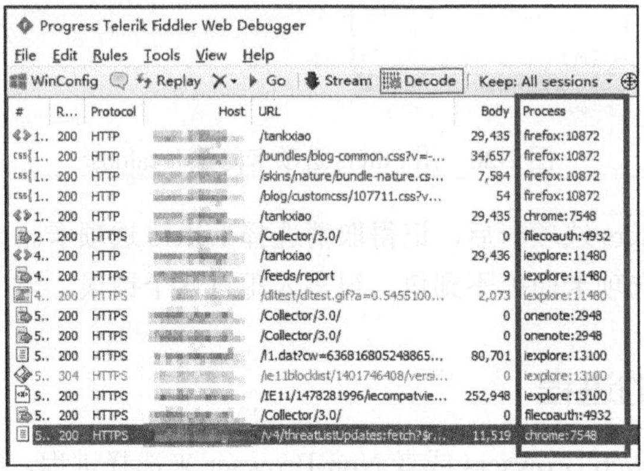

图 2-24 在 Fiddler 中查看进程

2.5 HTTPS 是否安全

Fiddler 能分析 HTTPS 流量是不是意味着 HTTPS 协议不安全？

HTTPS 是安全的，Fiddler 抓 HTTPS 的时候安装了一个 Fiddler 的证书，所以 Fiddler 可以解密 HTTPS 的内容。HTTPS 请求从计算机上发送到网络后，HTTPS 的内容全部是加密的。

2.6 计算机连接手机热点抓包

在没有 Wi-Fi 的情况下，我们用手机开热点，计算机连接手机的热点来上网，这个时候计算机上的 Fiddler 能否抓到手机上的包呢？答案是不能。因为手机开热点后，采用的是 GPRS 手机流量上网，这个时候手机是不能设置代理服务器的，如图 2-25 所示。

如果有两个手机，一台计算机，那么就可以抓包了。一个手机当成热点，另外一台手机和计算机都使用这个热点上网，手机的代理就可以指向计算机了。

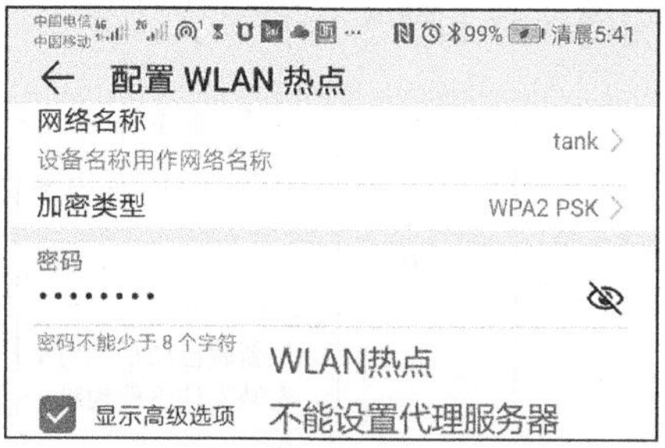

图 2-25　WLAN 热点

客户端如何抓包

如果程序是用.NET 开发的，那么 Fiddler 可以抓到包。因为.NET 程序默认会使用系统代理。如果程序是用别的语言开发的，只要这个程序支持用户自定义代理，那么 Fiddler 也可以抓到包，例如 Fiddler 可以抓 QQ 的数据包。

如果客户端程序不支持代理，那么 Fiddler 就抓不到包了。

2.7　用 Fiddler 测试 App 升级

Fiddler 常用于 App 的升级测试，我们可以利用 Fiddler 伪造响应来测试 App 升级。

2.7.1　App 升级原理

App 是否升级的检查是在启动 App 访问服务器时进行的，把本地计算机上 App 的最新版本号与服务器端的最新版本号作对比，如果不一致就提示升级。

App 升级的时候，会发送一个 HTTP 请求，来询问服务器有没有最新版。如图 2-26 所示，如果没有最新版，则服务器返回的 HTTP 响应中会说没有更新。

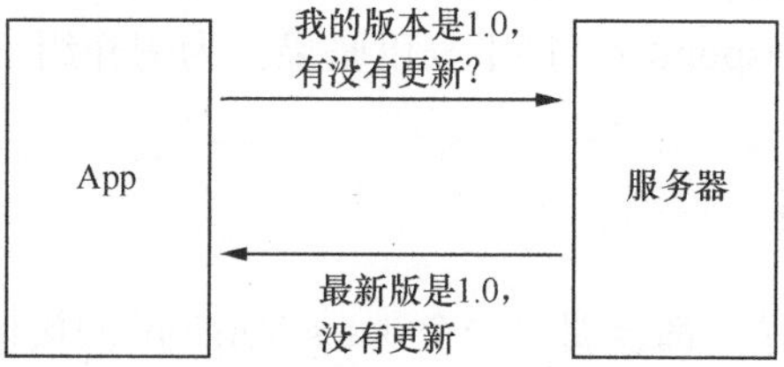

图 2-26　App 没有新版本

如果有最新版，则服务器返回的响应会告知有新版本，并且 App 端会有弹窗提示，如图 2-27 和图 2-28 所示。

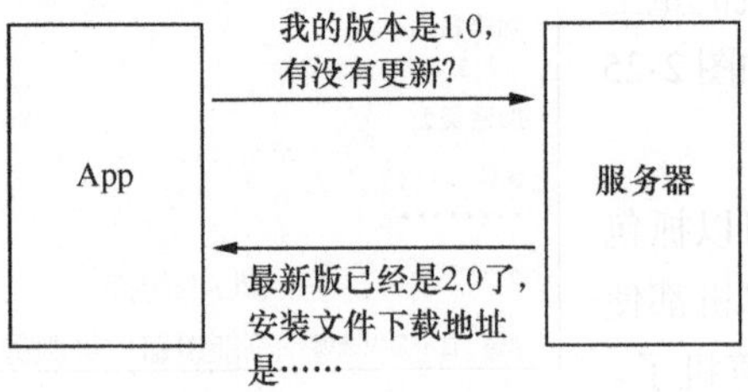

图 2-27　App 有新版本

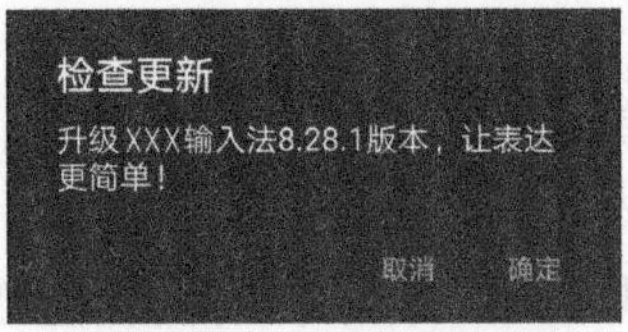

图 2-28　App 更新提示

2.7.2　App 升级的测试

在实际测试中，我们一般不会去修改服务器，因为修改服务器会遇到下述问题。

- 修改服务器的代码，需要有很好的代码能力，99%的人做不到。
- 修改服务器的代码，还需要重新部署，耗时耗力。
- 不灵活，升级的情况有好几种，每次修改都要重新部署。

用 Fiddler 来模拟升级比较简单，如图 2-29 所示。

图 2-29　Fiddler 模拟

我们用 Fiddler 伪造一个 HTTP 响应就可以了。可以用下断点的方式修改 HTTP 响应，或者用 Fiddler 中的 AutoResponder。接下来以坚果云为例介绍一下升级。

2.7.3　坚果云的升级

坚果云每次启动的时候，都会调用一个 latestVersion 的接口来查询服务器，看客户端有没有更新的版本，如图 2-30 所示。

对比 HTTP 响应中的版本和本地版本，如果服务器返回的版本更高，那么客户端就会弹出对话框，提醒用户升级 App。

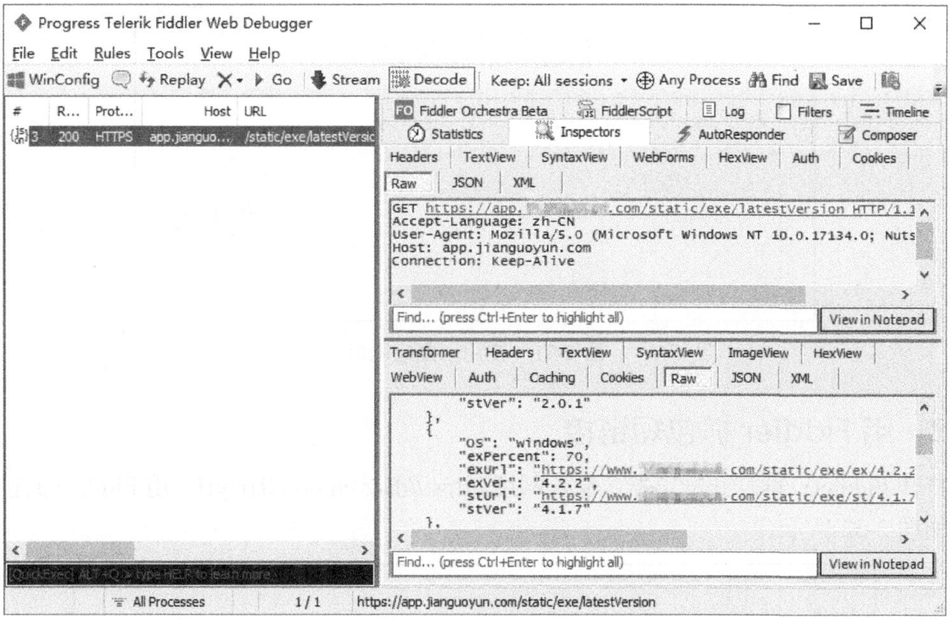

图 2-30 坚果云的升级

2.8 短链接

短链接就是把普通网址转换成比较短的网址（如 https://dwz.cn/8oVtHHyH）。在微博或者其他限制字数的应用里，短链接有很多好处：网址短、字符少、美观，便于发布和传播。

我们平常工作中写邮件使用短链接也会让邮件更加简洁、美观。

2.8.1 短链接原理解析

当我们在浏览器的地址栏中输入 https://dwz.cn/8oVtHHyH 时：

- 浏览器会发送一个 HTTP GET 请求给 dwz 网址；
- dwz 服务器会通过短码 8oVtHHyH 获取对应的长网址；
- 服务器返回 HTTP 301 或者 302 的响应，响应中包含了长网址；
- 浏览器会跳转到长网址。

2.8.2 使用短链接

短链接的服务提供商有很多，例如：百度短网址，如图 2-31 所示。

图 2-31　使用百度短网址

2.8.3　用 Fiddler 抓包短链接

打开 Fiddler，再打开浏览器，输入网址 https://dwz.cn/8oVtHHyH。用 Fiddler 抓包短链接，如图 2-32 所示。

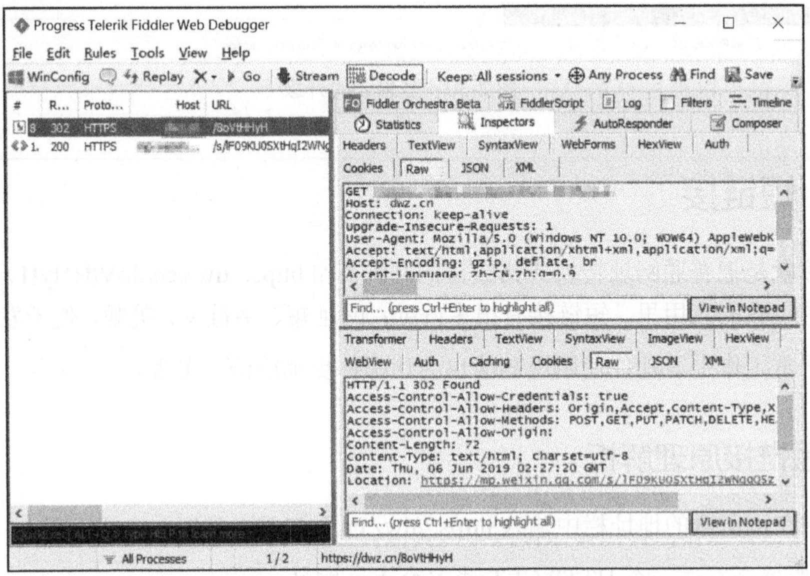

图 2-32　用 Fiddler 抓包短链接

从图 2-32 中可以看到短链接的原理很简单，利用 HTTP 的跳转，用 301 或者 302 都可以。

2.9　本章小结

本章介绍了 Fiddler 的常用使用技巧，包括抓包设置、抓不到包的解决方法等。读者可以对照本章内容来排查 Fiddler 使用过程中遇到的问题。此外，通过学习本章的内容，读者还可以了解用 Fiddler 测试 App 升级和短链接的概念。

第 3 章 Session 分类和查询

Fiddler 中的 Session（会话）也简称“包”，我们平常说的抓包，就是指捕获 Session，查看 Session 的内容。一个 Session 由两个部分组成，一部分是 HTTP 请求数据包，另一部分是 HTTP 响应数据包。

3.1 Session 的概念

在 Fiddler 的 Session 列表中可以看到很多 Session。选中其中一个 Session，如图 3-1 所示。

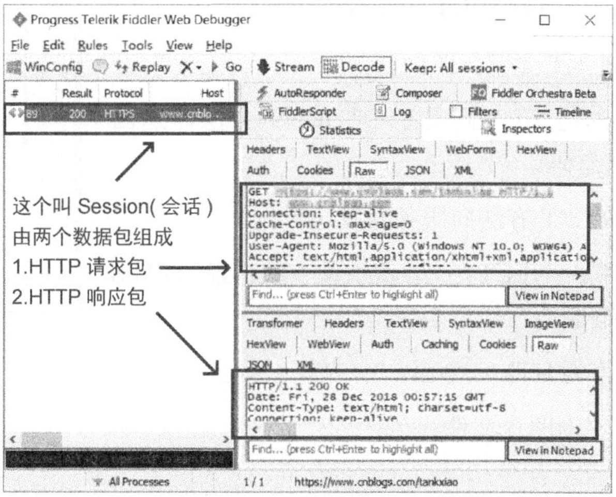

图 3-1 Fiddler 中的 Session

3.2 为什么 Fiddler 中有这么多 Session

打开 Fiddler，会发现里面有很多 Session。就算不做任何操作，Fiddler 里面的 Session 也一直在增长。这些 Session 是从哪来的呢？

- 使用系统代理的程序。计算机上任何使用系统代理的程序都会被 Fiddler 抓到，例如输入法、后端服务器发出的 HTTP 请求等。

- 一个网页实际上是由一个父请求和子请求组成的。所以打开一个网页，会发送很多 HTTP 请求。

正因为 Fiddler 抓到的 Session 太多了，所以我们需要对 Session 进行过滤、查找，从而找到想要的 Session。

3.3 Session 的类型

启动 Fiddler，然后在浏览器中访问网站，Fiddler 就能抓到很多 Session。每个 Session 前面都有一个小图标，不同的图标代表不同的 Session 类型。本节对不同的图标代表的 Session 类型做详细的介绍，如图 3-2 所示（随着 Fiddler 版本的升级，图标可能会有改变。图只显示了部分 Session 类型图标）。

图 3-2 部分 Session 类型图标

- 正在向服务器发送请求。
- 正在从服务器接收请求。
- 请求断点，可以修改 HTTP 请求。
- 响应断点，可以修改 HTTP 响应。
- 请求使用的是 HEAD 或者 OPTIONS 方法，返回 HTTP/204 状态码。
- 请求使用 POST 方法向服务器发送数据。
- 请求使用 CONNECT 方法，使用该方法构建 HTTPS 数据流的传输通道。
- 响应的内容为 HTML 界面。
- 响应的内容为图片文件。
- 成功返回。
- 响应的是 JavaScript 脚本文件。
- 响应的是 CSS 文件。
- 响应的是 XML 文件。
- 响应的是 JSON 文件。
- 响应的是视频文件。
- 响应的是音频文件。

- 响应的是字体。
- 响应的是重定向，例如 301 和 302。
- 服务器端错误，例如 500 错误状态码。
- 请求被客户端应用、Fiddler 或者服务器终止。
- 响应状态是 304，代表缓存命中，然后使用缓存。
- 响应的是 Flash 程序。
- 响应的是状态码 401，要去客户端进行认证；或者是状态码 403，表示访问被拒绝。

3.4 搜索 Session

可以通过查找的方法来搜索 Session，在 Fiddler 菜单栏中选择 Edit→Find Sessions 命令，或者在 Fiddler 中使用快捷键 Ctrl+F，打开 Find Sessions 窗口。

3.4.1 搜索登录的会话

启动 Fiddler，打开网页 http://123****15/zentao/user-login.html(zenTao)，输入用户名 qa_tank 和密码 tanktest1234，单击“登录”按钮。Fiddler 会抓到很多 Session。如何查找登录的 HTTP 请求呢？直接搜索 qa_tank 就能找到了，如图 3-3 所示。

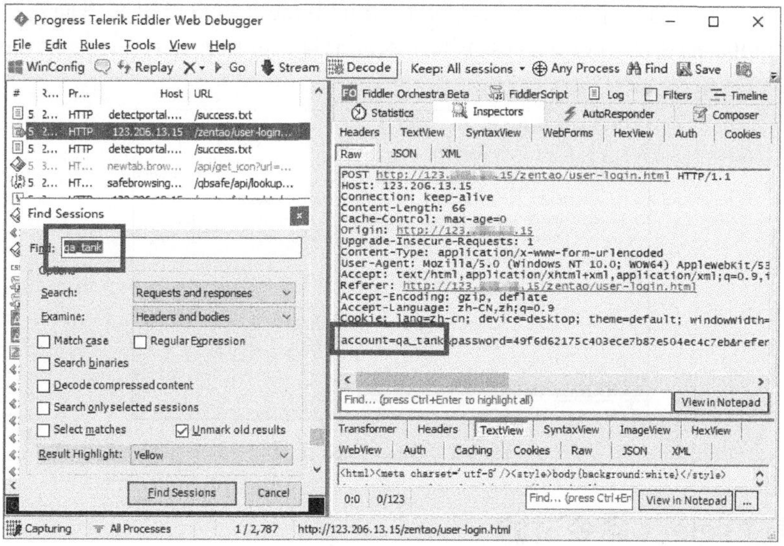

图 3-3 通过用户名搜索

如果搜索密码“tanktest1234”搜不到，可能是因为密码被 JavaScript 加密了。

3.4.2 在请求搜索框中搜索

找到 Session 后，如果想知道数据具体在 HTTP 请求中的什么位置，还可以在 HTTP 请求下面的搜索框中输入关键字来搜索，如图 3-4 所示。

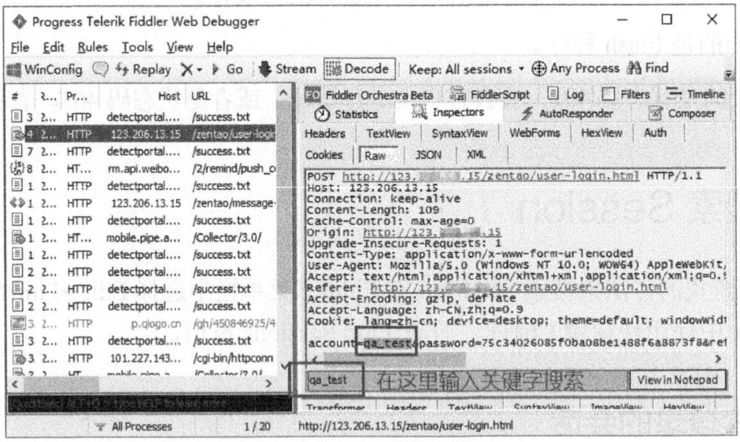

图 3-4 在 HTTP 请求中搜索

3.5 用命令行工具查询 Session

Fiddler 的左下角有一个命令行工具叫作 QuickExec，用户可以在里面直接输入命令来快速操作。Fiddler 的重度用户才会用这个命令行工具，以提高操作的效率，如图 3-5 所示。

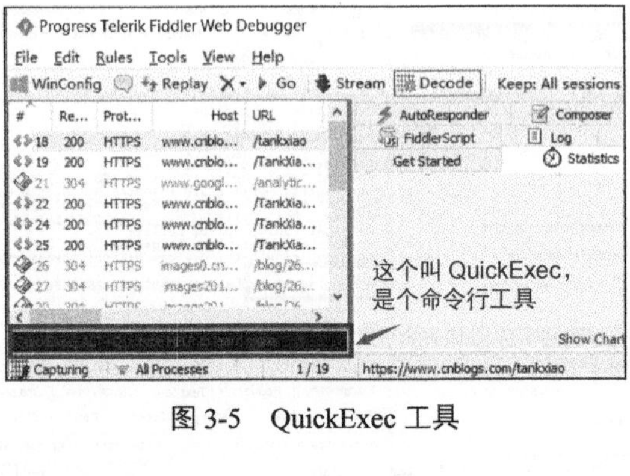

图 3-5 QuickExec 工具

3.5.1 通过 select 命令过滤

在命令行工具中用户可使用 select 命令，用于过滤响应类型。

select image：过滤图片类型的 Session。

select css：过滤所有响应为 CSS 的 Session。

select html：过滤所有响应为 HTML 的 Session。

select javascript：过滤所有响应为 JavaScript 的 Session。

select json：过滤所有响应为 JSON 的 Session。

例如，通过命令 select image 来过滤图片类型的 Session，如图 3-6 所示。

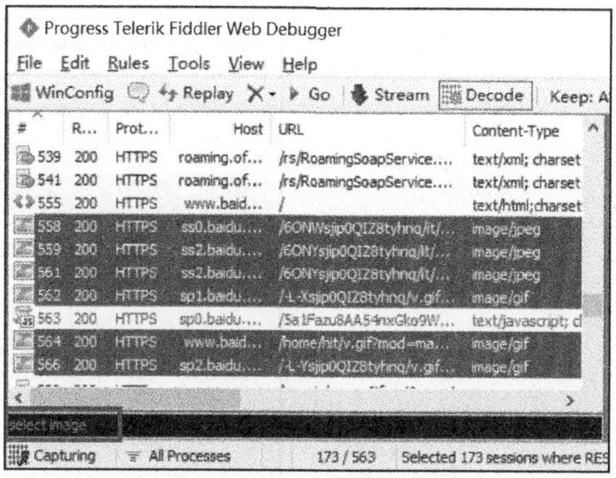

图 3-6 select image 命令

注意：选中了 Session 后，可以用快捷键 Shift+Delete 把未选中的删除。

3.5.2 通过 allbut 过滤

allbut 命令用于过滤响应类型，并且把不是指定类型的 Session 删除。例如，在命令行中输入 allbut json，把响应类型不是 JSON 的会话全部删除，只留下响应类型为 JSON 的会话，如图 3-7 所示。

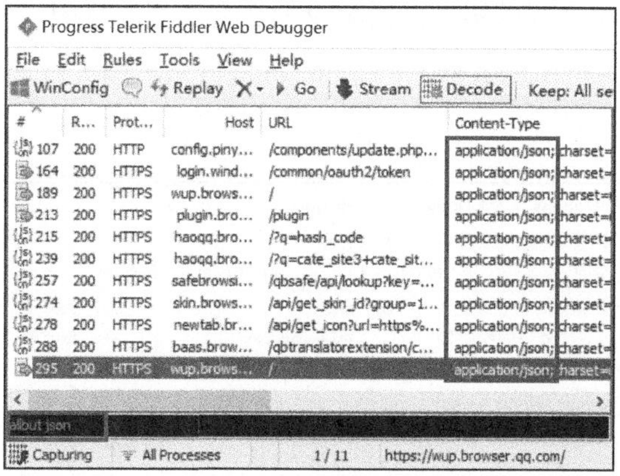

图 3-7 allbut 命令

3.5.3 通过“?”过滤

“?”过滤方法很常用，可以通过 URL 中是否包含指定字符串来进行过滤。

“?”用于过滤、选择 URL 中包含了指定文本的 Session。

例如，通过命令“? tankxiao”，过滤 URL 中包含 tankxiao 字符的 Session，方法如下。

在 QuickExec 对话框中输入“? tankxiao”，过滤结果如图 3-8 所示。

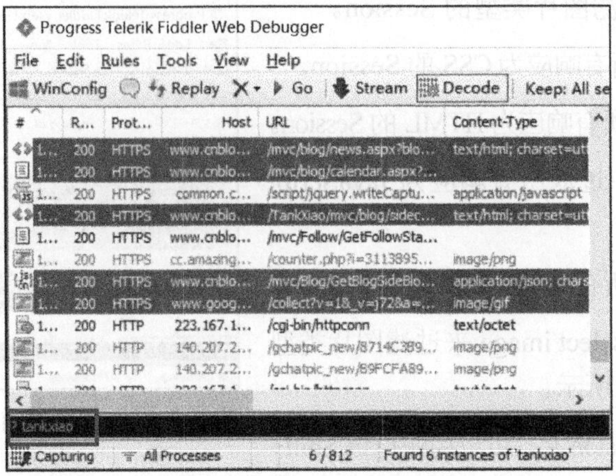

图 3-8 “? ” 命令过滤会话

3.5.4 通过 Session 类型的大小来过滤

Fiddler 捕获的 Session 响应的大小不同，例如响应类型为视频时所占的空间会比响应类型为图片时所占的空间大，我们可以根据响应内容的大小来过滤。

>size 命令和<size 命令可以实现根据响应大小来过滤的目的。

例如，过滤响应超过 100KB 的会话，在 QuickExec 输入框中输入>100K，显示结果如图 3-9 所示。

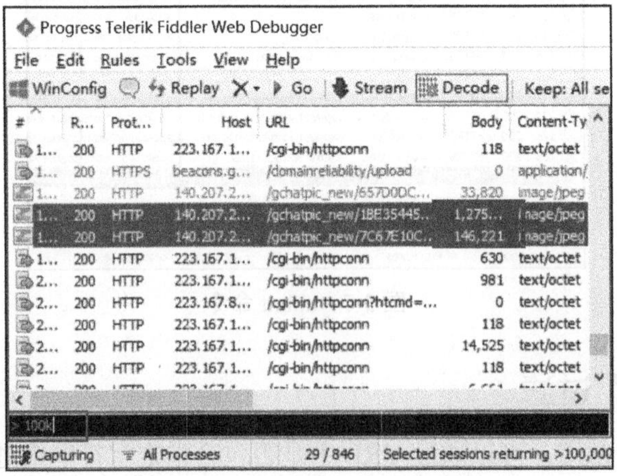

图 3-9 过滤大于 100KB 的会话

从图中可以看到符合条件的 Session 被高亮显示出来，在信息主体列中可以看到其大小是大于 100KB 的。

3.5.5 通过“=HTTP 方法”过滤

常见的“=HTTP 方法”有以下两种。

- =GET，代表过滤请求方法为 GET 的会话。
- =POST，代表过滤请求方法为 POST 的会话。

例如，通过=POST 来过滤 POST 的会话。在 QuickExec 输入框中输入=POST，过滤结果如图 3-10 所示。

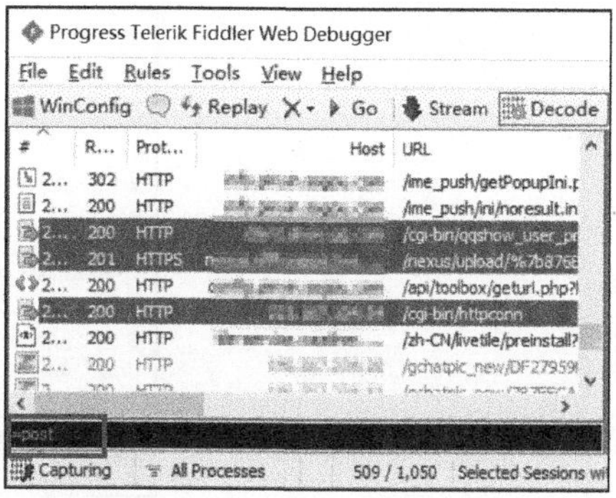

图 3-10 过滤 POST 会话

3.5.6 通过@Host 过滤

每个 Session 都有对应的主机名，用户可以通过主机名来过滤。

@Host 命令是用来通过 Host 中包含的字符来过滤的。

例如，过滤 Host 中包含博客园网址的 Session，在 QuickExec 输入框中输入@cnblogs.com，过滤结果如图 3-11 所示。

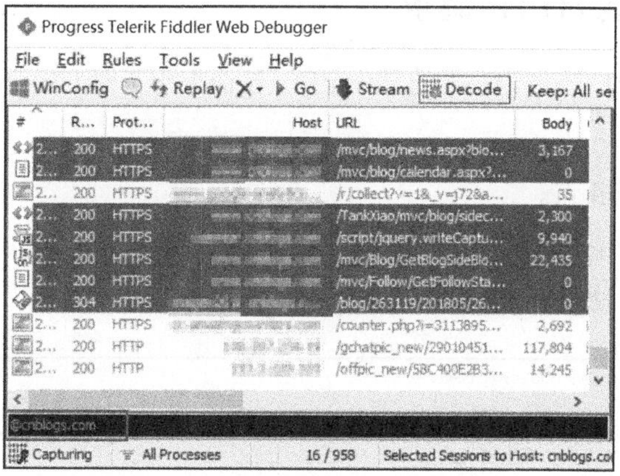

图 3-11 过滤包含博客园网址的会话

从图 3-11 的 Session 列表中可以看到符合条件的 Session 被高亮显示出来，在 Host 列表中可以看到这些 Session 都包含了博客园网址。

3.5.7 通过“=状态码”过滤

每个响应都有状态码，“=状态码”命令可以根据状态码来过滤。

例如，通过=302 命令来过滤响应状态码为 302 的会话。在 QuickExec 输入框中输入=302，过滤结果如图 3-12 所示。

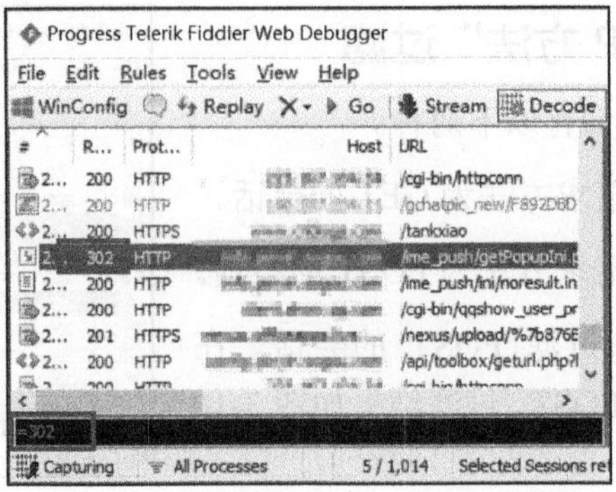

图 3-12 过滤响应状态码为 302 的会话

3.6 给 Session 下断点

在修改 HTTP 请求或者修改 HTTP 响应中，我们可以通过命令行中的命令来下断点。

3.6.1 下断点拦截 HTTP 请求

bpu ***命令中的***表示 URL 中的部分字段。该命令用于对 URL 中包含指定字符的 HTTP 请求设置断点。

bpu 命令用于取消断点。

例如，在 Fiddler 中，在 QuickExec 输入框中输入 bpu tankxiao，从而拦截 URL 中包含 tankxiao 字段的 HTTP 请求，如图 3-13 所示。

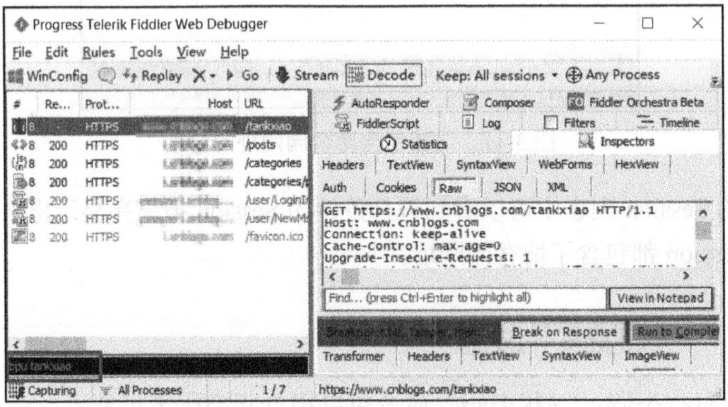

图 3-13 命令行下断点拦截请求

用命令行下断点，它只会拦截符合规则的，不符合规则的不会拦截。

3.6.2 下断点拦截 HTTP 响应

bpafter ***命令中的***表示 URL 中的部分字段。该命令用于下断点来拦截 HTTP 响应。

bpafter 命令用于取消断点。

例如，在 Fiddler 的 QuickExec 输入框中输入 bpafter tankxiao，可拦截 URL 中包含 tankxiao 字段的 HTTP 响应，如图 3-14 所示。

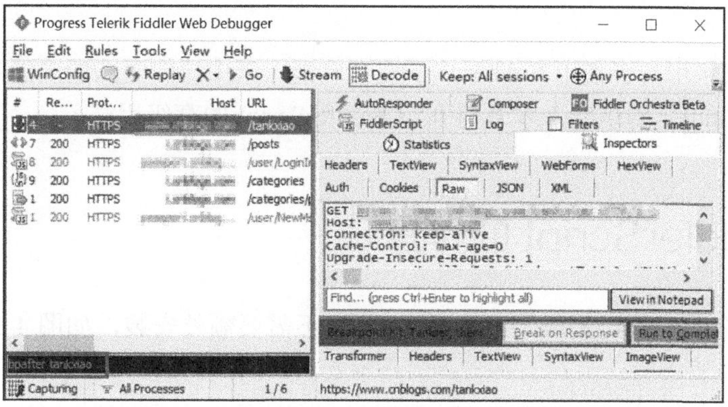

图 3-14 下断点拦截响应

3.6.3 及时取消断点

使用请求断点拦截住想要修改的 HTTP 请求后，一定要及时取消断点，以免拦截其他 HTTP 请求，取消断点如图 3-15 所示。

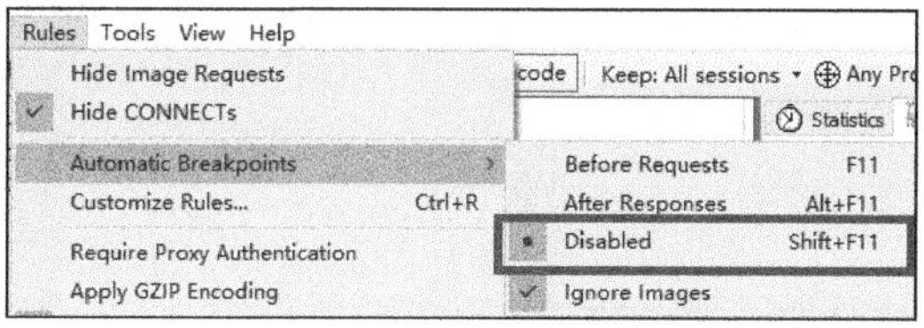

图 3-15 取消断点

『 3.7 本章小结 』

本章对 Fiddler 中的 Session 来源、类型和过滤方法进行了介绍，并列举了通过命令行工具查询 Session，以及给 Session 下断点的常用命令，让 Fiddler 用户能够更熟练地操作 Fiddler。

第 4 章

FiddlerScript 的高级用法

Fiddler 的高级用户会使用 Fiddler 中的复杂功能，其中比较复杂的功能是 FiddlerScript。用户可以扩展 Fiddler 的功能。本章将介绍 FiddlerScript 的高级用法。

4.1 FiddlerScript 的界面

最新版的 Fiddler 已经集成了 FiddlerScript，不需要额外安装，如图 4-1 所示。

图 4-1　FiddlerScript

4.2 Fiddler 的事件函数

Fiddler 的代码一般需要放在 Fiddler 的事件函数中，从 Go to 下拉列表中可以快速找到事件函数，如图 4-2 所示。

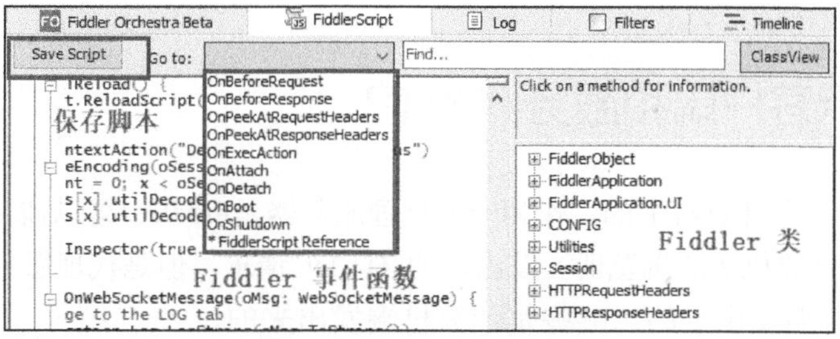

图 4-2 Fiddler 事件函数

4.3 在 FiddlerScript 中使用正则表达式

在 FiddlerScript 中，使用正则表达式可以把响应中的网页标题提取出来。提取时要从响应的消息主体中提取，代码要放到 OnBeforeResponse 方法下面。

引用命名空间 import System.Text.RegularExpressions，具体代码如下所示。

```
if(oSession.uriContains("www.cnblogs.com/TankXiao"))
{
    var allBody = oSession.GetResponseBodyAsString();
    var pattern= "<title>(.*?)</title>"
    var r = new System.Text.RegularExpressions.Regex(pattern);
    var mc = r.Match(allBody);
    var token= mc.Groups[1].Value;
    FiddlerObject.alert(token);
}
```

保存脚本后再访问网页，Fiddler 就能提取到网页的标题了。

4.4 忽略抓包

忽略抓包是指不抓这样的包，直接放行。忽略请求和过滤请求是不一样的，过滤是指抓到包后，不显示在 Fiddler 上。

在 OnBeforeRequest 中插入以下代码可忽略包含 tankxiao 的数据包。

```
// 忽略网址中包含 tankxiao 的数据包
if(oSession.uriContains("tankxiao"))
{
    oSession.Ignore();
}
```

4.5 显示客户端和服务器的 IP

Fiddler 是运行在计算机上的。作为一个代理服务器，Fiddler 可以捕获各种客户端（手机、平板、Mac 计算机等的浏览器）发出来的 HTTP 请求，但是代理服务器分不清楚哪些 HTTP 请求是手机端发出来的，哪些是计算机端发出来的。

可以在 Fiddler 中增加一列来查看客户端的 IP，再增加一列来查看服务器的 IP。

在 static function Main()中插入以下代码。

```
// 显示服务器的 IP
FiddlerObject.UI.lvSessions.AddBoundColumn("ServerIP", 120,"X-HostIP");
// 显示客户端的 IP
FiddlerObject.UI.lvSessions.AddBoundColumn("ClientIP", 120,"X-ClientIP");
```

ServerIP 和 ClientIP 是 Fiddler 中的列名，可以自行修改，如图 4-3 所示。

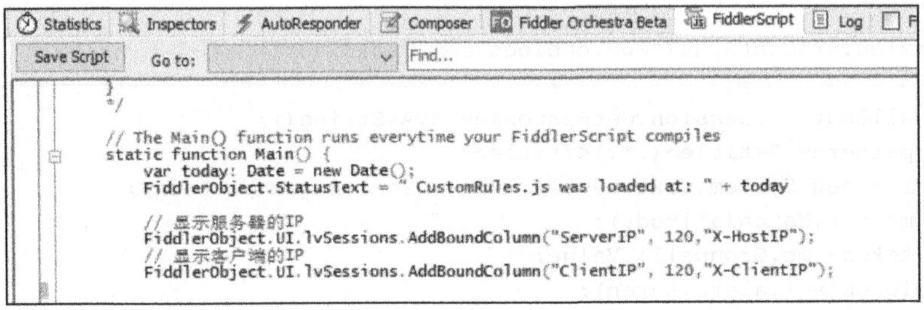

图 4-3 添加脚本进行修改

编辑好脚本后重启 Fiddler，就可以在 Fiddler 中看到客户端和服务器的 IP 了，如图 4-4 所示。

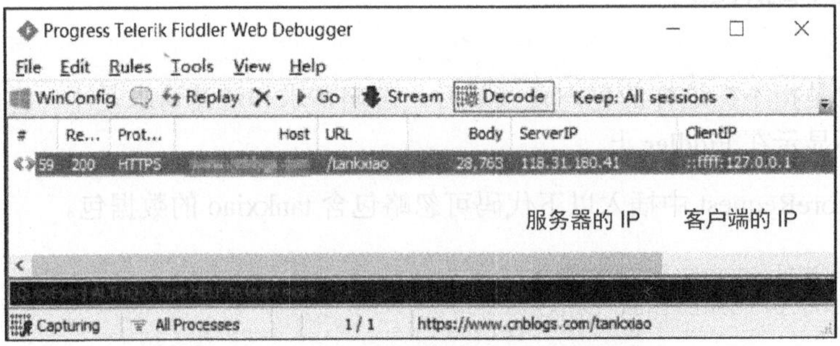

图 4-4 在 Fiddler 中查看客户端和服务器的 IP

4.6 显示响应时间

做性能测试时，我们有时想查看每个请求的响应时间。例如测试网页、App 端和 H5 页面的时候，测试人员需要知道每个请求的响应时间。

可以在 FiddlerScript 选项卡中加入下面的代码来查看每个请求的响应时间。

```
function BeginRequestTime(oS: Session)
{
   if (oS.Timers != null)
   {
      return oS.Timers.ClientBeginRequest.ToString();
   }
   return String.Empty;
}
public static BindUIColumn("Time Taken")
function CalcTimingCol(oS: Session){
   var sResult = String.Empty;
   if ((oS.Timers.ServerDoneResponse > oS.Timers.ClientDoneRequest))
   {
      sResult = (oS.Timers.ServerDoneResponse - oS.Timers.ClientDoneRequest).To
String();
   }
   return sResult;
}
```

保存脚本后，重启 Fiddler 工具，可以看到响应时间，如图 4-5 所示。

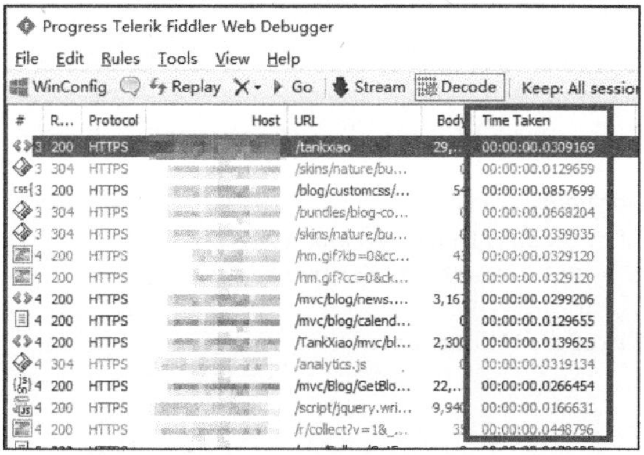

图 4-5 显示响应时间

通过 Fiddler 的 Statistics 选项也可以看到响应时间，如图 4-6 所示，但是只能单个查看。而加入代码后，可以一眼看到所有的响应时间。

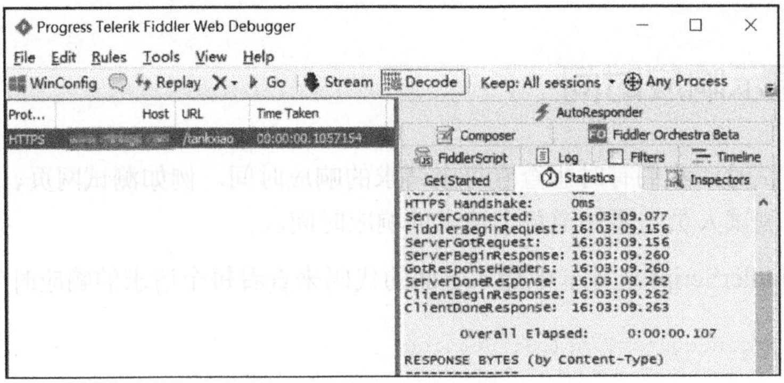

图 4-6 查看响应时间的方法

4.7 读写本地 txt 文件

可以在 FiddlerScript 中读取 txt 文件，还可以把抓到的信息存入 txt 文件，代码放在 OnBeforeRequest 中。

先引入命名空间 import System.IO;，其余代码如下所示。

```
if(oSession.uriContains("www.c****s.com/TankXiao"))
{
   // 写 txt 文件
   var txtPath = "c:\\tankfiddler\\tank.txt"
   var txtWrite = File.AppendText(txtPath);
   txtWrite.WriteLine("www.c****s.com/tankxiao");
   txtWrite.Close();
}


if(oSession.uriContains("www.c****s.com/TankXiao"))
{
   // 读取 txt 文件中的内容
   var txtPath = "c:\\tankfiddler\\tank.txt"
   var allNumbers = File.ReadAllLines(txtPath);
   // 弹窗提示
   FiddlerObject.alert(allNumbers);
}
```

4.8 保存请求

可以把捕获的 HTTP 请求保存下来，然后在 OnBeforeRequest 中插入以下代码。

```
if(oSession.uriContains("www.c****s.com/TankXiao/p/8203819.html"))
{
   var sazFile="c:\\tankfiddler\\1.saz";
   var MysessionList : Session[] = [oSession];
   Utilities.WriteSessionArchive(sazFile, MysessionList,null,true)
}
```

4.9 重新发送请求

可以把保存好的 saz 文件重新发送，然后在 OnBeforeRequest 中插入以下代码。

```
// 发送 HTTP 请求
if(oSession.uriContains("www.c****s.com/TankXiao2"))
{
   var sazFile="c:\\tankfiddler\\1.saz";
   var sessionList : Session[] =  Utilities.ReadSessionArchive(sazFile, true);
   FiddlerApplication.oProxy.SendRequest(sessionList[0].oRequest.headers,
sessionList[0].requestBodyBytes, null);
}
```

4.10 本章小结

本章介绍了 Fiddler 中一个比较复杂的功能 FiddlerScript，并针对一些常见的使用场景提供了 FiddlerScript 代码。一般高级用户会使用 FiddlerScript，如果 FiddlerScript 还不能满足你的需要，那么就需要给 Fiddler 开发插件了。

第5章 常见的抓包工具

除了 Fiddler 工具，还有别的工具可以抓包。本章介绍其他几个常见的抓包工具。

5.1 常见的抓包工具

目前常见的 HTTP 抓包工具如图 5-1 所示。

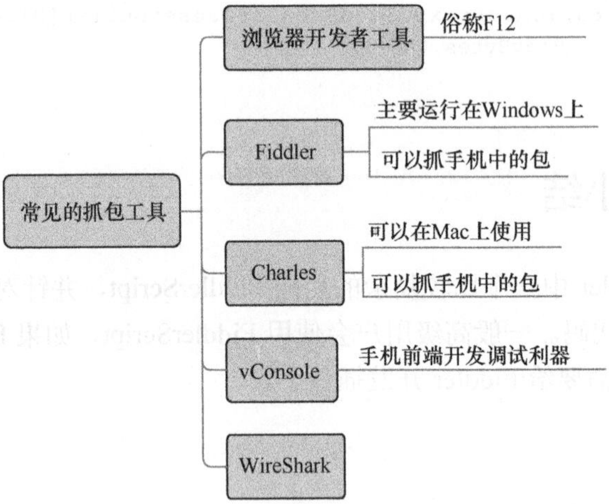

图 5-1　常见的抓包工具

5.2 浏览器开发者工具

浏览器都自带一个开发者工具，该工具可用来抓包，很受开发人员喜欢。浏览器开发者工具的受众范围比 Fiddler 的广，因为它很方便，不需要做什么设置。下面我们用 Chrome 浏览器来进行讲解。

5.2.1 调出开发者工具

调出开发者工具的方式有以下几种。

方式 1：按 F12 调出（很多人把这个工具叫作 F12）。

方式 2：在浏览器中，单击鼠标右键，然后选择“检查”。

方式 3：在浏览器中，按快捷键 Ctrl+Shift+I。

5.2.2 用 Chrome 测试网页加载时间

使用 Chrome 的开发者工具测试网页加载时间的操作步骤如下。

（1）打开 Chrome 浏览器，然后打开开发者工具，选中 Network 选项卡。

（2）访问一个网址，开发者工具能捕获所有的 HTTP 请求，如图 5-2 所示。

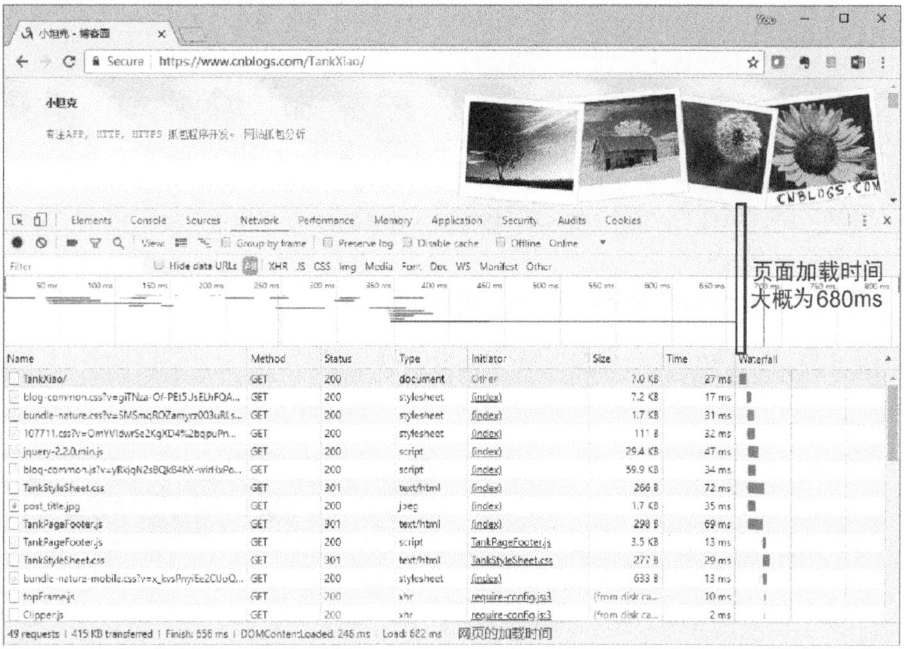

图 5-2 网页加载时间

从图 5-2 中可以看出单个请求的响应时间，可以看到这个网页发送了 49 个请求。总的网页响应时间是 682ms，性能非常好。

5.2.3 用 Chrome 捕获网站登录的 POST 请求

Chrome 开发者工具在抓包时，如果页面发生了跳转，那么它会把上一个页面的 HTTP 请求清空。此时需要选中 Preserve log，以保留上次抓到的包。

我们用 Chrome 来捕获某网站的登录请求，该登录请求用的是 POST。具体步骤如下。

（1）在登录页面中输入用户名和密码，选中图片验证码后，单击“登录”按钮。

（2）在开发者工具中可以看到登录时发送的一系列请求。

（3）选中 HTTP 请求，在 Headers 选项卡中能看到该请求中的用户名和密码，如图 5-3 所示。

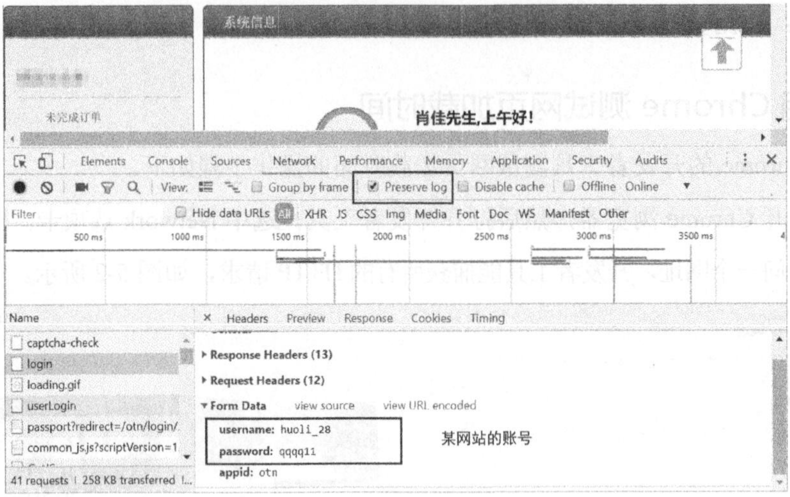

图 5-3 抓某网站登录的包

5.2.4 用 Chrome 测试接口的响应时间

如图 5-4 所示，Chrome 中会显示每个请求的响应时间。

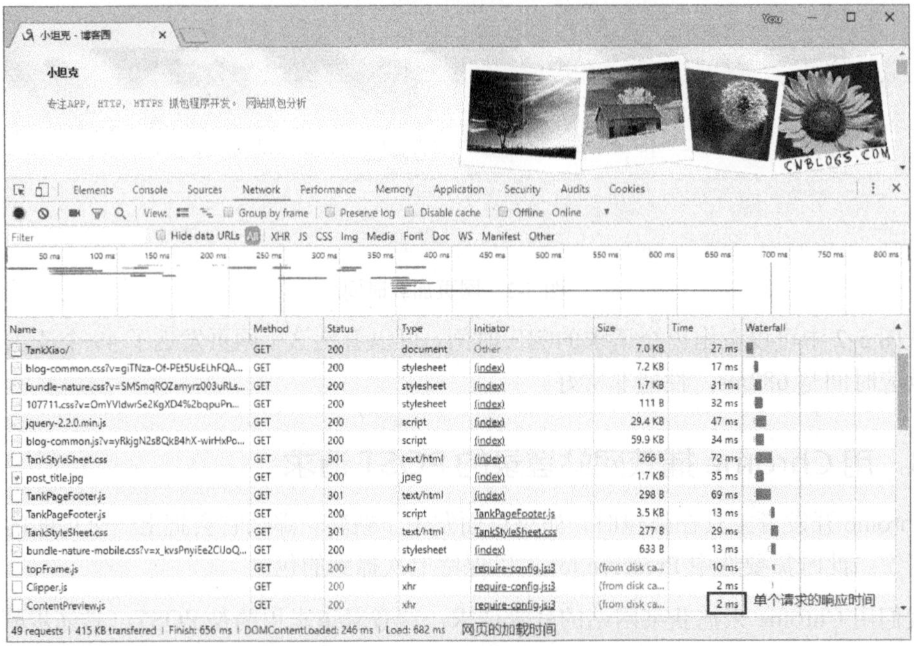

图 5-4 单个请求的响应时间

5.2.5 过滤请求

因为可以操作的界面较小，查找 HTTP 请求不方便，所以一般都需要用到过滤功能。

Chrome 开发者工具具有强大的过滤功能，可以让用户根据关键字来过滤，如图 5-5 所示。

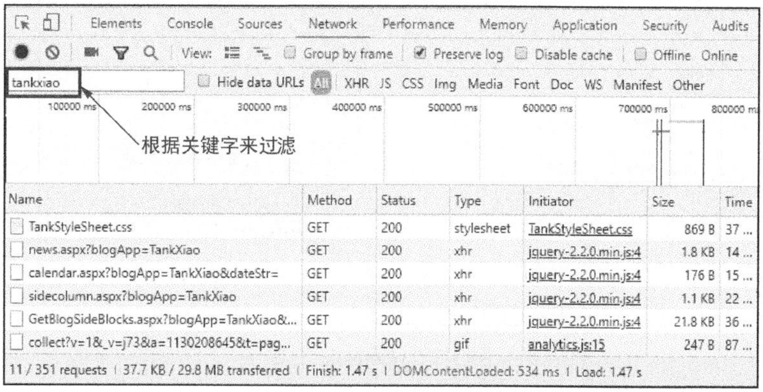

图 5-5 根据关键字过滤

在 Filter 输入框中输入 method:POST，可以过滤 POST 方法的 HTTP 请求，如图 5-6 所示。

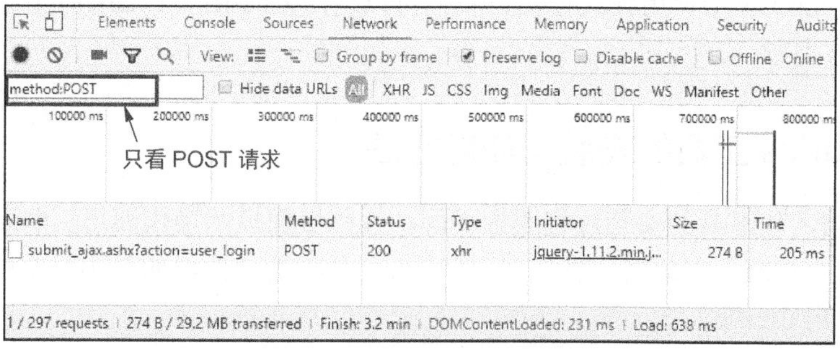

图 5-6 根据 HTTP 方法过滤

5.3 vConsole

微信小程序、手机版网页 H5、手机 App 也需要调试 Bug，此时可以用第三方工具 vConsole 来完成。vConsole 是一个轻量、可拓展的、针对手机网页的前端开发者调试面板。其用法和浏览器开发者工具差不多。vConsole 如图 5-7 所示。

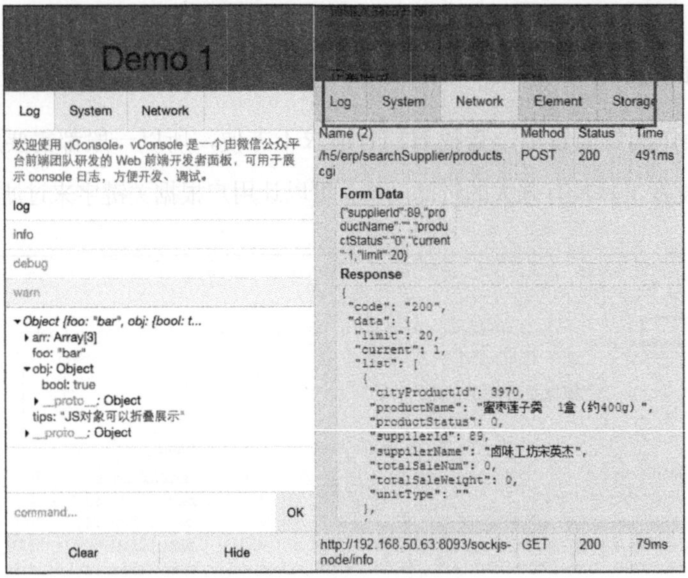

图 5-7 vConsole 工具

5.4 Charles 抓包工具

如果要在 macOS 中使用抓包工具，我们可以使用 Charles。Charles 的工作原理与用法和 Fiddler 有点类似。

5.4.1 Charles 工具的安装与使用方法

Charles 与其他工具的安装过程大致相同，按照页面提示操作即可。Charles 安装成功后，图标是一个花瓶，因此俗称青花瓷。Charles 是收费软件，如果不付费的话，每隔 30 分钟，需要重启 Charles。

5.4.2 在 Charles 中安装根证书

在 Charles 中安装根证书的步骤如下。

第 1 步：依次单击菜单栏中的 Help→SSL Proxying→Install Charles Root Certificate，如图 5-8 所示。

第 2 步：这时候会弹出一个添加根证书界面，单击 Add 按钮，如图 5-9 所示。

第 3 步：证书添加成功，如图 5-10 所示。

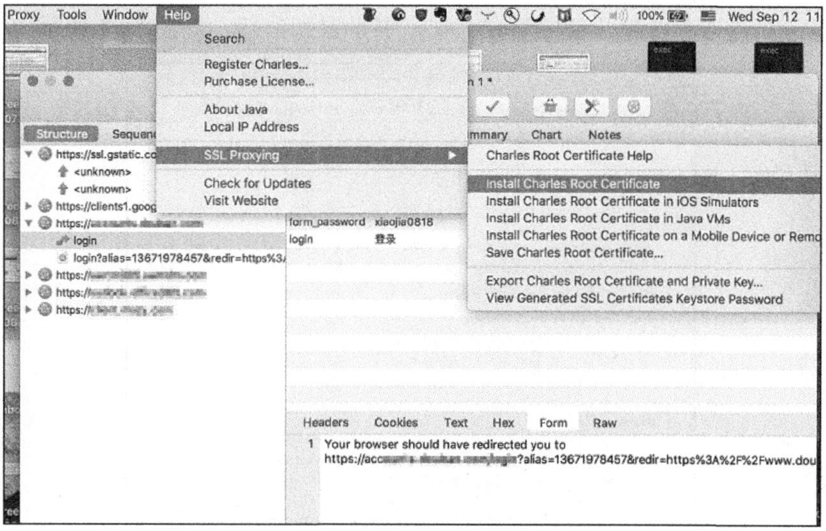

图 5-8 安装证书（1）

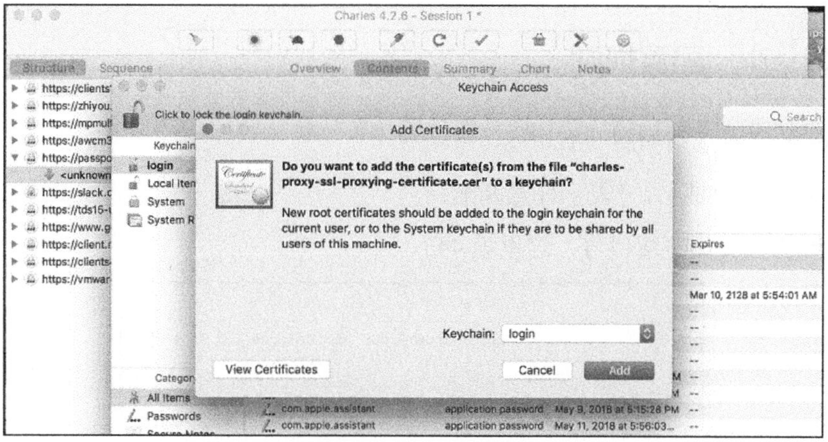

图 5-9 安装证书（2）

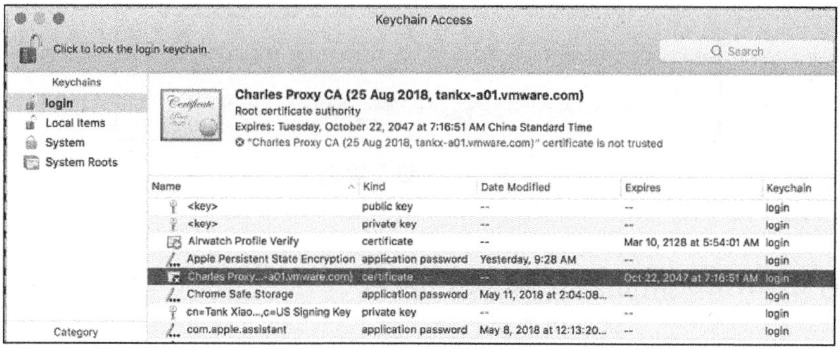

图 5-10 证书添加成功

第 4 步：双击证书以打开证书简介，把证书设置为信任，如图 5-11 所示。

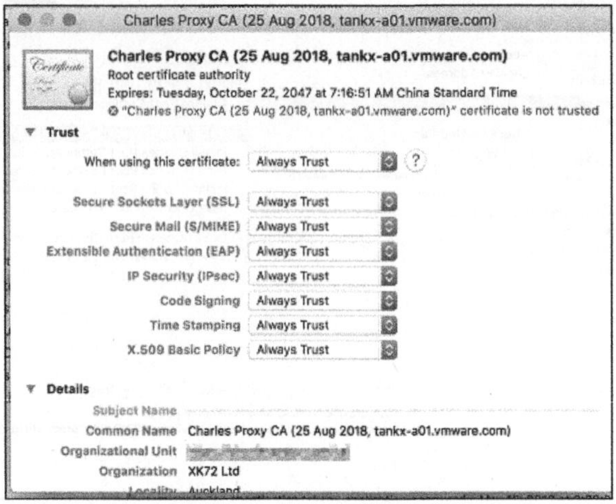

图 5-11 证书设置为信任

5.4.3 Charles 配置规则

Charles 的配置规则如图 5-12 所示。其中：

- Host 为配置域名，*表示任意匹配；
- Port 为网页浏览端口号，这里填 443。

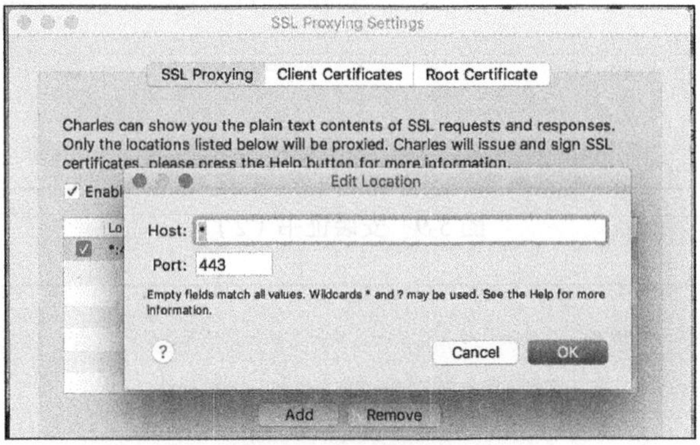

图 5-12 设置规则

5.4.4 用 Charles 捕捉网站登录的请求

打开 Charles，再用浏览器打开某网站并登录。找到登录的 HTTP 请求，可以看到登录时发送的用户名和密码，如图 5-13 所示。

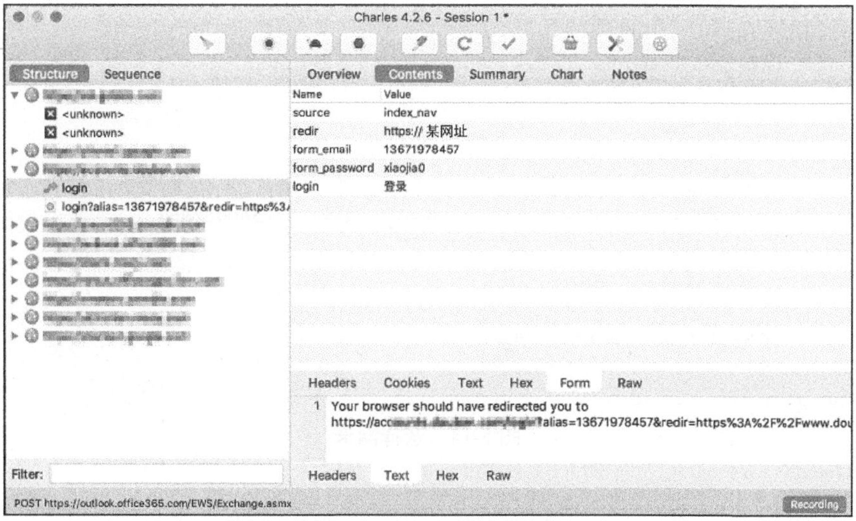

图 5-13 捕捉某网站的登录请求

5.5 Wireshark 抓包工具

Wireshark 是非常流行的网络封包分析软件，功能十分强大。它可以截取各种网络封包，显示网络封包的详细信息。它是一个跨平台的软件，可以在 UNIX 系列、Linux、macOS、Windows 等多个平台上进行网络协议的抓包工作。同时，它也是一个开源软件。如果想捕获 TCP 3 次握手协议，就应该使用 Wireshark。

Wireshark 的抓包原理是嗅探网卡，因此 Wireshark 只能查看数据包，不能修改数据包。

5.5.1 用 Wireshark 捕捉 HTTP

Wireshark 捕捉 HTTP 的步骤如下。

第 1 步：启动 Wireshark，此时会出现很多网络连接，选择一个正在使用的网络连接，如图 5-14 所示。

第 2 步：输入过滤条件“HTTP”，这样就只捕获 HTTP。在浏览器中访问 http://files-cdn.c****s.com/files/TankXiao/http.bmp，Wireshark 能捕获到 HTTP 的报文。HTTP 请求和 HTTP 响应是分开的，HTTP 请求有个向右的箭头，HTTP 响应有个向左的箭头，如图 5-15 所示。

第 3 步：选择 HTTP 请求，右键单击并依次选择“追踪流”→“TCP 流”，如图 5-16 所示。

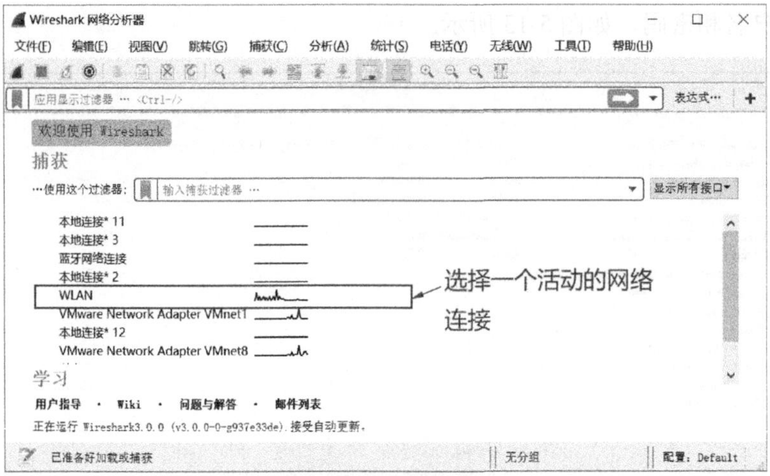

图 5-14 选择网卡

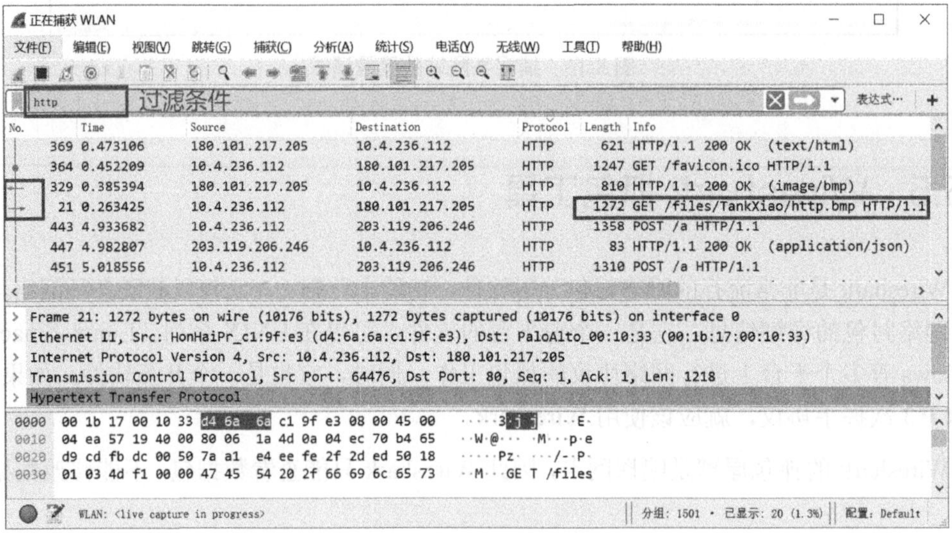

图 5-15 抓 HTTP 包

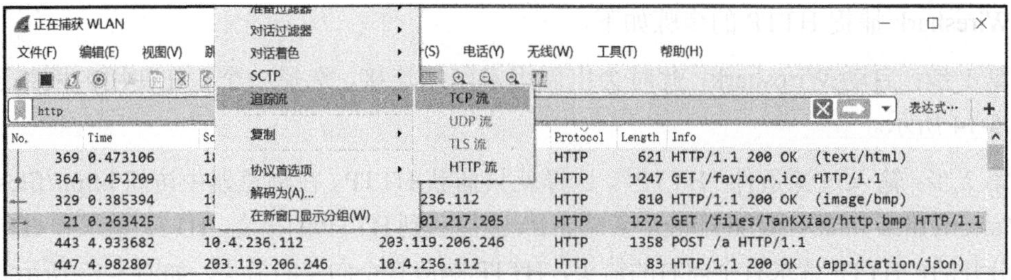

图 5-16 选择“追踪流”

第 4 步：打开一个对话框，可以看到完整的 HTTP 请求和 HTTP 响应，如图 5-17 所示。

图 5-17　查看完整的 HTTP 请求和 HTTP 响应

5.5.2 用 Wireshark 捕捉 HTTPS

Fiddler 和 Charles 都需要安装证书后才能捕获 HTTPS，用 Wireshark 捕获 HTTPS 更麻烦。

某些浏览器支持将 TLS 会话使用的对称密钥保存在外部文件中，以供 Wireshark 加密使用。本节测试使用的是 Chrome 71 版本和 Wireshark 5.0 版本。捕获步骤具体如下。

第 1 步：配置系统变量。变量名为 SSLKEYLOGFILE，变量值为 C:\ssl_key\sslog.log，如图 5-18 所示。注意后缀名一定要用 log，这样浏览器和服务器 SSL 协商的密钥信息才会存储到文件中。

图 5-18　新建环境变量

第 2 步：在 CMD 中运行以下命令。

```
"C:\Program Files (x86)\Google\Chrome\Application\chrome.exe" --ssl-key-log-file=
c:\ssl_key\sslog.log
```

运行成功后可以看到密钥文件已生成，如图 5-19 所示。

图 5-19 密钥文件

第 3 步：在 Wireshark 中配置密钥文件，依次选择“编辑”→“首选项”→Protocols→TLS，如图 5-20 所示。

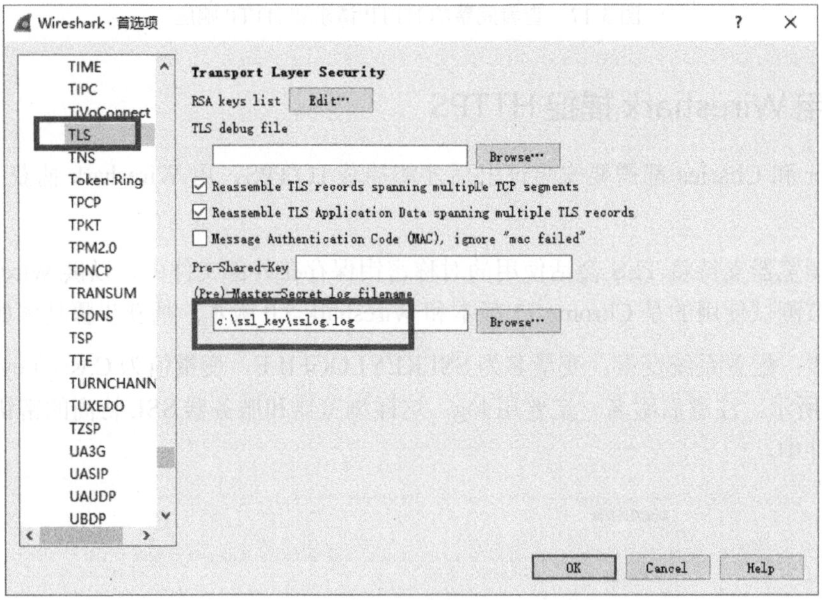

图 5-20 配置密钥文件

第 4 步：重启 Chrome，然后在 Chrome 中访问 https://www.c****s.com/tankxiao，此时就可以抓到 HTTPS 的包了，如图 5-21 所示。

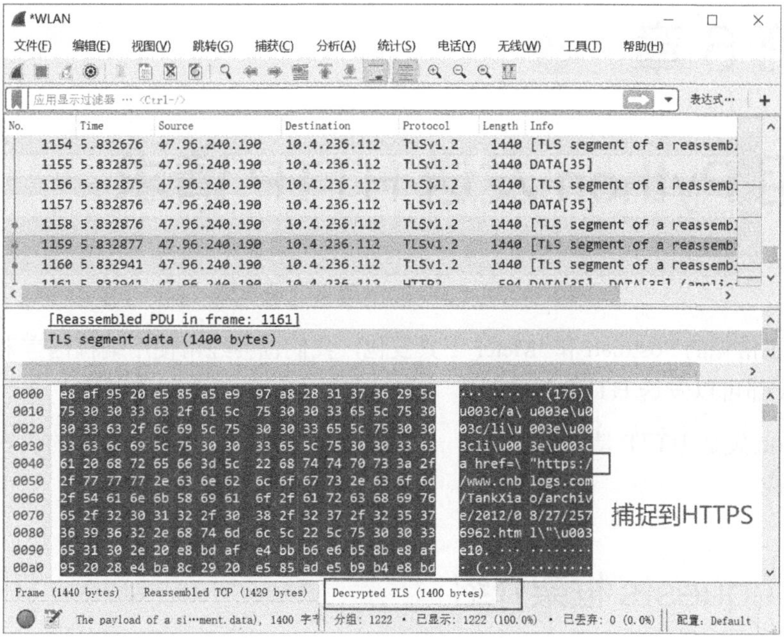

图 5-21 用 Wireshark 捕获 HTTPS

5.6 本章小结

本章介绍了 Fiddler 之外其他常见的抓包工具。平常抓包用得最多的是浏览器开发者工具。在 Windows 上抓包首选 Fiddler，在 Mac 计算机上无法使用 Fiddler，可以用 Charles。Fiddler 和 Charles 是专门用来捕获 HTTP/HTTPS 的。Wireshark 主要用来抓 TCP/UDP 或者其他协议的包，而不会用来抓 HTTP。

第 6 章

用 Python 发送 HTTP 请求

除了通过常见的 Postman 和 JMeter 工具发包，我们也会经常使用编程语言来发包。Java、C#和 Python 都可以发送 HTTP 请求。

用 Python 发送 HTTP 请求的时候，一定要关注发出去的 HTTP 请求的内容，而不是关注 HTTP 响应。

6.1 requests 框架介绍

requests 是用 Python 实现的简单易用的 HTTP 客户端库，可以用来发送 HTTP 请求，非常简洁。它常用于编写爬虫和接口测试。

可以使用 Python+requests 的方法来发送 HTTP 请求和分析 HTTP 响应，如图 6-1 所示。

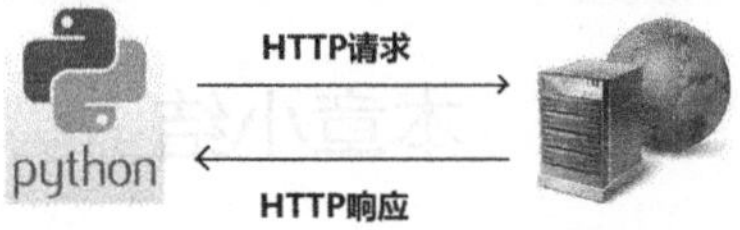

图 6-1　用 Python 发送 HTTP 请求

6.1.1　在 pip 中安装 requests 框架

在安装 Python 的时候，同时安装好了 pip。要想安装 requests 框架，可在 CMD 中执行下面的命令，结果如图 6-2 所示。

```
pip install requests
```

图 6-2　在 CMD 中安装 requests 框架

6.1.2　在 PyCharm 中安装 requests 框架

在 PyCharm 中安装 requests 框架的步骤如下。

第 1 步：打开 PyCharm，在菜单栏中选择 File→Settings。

第 2 步：在弹出的对话框中，选择左侧的 Project Interpreter 选项，在窗口右侧选择 Python。

第 3 步：单击加号按钮添加第三方库。

第 4 步：输入第三方库名称 requests，选中需要下载的库。

第 5 步：选中 Install to user's site packages directory 复选框（如果没有这个复选框就不需要选中），然后单击 Install Package 按钮，操作过程如图 6-3 所示。

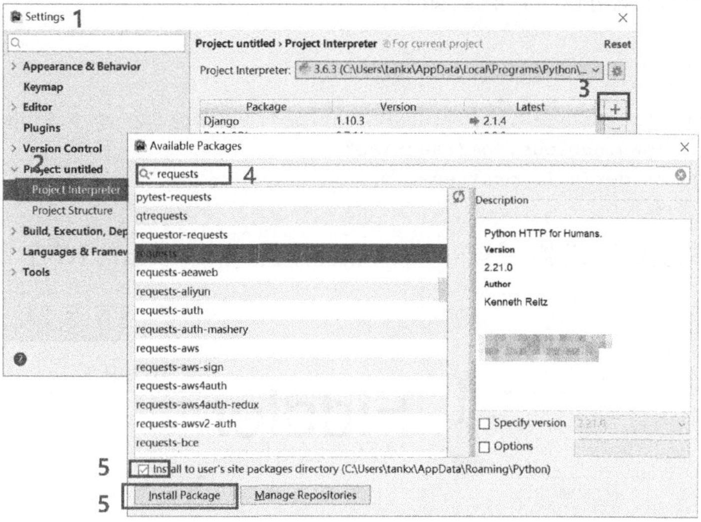

图 6-3 在 PyCharm 中安装 requests 框架

6.2 发送 GET 请求

发送 GET 请求，如下所示。

```
import requests

url = "http://www.c****s.com/tankxiao"
resp = requests.get(url)
print(resp.text)
```

requests.get()给目标网站发送一个 GET 的 HTTP 请求，返回的是一个 HTTP 响应类型。我们以前经常用 Fiddler 抓包，知道 HTTP 响应分为 3 个部分，分别为首行、信息头和信息主体。可以把整个 HTTP 响应的内容打印出来，其代码如下。

```
import requests

url = "http://www.c****s.com/tankxiao"
resp = requests.get(url)
print(resp.text) # 文本形式打印网页源码
print(resp.status_code) #打印状态码
```

```
print(resp.url) #打印URL
print(resp.headers) #打印信息头
print(resp.cookies) #打印Cookie
```

6.2.1 用 Fiddler 捕获 Python 发出的 HTTP 请求

为了清楚地看到 Python 发出的 HTTP 请求，我们可以用 Fiddler 来捕获 Python，在 Python 代码中添加一个代理就可以了，代码如下。

```
import requests

pro = {"http":"http://127.0.0.1:8888","https":"http://127.0.0.1:8888"}
url = "http://www.cnblogs.com/tankxiao"
resp = requests.get(url, proxies=pro)
print(resp.text)
```

把 Fiddler 作为代理服务器，这样 Fiddler 就能捕获 Python 发出的 HTTP 请求了，如图 6-4 所示。

图 6-4 用 Fiddler 捕获 HTTP 请求

启动 Fiddler，就可以看到 Python 发出的 HTTP 请求，如图 6-5 所示。

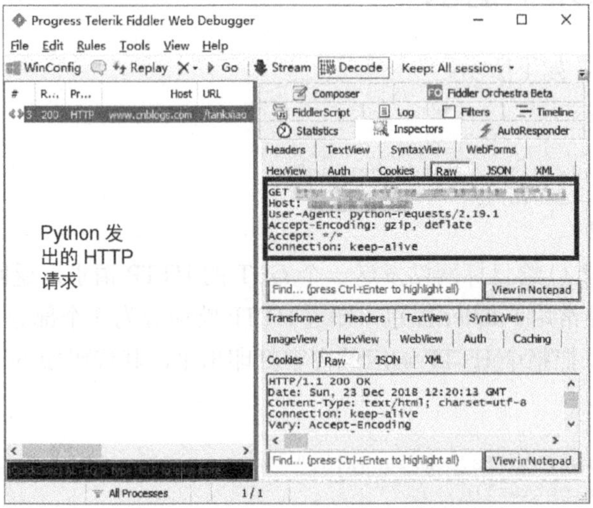

图 6-5 用 Fiddler 截获 HTTP 请求

建议初学者一定要用 Fiddler 来抓 Python 发出的 HTTP 请求，这样你就能看到 Python 发出去的是什么样的 HTTP 请求，以及 HTTP 响应是什么样子的。后续代码每次都会使用 Fiddler 来抓包，就是为了观察 Python 发出去的 HTTP 请求。

6.2.2 发送 HTTPS 请求

HTTPS 是加密了的 HTTP，访问 HTTPS 的网站的代码如下。

```
import requests

url = "https://www.b****u.com/"
resp = requests.get(url)
print(resp.text)
```

运行之后，有可能会得到下面的报错信息。

```
ssl.SSLError: [SSL: CERTIFICATE_VERIFY_FAILED] certificate verify failed (_ssl.c:777)
```

简单的解决办法是加一个参数 `verify=False` 来关闭证书验证。

```
import requests

url = "https://www.b****u.com/ "
resp = requests.get(url, verify=False)
print(resp.text)
```

再次运行，就不会有 SSL 的错误了。

6.2.3 发送带参数的 GET 请求

第一种发送带参数的 GET 请求的方法为直接将参数放在 URL 内。

```
import requests

pro = {"http":"http://127.0.0.1:8888","https":"http://127.0.0.1:8888"}
url = "http://www.cnblogs.com/TankXiao/default.html?page=2"
resp = requests.get(url, proxies=pro)
print(resp.text)
```

第二种方法是先将参数写到 `data` 中，发起请求时将 `params` 参数指定为 `data`。

```
import requests

pro = {"http":"http://127.0.0.1:8888","https":"http://127.0.0.1:8888"}
data = {'page': 2}
url = "http://www.cnblogs.com/TankXiao/default.html"
resp = requests.get(url,params=data, proxies=pro)
print(resp.text)
```

使用上述两种方式发送请求时，Fiddler 抓包的结果如下所示。从中可以看出，两种方式发送出去的 HTTP 请求是相同的。

```
GET http://www.c****s.com/TankXiao/default.html?page=2 HTTP/1.1
Host: www.c****s.com
User-Agent: python-requests/2.19.1
Accept-Encoding: gzip, deflate
Accept: */*
Connection: keep-alive
```

注意用 Python 发送 HTTP 请求的时候，一定要关注发出去的 HTTP 请求，而不是关注 HTTP 响应。

6.2.4 发送带信息头的请求

很多网站会验证信息头，例如访问知乎主页时。

```
import requests

pro = {"http":"http://127.0.0.1:8888","https":"http://127.0.0.1:8888"}
url = "https://www.z****u.com"
resp = requests.get(url,verify=False, proxies=pro)
print(resp.text)
```

结果服务器返回 400 错误，因为服务器发现 User-Agent 信息头不正常。返回的结果如下所示。

```
<html>
   <head><title>400 Bad Request</title></head>
      <body bgcolor="white">
         <center><h1>400 Bad Request</h1></center>
      <hr><center>openresty</center>
   </body>
</html>
```

添加信息头的代码如下。

```
import requests

pro = {"http":"http://127.0.0.1:8888","https":"http://127.0.0.1:8888"}
url = "https://www.z****u.com"
hea = {'User-Agent':'Mozilla/5.0 (Windows NT 10.0; WOW64) AppleWebKit/537.36 (K
HTML, like Gecko) Chrome/57.0.2987'}
resp = requests.get(url,verify=False ,headers=hea, proxies=pro)
print(resp.text)
```

运行代码后，可以成功获取知乎主页的响应。

发送出去的 HTTP 请求如下，可以看到添加了 User-Agent 信息头。

```
GET https://www.z****u.com/ HTTP/1.1
Host: www.z****u.com
```

```
User-Agent: Mozilla/5.0 (Windows NT 10.0; WOW64) AppleWebKit/537.36 (KHTML, like Gecko) Chrome/57.0.2987
Accept-Encoding: gzip, deflate
Accept: */*
Connection: keep-alive
```

6.3 发送 POST 请求

POST 请求是有信息主体（body）的，先介绍两种常见的 POST 请求。

6.3.1 发送普通 POST 请求

普通 POST 请求的发送比较简单。与发送 GET 请求相比，参数除了 URL，还需要信息主体。下面以某网站的登录请求为例，发送普通 POST 请求的代码如下。

```
import requests

pro = {"http":"http://127.0.0.1:8888","https":"http://127.0.0.1:8888"}
bodyData = {'username': 'tank','password':'tanktest1234'}
url = "http://123.206.30.76/clothes/index/login"
resp = requests.post(url,data=bodyData, proxies=pro)
print(resp.text)
```

发送出去的 HTTP 请求具体如下。

```
POST http://123.206.30.76/clothes/index/login HTTP/1.1
Host: 123.206.30.76
User-Agent: python-requests/2.19.1
Accept-Encoding: gzip, deflate
Accept: */*
Connection: keep-alive
Content-Length: 35
Content-Type: application/x-www-form-urlencoded

username=tank&password=tanktest1234
```

6.3.2 发送 JSON 的 POST 请求

发送 JSON 的 POST 请求指的是参数主体中的数据是 JSON 格式的。下面以某网站的登录请求为例，代码如下。

```
import requests
import json

pro = {"http":"http://127.0.0.1:8888","https":"http://127.0.0.1:8888"}
```

```
hea = {'Content-Type':'application/json'}
bodyData = {'username': 'tank','password':'tanktest1234'}
url = "http://123.206.30.76/clothes/index/login"
resp=requests.post(url,headers=hea,data=json.dumps(bodyData),proxies=pro)
print(resp.text)
```

发出去的 HTTP 请求具体如下。

```
POST http://123.206.30.76/clothes/index/login HTTP/1.1
Host: 123.206.30.76
User-Agent: python-requests/2.19.1
Accept-Encoding: gzip, deflate
Accept: */*
Connection: keep-alive
Content-Type: application/json
Content-Length: 48

{"username": "tank", "password": "tanktest1234"}
```

注意，JSON 格式需要添加一个信息头——Content-Type: application/json。

6.4 会话维持

Cookie 可以用于保持登录，做会话维持。JMeter 中的 HTTP Cookie 管理器也可用于自动管理 Cookie。在 Python 中使用 requests.session()也可以实现自动保持 Cookie。

```
import requests

pro = {"http":"http://127.0.0.1:8888","https":"https://127.0.0.1:8888"}
s = requests.session()
bodyData = {'username': 'tank','password':'tanktest1234'}
url = "http://123.206.30.76/clothes/index/login"
resp = s.post(url,data=bodyData, proxies=pro)
print(resp.text)
```

6.5 用 Python 发送各种请求

除了发送 GET 和 POST 请求，Python 还可以发送其他请求，具体如下。

```
import requests

requests.get('http://tankxiao.cnblogs.com')
requests.post('http://tankxiao.cnblogs.com')
requests.put('http://tankxiao.cnblogs.com')
requests.delete('http://tankxiao.cnblogs.com')
requests.head('http://tankxiao.cnblogs.com')
requests.options('http://tankxiao.cnblogs.com')
```

6.6 用 Python 下载文件

下载一个文件的具体思路如下。

第 1 步：需要知道文件的真实地址，并且记住文件的后缀名。

第 2 步：用 requests 获取文件。

第 3 步：用 write 函数将返回的 response.content 写入文件，模式选择 wb。

6.6.1 用 Python 下载图片

HTTP 响应的 content 属性可以用来下载文件，代码如下。

```
import requests

imgUrl = 'http://ima****gs.com/blog/263119/201712/263119-20171229114910100-1403599441.jpg'
resp = requests.get(imgUrl)
with open('tankxiao.jpg', 'wb') as f:
    f.write(resp.content)
print('下载完成')
```

6.6.2 用 Python 下载视频

下载视频和下载图片类似，只要后缀名正确即可，理论上只要有文件的真实地址，所有的文件都可以通过 requests 来下载，当然也包括小视频。下载代码如下。

```
import requests

src = 'http://qrcode-****.com/sfdgfdyhtbcnhgjgm.mp4'
resp = requests.get(src)
with open('movie.mp4', 'wb') as f:
    f.write(resp.content)
print('下载完成')
```

6.7 本章小结

本章介绍了用来发送 HTTP 请求的 Python+requests 框架，列举了使用此框架发送 POST 请求、GET 请求和其他各种请求的方法，还介绍了用 Fiddler 来捕获 Python 发出来的 HTTP 请求的方法。此外，本章给出了下载文件的应用实例。以上所有内容均提供了参考的 Python 代码。

第 7 章 用正则表达式提取数据

在测试接口或者编写爬虫时，要提取数据就一定会用到正则表达式。

7.1 正则表达式测试工具

写好的正则表达式，先用“正则表达式测试器”测试一下是否正确，然后在 JMeter 中或者 Python 中使用。

7.2 利用正则表达式提取数据

正则表达式中的“贪婪与懒惰”可以匹配任意数量的重复，其表达式为“.*?”。例如源字符串是：onclick="onCancel('B19031315223961416097')"。要提取其中的订单字符串 B19031315223961416097，那么正则表达式就是 onclick="onCancel('(.*?)')"，因为括号需要转义，所以应该写成 onclick="onCancel\('(.*?)'\)"。

7.3 提取订单号

访问“我的订单”页面，如图 7-1 所示。可以看到页面上有很多订单。接口测试经常需要提取其中的订单号。订单号是动态变化的，不同的用户订单号不一样，所以需要用正则表达式来提取。

网页的 HTML 源码就是源文本，正则表达式为 onCancel\('(.*?)'\)，如图 7-2 所示。

我们根据状态来获取订单号。图 7-3 所示的订单有两种状态：一种是没有取消的订单；另一种是已经取消的订单，取消订单的下一个操作是删除订单。

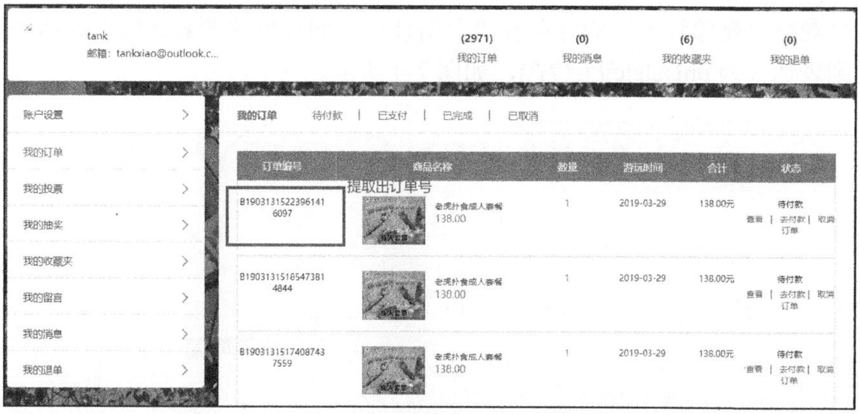

图 7-1 “我的订单”页面

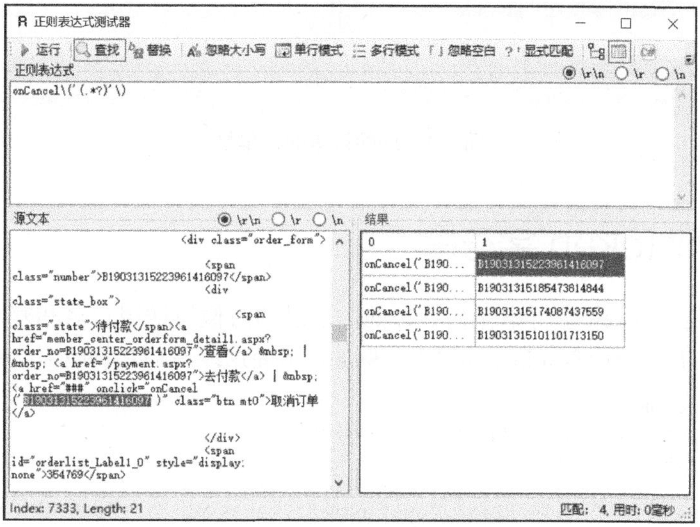

图 7-2 取消订单的正则表达式

图 7-3 删除订单和取消订单的不同

要认真观察“删除订单”的订单和“取消订单”的订单这两者之间有什么不同，删除订单的正则表达式为 onDelete\('(.*?)'\)，如图 7-4 所示。

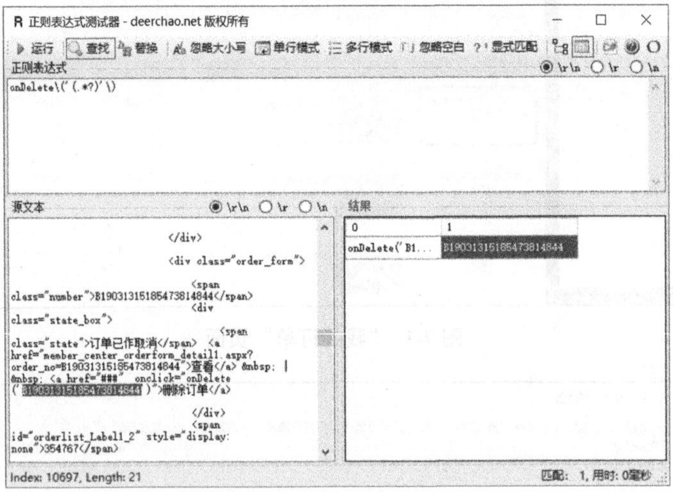

图 7-4 删除订单的订单号

7.4 提取 token 字符串

某些 App 是用 token 字符串作为认证的，登录的时候发送用户名和密码给服务器，服务器返回的 HTTP 响应中有 token 字符串。例如，下面这段 HTTP 响应中就有 token 字符串。

```
HTTP/1.1 200 OK
Content-Type: application/json; charset=utf-8
Connection: keep-alive

{"user":{"user_key":"494d00f8","user_name":"tankxiao1"}, "token":"WWqpxWWJQ8AH34
pvF7G4jsTuRew2KszA"}
```

我们需要用正则表达式提取这个 token 字符串。正则表达式为 token":"(.*?)"，如图 7-5 所示。

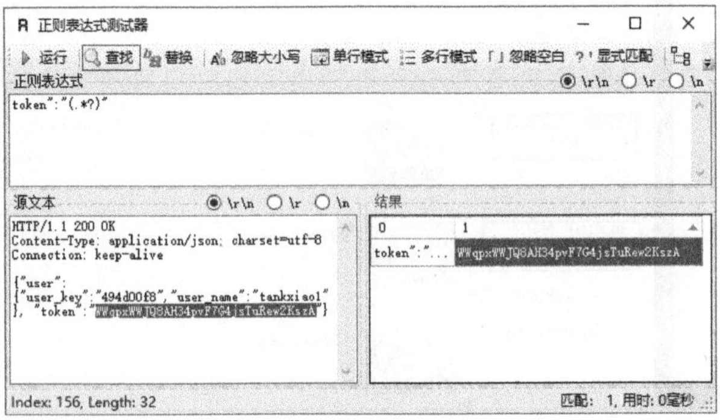

图 7-5 提取 token 字符串

7.5 从 JSON 字符串中提取

HTTP 响应返回了一段 JSON 字符串，如下所示。

```
{"status":1, "url":"/payment.aspx?order_no=B19031915350716133262", "msg":"恭喜您，订单已成功提交！"}
```

需要把字符串中的订单号提取出来，正则表达式是 order_no=(.*?)"，如图 7-6 所示。

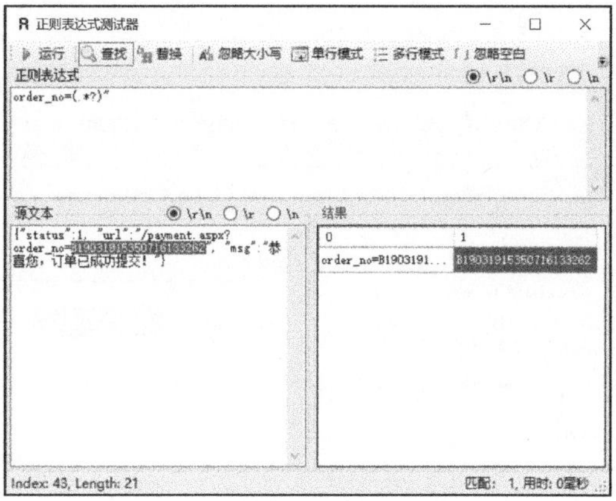

图 7-6　从 JSON 字符串中提取

7.6 提取 Cookie 字符串

很多网站采用的是 Cookie 认证，HTTP 响应如下。

```
HTTP/1.1 200 OK
Content-Type: application/json; charset=utf-8
Set-Cookie: dbcl2="9468548:s3v24NSGB58"; path=/; domain=.douban2.com; httponly
```

可以看到 Cookie 在信息头中，我们需要把 dbcl2 的值从中提取出来，正则表达式可以这样写：dbcl2="(.*?)"，如图 7-7 所示。

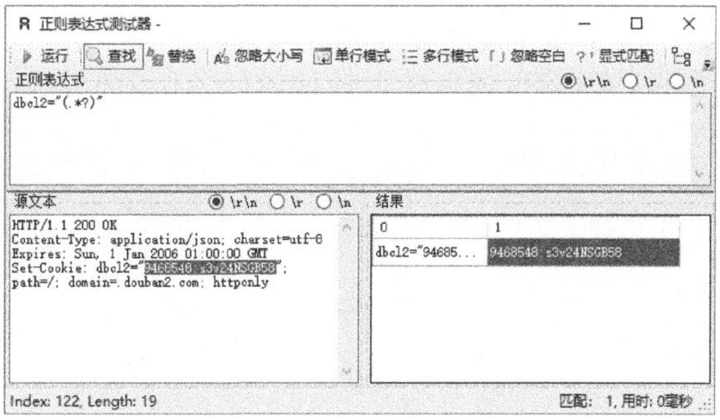

图 7-7　提取 Cookie 字符串

7.7 爬虫提取数据

很多爬虫也会使用正则表达式去提取数据，例如在爬取房产网站上的数据时，想把房子的面积和单价数据给提取出来，会用到正则表达式：<span>单价(.*?)</span>，如图 7-8 所示。

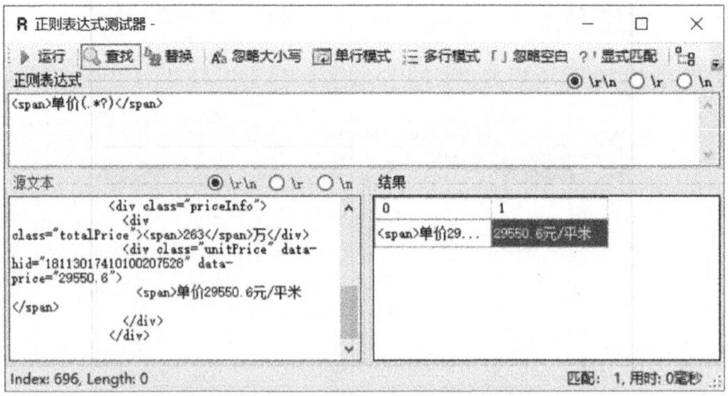

图 7-8 提取房子的单价数据

7.8 本章小结

本章列举了使用正则表达式“.*?”提取订单号、token 和 Cookie 字符串等使用场景的实例。作为软件测试人员，我们平常使用较多的正则表达式就是“.*?”，它可以用于大部分场景。

第 8 章

HTTP 的 9 种请求方法

在《HTTP 抓包实战》一书中，我们介绍了 GET 和 POST 方法，本章将介绍其他请求方法。

8.1 HTTP 常见的 9 种请求方法

HTTP 常见的请求方法如图 8-1 所示。

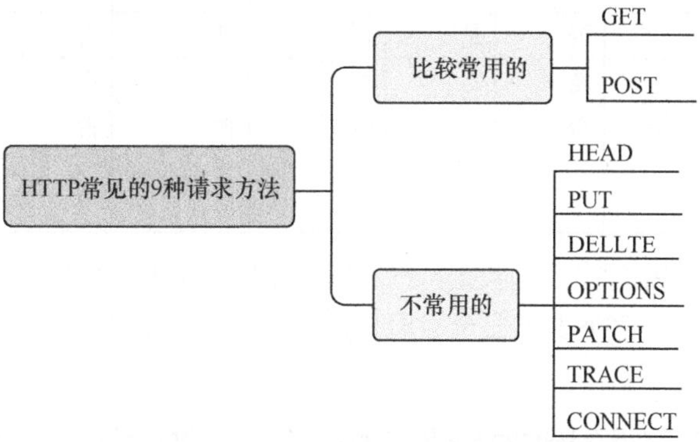

图 8-1 HTTP 的 9 种请求方法

8.2 HTTP 幂等性

幂等（idempotent）是数学术语。对于单个输入，如果每次的结果都相同，那么这种特性称为幂等性。

HTTP 中的幂等是指对同一个接口进行多次访问，得到的资源是相同的。

幂等性源于数学，后来延伸到计算机领域。它是指函数可以使用相同参数重复执行，并能获得相同结果。这些函数不会影响系统状态，也不用担心重复执行会对系统造成改变。也就是说，幂等就是同一个请求，发送一次和发送 *N* 次的效果是一样的。

对于一次订单支付过程，如果系统没有幂等性，当用户重复多次单击支付按钮时，就会出现多次扣款的情况，给用户带来较大的经济损失。例如，在网络异常的情况下，订单已经支付成功了，但是系统没有及时反馈给用户；此时用户再次单击支付按钮，系统可能会重复扣款。

8.3　9 种请求方法的特性

在 99%的情况下我们只用到了 GET 和 POST 方法。如果想要设计一个符合 RESTful 规范的 Web 应用程序，可能会用到其他方法。表 8-1 列出了这些方法的特征。

表 8-1　9 种请求方法的特征

	GET	POST	PUT	HEAD	DELETE	OPTIONS	CONNECT	PATCH	TRACE
请求是否有信息主体	否	是	是	否	可以有	否	否	是	否
成功的响应是否有信息主体	是	是	否	否	可以有	否	是	否	否
安全	是	否	否	是	否	是	否	否	否
幂等	是	否	是	是	是	是	否	否	是
缓存	是	可能	否	是	否	否	否	否	否
是否支持 HTML 表单	是	是	否	否	否	否	否	否	否

GET 方法就是从数据库中查询数据，POST 是往数据库里面写数据，涉及增改数据。从这方面来说 GET 是安全的，POST 不安全。但是在传输的过程中 POST 比 GET 安全。

8.4　HTTP 和数据的增删改查操作的对应关系

对数据的操作一般是增删改查（CRUD），如表 8-2 所示。

表 8-2　与 HTTP 方法对应的数据库操作

HTTP 方法	资源操作	作用	幂等	安全
GET	SELECT	查	是	是
POST	INSERT	增	否	否
PUT	UPDATE	改	是	否
DELETE	DELETE	删	是	否

8.5　PUT 方法

PUT 方法和 POST 方法在语法上来讲是一样的。HTTP 请求中有信息主体。PUT 用于新增资源或者使用请求中的有效负载替换目标资源的表现形式，代码如下。

```
PUT /new.html HTTP/1.1
Host: example.com
Content-type: text/html
Content-length: 16

<p>New File</p>
```

如果使用 PUT 方法成功创建了一份之前不存在的目标资源，那么源头服务器必须返回 201 (Created)来通知客户端资源已创建，代码如下。

```
HTTP/1.1 201 Created
Content-Location: /new.html
```

如果目标资源已经存在，并且依照请求中封装的表现形式成功进行了更新，那么源头服务器必须返回 200 (OK)或者 204 (No Content)来表示请求已成功完成，代码如下。

```
HTTP/1.1 204 No Content
Content-Location: /existing.html
```

8.5.1 POST 方法和 PUT 方法的区别

从语法上来说，POST 和 PUT 是一样的，HTTP 的请求结构中都有信息主体，但是它们在语义上有本质的区别。此外，在 HTTP 中，PUT 是幂等的，POST 则不是，这是一个很重要的区别。

GET 和 DELETE 也是幂等操作。GET 请求是幂等操作，这个很好理解，对资源做查询，无论执行几次，结果都一样。对于 DELETE 操作的幂等性可以这样理解，多次执行同一个 DELETE 操作，即对同一个资源分别进行多次删除操作，每次操作的结果都是将该资源删除。

POST 不是幂等操作。这是因为多次调用同一个 POST 请求，每次都会新增一份相同的资源，最终会增加多个资源；与执行一次 POST 请求结果不同。

PUT 是幂等操作，第一次请求会新建一份新的资源，第二次请求会修改资源，而不会新建资源。

8.5.2 PUT 方法和 POST 方法的选择

需要根据不同的使用场景来决定使用 PUT 方法还是 POST 方法。假如发送两个同样的 http://www.c****s.com/tankxiao/pos 请求，服务器端会如何反应？如果需要打开两个博客网页，那么应该用 POST。如果只想打开一个博客网页，那么就应该使用 PUT。

8.6 DELETE 方法

客户端告诉服务器需要删除哪个资源。例如请求：DELETE /tankxiao.html HTTP/1.1。

如果 DELETE 方法成功执行，那么可能会有以下几种状态码：

- 状态码 200 (OK)表示操作已执行，并且在响应中提供了相关状态的描述信息；
- 状态码 202 (Accepted)表示请求的操作可能会成功执行，但是尚未开始执行；
- 状态码 204 (No Content)表示操作已执行，但是无进一步的相关信息。

执行 DELETE 方法并返回 200 的 HTTP 响应如下所示。

```
HTTP/1.1 200 OK
Date: Wed, 21 Oct 2015 07:28:00 GMT

<html>
  <body>
    <h1>File deleted.</h1>
  </body>
</html>
```

8.7 HEAD 方法

在应用中，有的时候会检查某个文件或某张图片是否存在，但是并不真正下载，特别是文件比较大的时候，这个时候就可以用 HEAD 方法了。在下载一个大文件前先得知其大小再决定是否要下载，这样可以节约带宽资源。

如果使用 HEAD 方法，HTTP 响应是没有信息主体的。如果响应状态码是 200，则说明访问的文件存在；如果响应的状态码是 404，则说明文件不存在。

实例：某资源的 URL 是 https://it***d.com/12375396.html，用 Fiddler 中的 Composer 发送一个 HTTP 请求，并且使用 HEAD 方法，如图 8-2 所示。

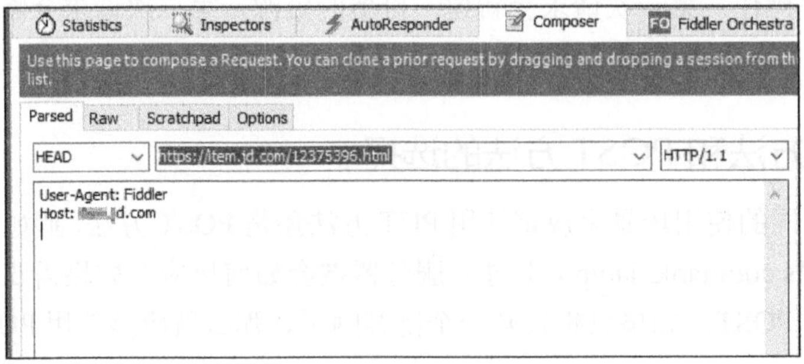

图 8-2 发送 HEAD 请求

响应中没有主体，状态码是 200，说明这个资源存在。我们可以通过 Content-Type 知道这是哪种类型的对象，通过 Content-Length 知道该资源的大小，如图 8-3 所示。

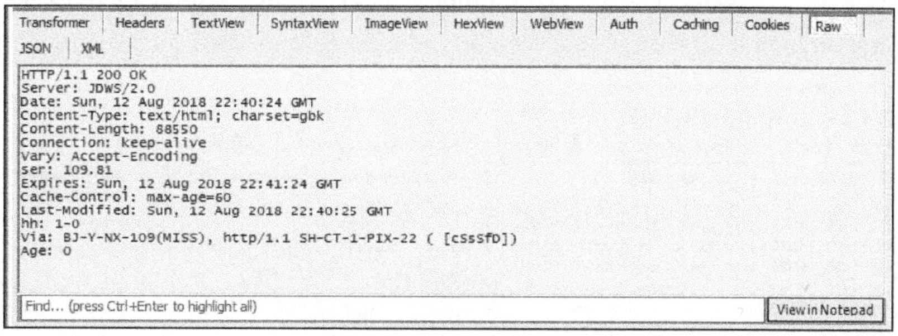

图 8-3 响应报文

8.8 OPTIONS 方法

OPTIONS 方法很有趣，但极少使用。它可以获取当前 URL 所支持的方法。若请求成功，HTTP 响应头中可能会包含一个名为 Allow 的头，值是所支持的方法，如 GET、POST。OPTIONS 方法如图 8-4 所示。

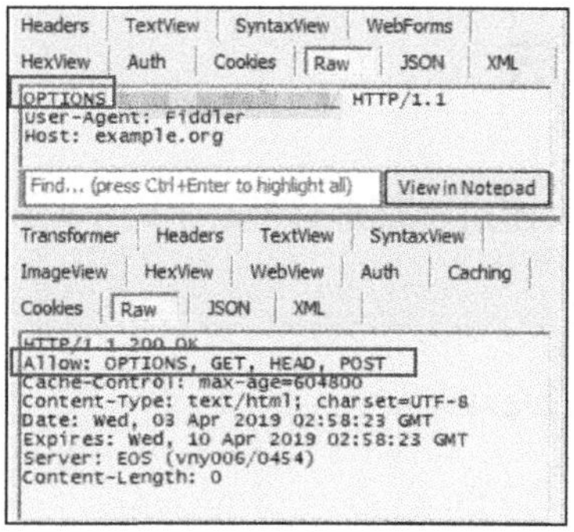

图 8-4 OPTIONS 方法

8.9 CONNECT 方法

CONNECT 方法要求在代理服务器通信时建立隧道，用隧道协议进行 TCP 通信。它主要使用 SSL 和 TLS 协议把通信内容加密后再经网络隧道传输。

用 Fiddler 抓 HTTPS 的时候，会经常抓到 CONNECT 方法的 HTTP 请求，如图 8-5 所示。

CONNECT 方法对抓包没太大帮助，因此一般都需要在 Fiddler 中把 CONNECT 方法中的 HTTP 请求隐藏。隐藏的方法是，在 Fiddler 中选择 Rules→Hide CONNECTs。

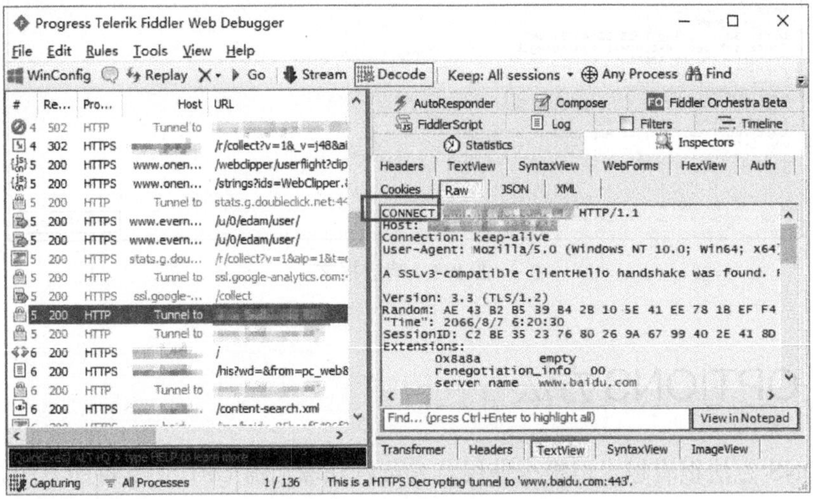

图 8-5 CONNECT 方法

8.10 PATCH 方法

请求方法 PATCH 用于对资源进行部分修改。

```
PATCH /file.txt HTTP/1.1
Host: www.t****o.com
Content-Type: application/example
If-Match: "e1223aa4e"
Content-Length: 100

[tank change something]
```

204 状态码表示这是一个操作成功的响应，因为响应中不带有信息主体。

```
HTTP/1.1 204 No Content
Content-Location: /file.txt
ETag: "e1223aa4f"
```

8.11 TRACE 方法

TRACE 方法是为了实现连通向目标资源的路径的消息环回（loop-back）测试而提供的

一种 debug 机制。由于 TRACE 方法使服务器原样返回任何客户端请求的内容，所以恶意攻击者可能会通过这种方法获得某些信息并进行恶意攻击，给网站带来风险。因此，大部分网站会禁止 TRACE 方法。图 8-6 为 TRACE 方法的示例。

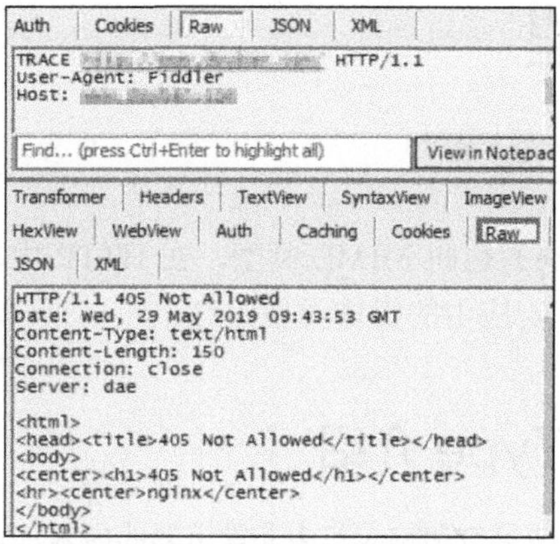

图 8-6　TRACE 方法被禁止

8.12　本章小结

本章介绍了 HTTP 中常见的 9 种请求方法。平常工作中 99%的情况下只会用到 GET 和 POST 方法，其他几种 HTTP 请求方法使用场景比较少，读者对它们有个大概了解即可。

第 9 章

内容类型

内容类型（Content-Type）也叫 MIME 类型，在 HTTP 中，我们使用 Content-Type 来表示 HTTP 请求或者 HTTP 响应中的媒体类型信息。

9.1 Content-Type 介绍

Content-Type 是 HTTP 请求包和响应包中非常重要的内容，它用来表示请求和响应中信息主体的文本格式，如图 9-1 所示。

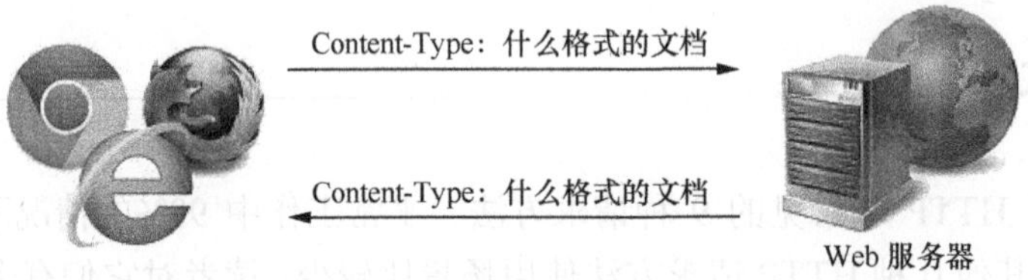

图 9-1　内容类型的头部

在 HTTP 请求和 HTTP 响应中都有 Content-Type，如图 9-2 所示。

HTTP 请求中有一个头部（header）叫 Content-Type。浏览器通过 Content-Type 告诉 Web 服务器，浏览器发送的是什么格式的文档。

HTTP 响应中也有一个头部叫 Content-Type，Web 服务器通过 Content-Type 告诉浏览器，Web 服务器发送的是什么格式的文档。

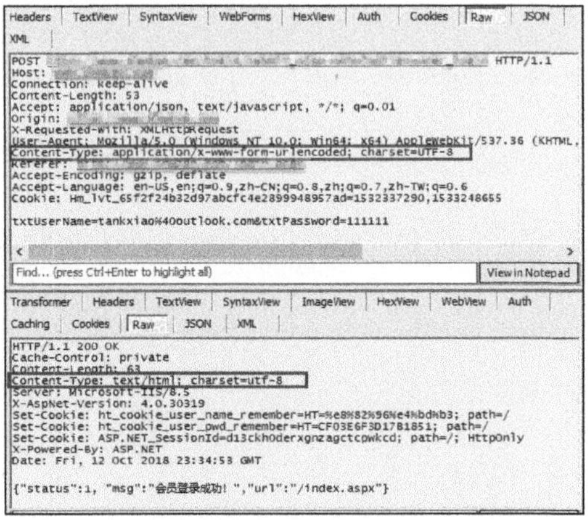

图 9-2　HTTP 请求和 HTTP 响应中都有 Content-Type

9.1.1 Content-Type 的格式

Content-Type 的格式为 type/subtype，如 Content-Type: text/html;charset=utf-8。其中，

type 表示主类型，例如 text 代表文本类型格式；image 代表图片类型格式；*代表所有类型；subtype 表示子类型，如 html。我们还可以增加可选参数，例如 charset=utf-8。

9.1.2 常见的 Content-Type

常见的 Content-Type 如图 9-3 所示。

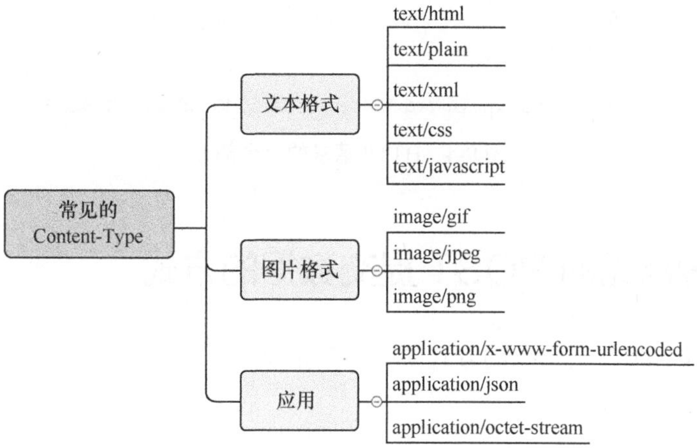

图 9-3 常见的 Content-Type

9.2 POST 提交数据的方式

HTTP/1.1 协议规定的 HTTP 请求的方法有 OPTIONS、GET、HEAD、POST、PUT、DELETE、PATCH、TRACE、CONNECT 这几种。其中 POST 一般用来向服务器端提交数据。本节主要讨论 POST 提交数据的几种方式。

HTTP 请求分为 3 个部分：首行、信息头、信息主体，如图 9-4 所示。

协议规定 POST 提交的数据必须放在信息主体中，但协议并没有规定数据必须使用哪种编码方式。实际上，开发者完全可以自己决定信息主体的格式，只要最后发送的 HTTP 请求满足上面的格式即可。

数据发送出去后，服务器端解析成功才有意义。一般的服务器端语言（如 Java、Python 等）以及它们的框架，都内置了自动解析常见数据格式的功能。服务器端通常是根据信息头中的 Content-Type 字段来获知请求中的信息主体是用何种方式编码，再对信息主体进行解析。POST 提交数据方式包含了内容类型和信息主体编码方式两部分。下面就正式开始介绍它们。

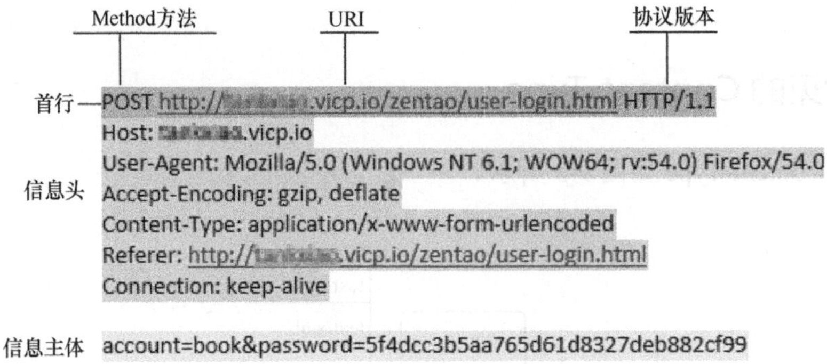

图 9-4 HTTP 请求的 3 个部分

9.3 3 种常见的 POST 提交数据的方式

3 种常见的 POST 提交数据的方式如图 9-5 所示。

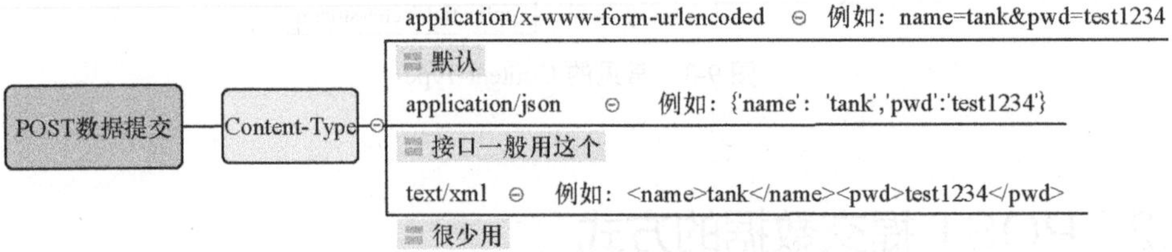

图 9-5 POST 提交数据的方式

9.3.1 application/x-www-form-urlencoded

application/x-www-form-urlencoded 是最常见的 POST 提交数据的方式之一，也是默认的 POST 提交数据的方式。

浏览器的原生表单，如果不设置 enctype 属性，那么最终就会用默认的 application/x-www-form-urlencoded 方式提交数据。请求类似于下面这样（无关的信息头都已省略）。

```
POST http://www.c****s.com/tankxiao HTTP/1.1
Content-Type:application/x-www-form-urlencoded;charset=utf-8

username=tankxiao%40outlook.com&password=test1234
```

首先，Content-Type 被指定为 application/x-www-form-urlencoded。其次，提交的数据按照 key1=val1&key2=val2 的方式进行编码，key 和 val 都进行了 URL 转码。例如，@就

被 URL 转码为%40。

9.3.2 application/json

application/json 作为响应头大家肯定不陌生。实际上，现在越来越多的人把它作为请求头，用来告诉服务器端消息主体是序列化后的 JSON 字符串。由于 JSON 规范的流行，所以除了低版本 IE 之外的大部分浏览器原生支持 JSON，服务器端语言也有处理 JSON 的函数。

“Content-Type: application json”作为请求头的示例如下。

```
POST http://www.c****s.com/tankxiao HTTP/1.1
Content-Type:application/json;charset=utf-8

{"username":"tankxiao@outlook.com","password":"test1234"}
```

通过这种方案，你可以方便地提交复杂的结构化数据。该方案特别适合 RESTful 的接口。各大抓包工具如 Chrome 自带的开发者工具、Firebug、Fiddler，都会以树形结构展示 JSON 数据，非常友好。

9.3.3 text/xml

text/xml 是一种将 HTTP 作为传输协议、XML 作为编码的远程调用规范，常见的有 web-service 协议。目前这种方式用得较少，它逐渐被 JSON 取代。

```
POST http://www.c****s.com/tankxiao HTTP/1.1
Content-Type:text/xml

<userlogin>
<username>tankxiao@outlook.com</username>
<password>test1234</password>
</userlogin>
```

个人觉得 XML 结构过于臃肿，一般场景用 JSON 会更灵活方便。

9.4 HTTP 中的负荷

Payload 的字面意思是有效负荷。我们先用一个简单的比喻来介绍一下它。

比如某位客户委托货车司机去运送一车沙子。沙子本身的质量、车子的质量、司机的质量等，都属于载重（Load）。但是对于该客户来说，他关心的只有沙子的质量，因此沙子的质量是有效载重（Payload）。Payload 可以理解为一系列信息中最为关键的信息。

HTTP 请求中信息主体的数据才是真正要传递的数据。请求（Request）或响应（Response）中可能会包含真正要传递的数据，这个数据叫作消息的有效负荷，对应的还有请求负荷

（Request Payload）和响应负荷（Response Payload）。

9.4.1 请求负荷

HTTP 请求主体的两种叫法如图 9-6 所示。

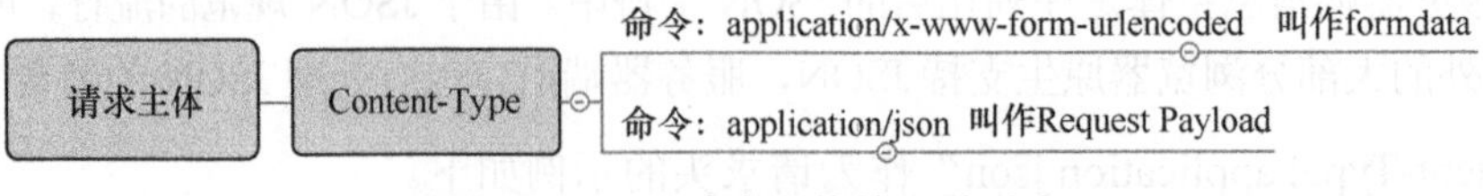

图 9-6 HTTP 请求主体的两种叫法

Content-Type 为 application/x-www-form-urlencoded 类型时，我们把信息主体中的数据称为表单数据（Form Data），如图 9-7 所示。

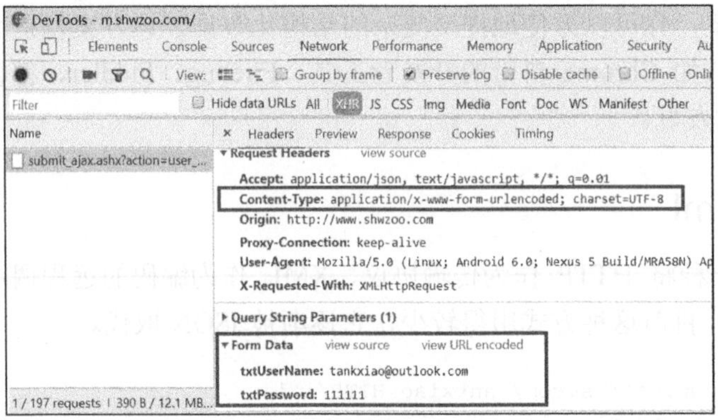

图 9-7 表单数据

Content-Type 为 application/json 类型时，我们把信息主体中的数据称为请求负荷（Request Payload），如图 9-8 所示。

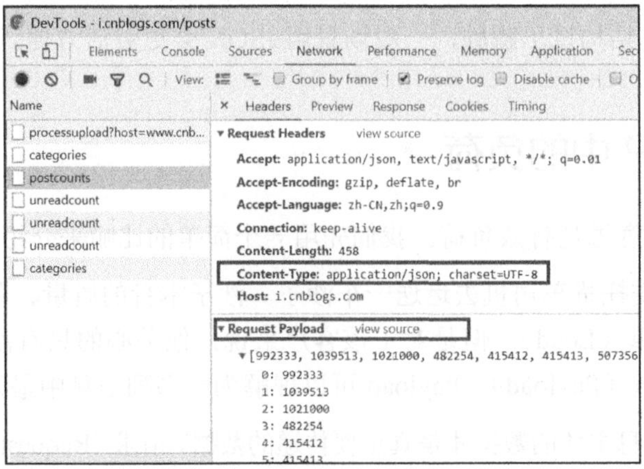

图 9-8 请求负荷

9.4.2 响应负荷

例如，AJAX 请求返回了一个 JSON 格式。

```
{
status: 200,
message: '正常返回'
   hasError: false,
   data: {
      userId: 123,
      name: 'tankxiao'
   }
}
```

上列代码中的 data 就是负荷（Payload），也就是关键信息，而 status、message 和 hasError 是载重（load），虽然也是信息，但相对没有那么重要。

9.5 错误的 POST 提交方法

下面所示的 HTTP 请求是错误的。

```
POST http://www.c****s.com/tankxiao HTTP/1.1
HOST:www.c****s.com

{"username":"tankxiao@outlook.com","password":"test1234"}
```

如果不指定 Content-Type，则系统会默认使用 application/x-www-form-urlencoded。在上面的请求中，信息主体数据是用的 JSON 格式，而信息头是 application/x-www-form-urlencoded，服务器不能理解，就会报错。

9.6 根据接口文档调用接口实例

接口调用人员要做到一看到接口文档，就应该知道如何调用接口。例如下面这个接口文档，表 9-1 为接口描述，表 9-2 为参数描述。

表 9-1 接口描述

接口地址	/card/placeorder
请求方式	POST
数据格式	JSON 格式
测试环境	http://10.0.1.102:8082/
UAT 环境	http://uat-tankxiao.com:8085

表 9-2 参数描述

参数名	类型	是否必填	备注
addressid	int	必填	地址的 ID
all_price_total	string	必填	总价格
platform_coupon_id	string	不是必填	优惠券 ID
cardid	int	必填	购物车的 ID
shop_list	string	必填	商品列表

从接口文档分析，接口的 URL 如下。

- 测试环境为 http://10.0.1.102:8082/card/placeorder。
- UAT 环境为 http://uat-tankxiao.com:8085/card/placeorder。

我们要发出下面这样的 HTTP 请求。

```
POST http://10.0.1.102:8082/card/placeorder HTTP/1.1
Content-Type:application/json;charset=utf-8

{
"addressid": 123 ,
"all_price_total": "88.88",
"platform_coupon_id": "1234" ,
"cardid":2344 ,
"shop_list": "water"
}
```

无论用户是用 JMeter、Postman、Python 还是 Java，都需要发送这样的 HTTP 请求来调用接口。

9.7 键值对和 JSON 的混合

还有一种接口，让初学者分不清楚到底是键值对还是 JSON 格式。接口文档如下所示，其中表 9-3 为接口描述，表 9-4 为请求参数。

表 9-3 接口描述

接口地址	/card/placeorder
请求方式	POST
数据格式	JSON 格式
测试环境	http://10.0.1.102:8082/
UAT 环境	http://uat-tankxiao.com:8085

表 9-4 请求参数

参数名 key	value
addressid	地址的 ID
all_price_total	总价格
additional	JSON

表 9-4 中参数 additional 的 JSON 值如下。

```
JSON
{
   "goods_id":"34",
   "quantity":"1",
   "tick_time":"2020-10-12"
}
```

把表 9-4 和表 9-2 进行比较，发现它们形式上都是一样的，所以这个示例中的请求参数仍然是一个键值对，只是 additional 这个参数的值是一个 JSON 字符串而已。

HTTP 请求如下所示。

```
POST http://10.0.102:8082/card/placeorder HTTP/1.1
Content-Type:application/x-www-form-urlencoded

addressid=1234&all_price_total=88.88&additional={"goods_id":"34" , " quantity ":
"1" , "tick_time":"2020-10-12"}
```

9.8 本章小结

本章围绕 Content-Type 展开，Content-Type 是 HTTP 请求包和响应包中非常重要的内容之一，也是发送 HTTP 请求和分析 HTTP 响应所需要了解的一个信息头。本章列举了 3 种常见的 POST 提交数据方式，并展示了接口调用人员通过看接口文档来组装 HTTP 请求结构的方法。

第 10 章 HTTP 上传和下载

我们经常要在网页中将文件上传到服务器，这种上传是通过 HTTP 实现的。本章介绍 HTTP 是如何上传和下载文件的，以及如何用 JMeter 和 Python 实现上传、下载文件。

文件就是磁盘上的一段空间，文件的内容就是一串二进制数字，文件传输就是把这串数字通过 HTTP 传过去。

上传文件的大致过程是：服务器端接收这段数据后，按照协议规定的格式，把这串数据提取出来，然后创建一个空文件（分配一段空间），再把这串数据写进去。这就成了一个跟上传文件完全一致的新文件。

10.1 HTTP 上传文件的两种方式

HTTP 上传文件有很多种方法，本节我们介绍 POST 上传文件的两种方法，如图 10-1 所示。

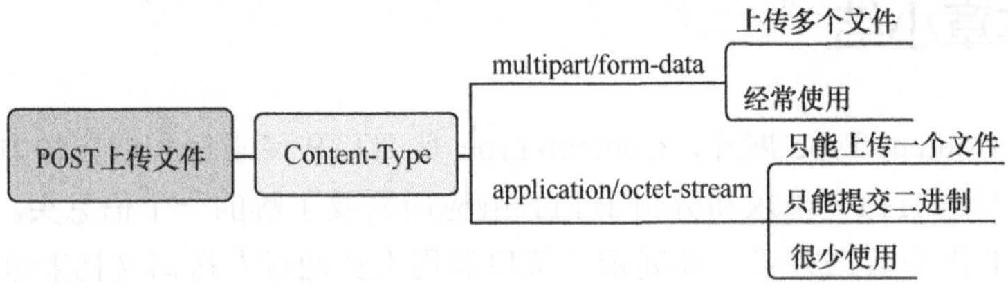

图 10-1　POST 上传文件的方法

服务器通常是根据请求头中的 Content-Type 字段来判断请求中的信息主体使用何种方式编码的，然后再对信息主体进行解析。POST 上传文件方案包含了 Content-Type 和信息主体编码方式两部分。

10.2 multipart/form-data

multipart/form-data 是常见的 POST 数据提交的方式。我们使用表单上传文件时，必须要让表单的 enctype 等于 multipart/form-data。

```
<form action="/" method="post" enctype="multipart/form-data">
    <input type="text" name="description" value="tankfile">
    <input type="file" name="myFile">
    <button type="submit">Submit</button>
</form>
```

发出去的 HTTP 请求如下。

```
POST http://www.cnblogs.com/tankxiao HTTP/1.1
Content-Length:
Content-Type:multipart/form-data; boundary=----WebKitFormBoundaryrGKCBY7qhFd3TrwA

------WebKitFormBoundaryrGKCBY7qhFd3TrwA
Content-Disposition: form-data; name="text"

title
------WebKitFormBoundaryrGKCBY7qhFd3TrwA
Content-Disposition: form-data; name="file"; filename="chrome.png"
Content-Type: image/png

PNG ... content of chrome.png ...
------WebKitFormBoundaryrGKCBY7qhFd3TrwA--
```

HTTP 请求首先生成了一个 boundary，它用于分割不同的字段。为了避免与正文内容重复，boundary 字符串很长、很复杂。然后 Content-Type 中指明了数据以 mutipart/form-data 来编码，以及本次请求的 boundary 是什么内容。信息主体按照字段个数又分为多个结构类似的部分，每部分都是以--boundary 开始，紧接着是内容描述信息，然后是回车占位符，最后是字段的具体内容（文本或二进制）。如果传输的是文件，还要包含文件名和文件类型信息。信息主体最后以--boundary--标志结束。

使用 multipart/form-data 的大致过程如下：

（1）读取 HTTP 请求信息头中的 Content-Type；

（2）根据 boundary 分隔符，分段获取信息主体内容；

（3）遍历分段内容；

（4）根据 Content-Disposition 特征获取其中的值；

（5）根据 filename 获取原始文件名。

10.2.1 对禅道上传图片的操作进行抓包

我们需要找一个有上传文件的功能的网站，然后用禅道中的开 Bug 作为例子来抓包分析上传图片的 HTTP 请求，如图 10-2 所示。

第 1 步：启动 Fiddler，登录禅道，用户名为 tank，密码为 tanktest1234。

第 2 步：选择测试→Bug→提 Bug，从而新建一个 Bug，并且在 Bug 中选择一个图片。

第 3 步：上传图片，Fiddler 抓到的包如图 10-3 所示。

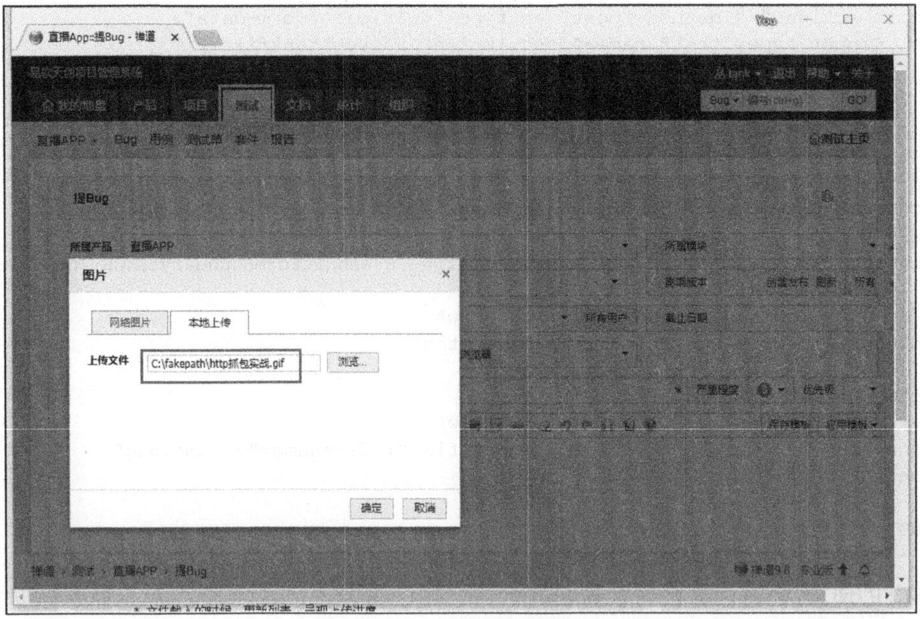

图 10-2 禅道上传图片

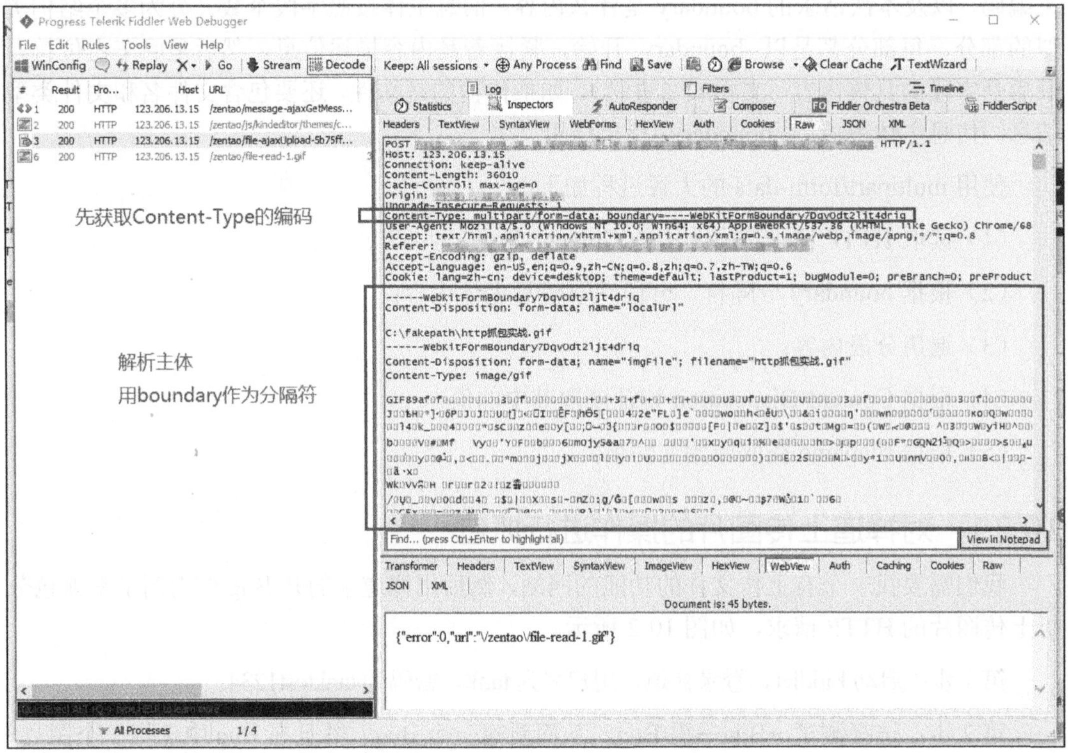

图 10-3 对禅道上传图片的操作进行抓包

从图 10-3 中我们可以看到，通过禅道上传图片时，Content-Type 用的是 multipart/form-data。

10.2.2 使用 JMeter 模拟上传图片

我们现在使用 JMeter 来实现上传图片的功能。详细步骤如下所示。

第 1 步：在 JMeter 中添加一个 HTTP 请求。填好各个字段，具体设置如图 10-4 所示。

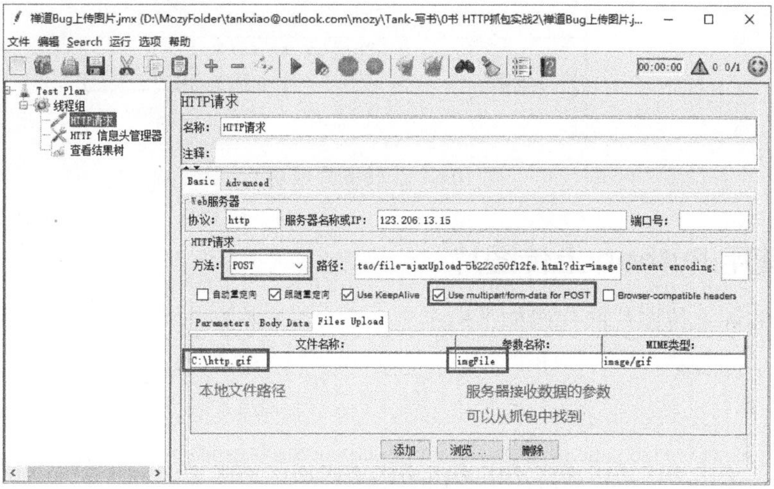

图 10-4 JMeter 上传图片的请求

第 2 步：添加一个信息头管理器，信息头管理器中的内容是从 Fiddler 中复制过来的，注意其中有 Cookie。信息头管理器如图 10-5 所示。

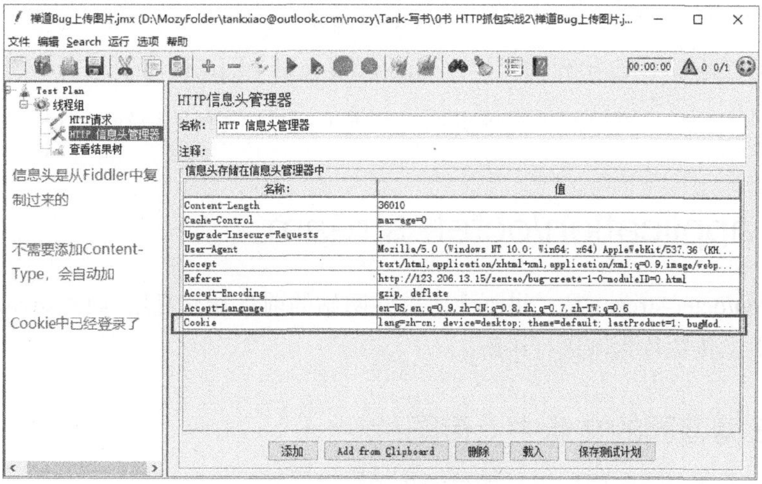

图 10-5 信息头管理器

第 3 步：运行脚本后，可以看到图片上传成功，如图 10-6 所示。

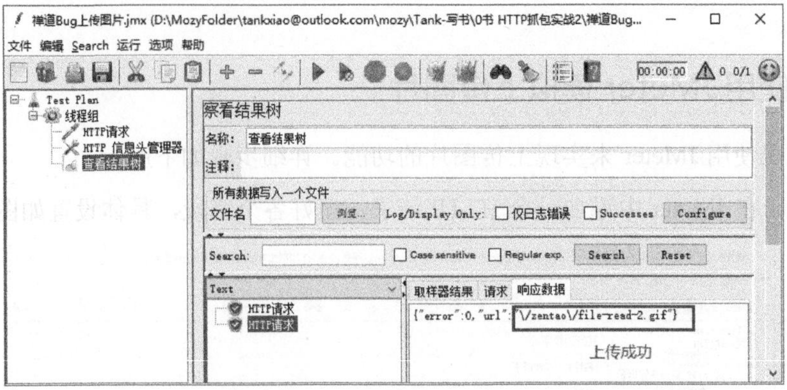

图 10-6 上传图片成功

10.2.3 使用 Python 上传图片

使用 Python 上传图片的代码如下所示。

```
import requests

sess = requests.session()
url="http://1****5/zentao/file-ajaxUpload-5b78b96e59e3a.html?dir=image"
cookies={'zentaosid': 'fiddler 抓包中得来的'}
files={'imgFile':('http.gif',open('c:\http.gif','rb'),'image/gif')}
resp = sess.post(url,files=files, cookies=cookies)
print(resp.text)
```

代码运行后可以得到如下结果。

```
{"error":0,"url":"\/zentao\/file-read-14.gif"}
```

图片就可以通过 URL http://1****5/zentao/file-read-14.gif 访问了。

如果代码运行后，跳转到了登录页面，说明 Cookie 没有处理好，不在登录状态。

『10.3 application/octet-stream』

application/octet-stream 是二进制流，有些网站的前后端交互用 octet-stream，下面以在博客园网站中上传图片为例进行讲解。

10.3.1 在博客园的文章中上传图片

对博客园上传图片的操作进行抓包的步骤如下。

第 1 步：打开博客园，登录，选择“我的博客”→“管理”→“添加新随笔”。

第 2 步：在文章中添加图片，如图 10-7 所示。

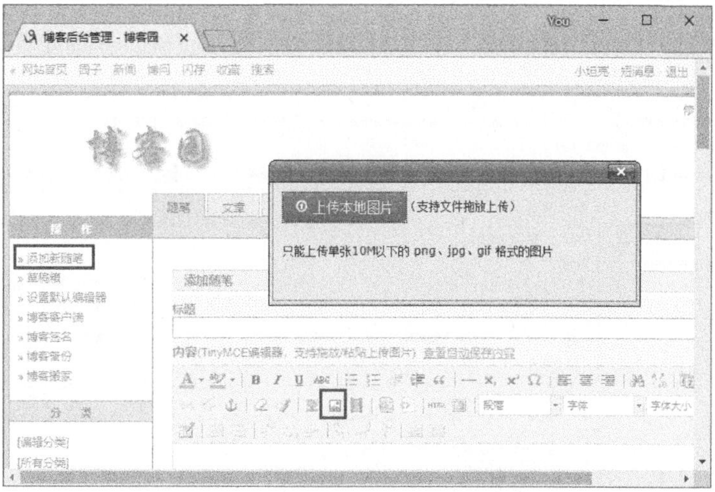

图 10-7　在博客园文章中上传图片

第 3 步：然后通过 Fiddler 对上传文件进行抓包，如图 10-8 所示。

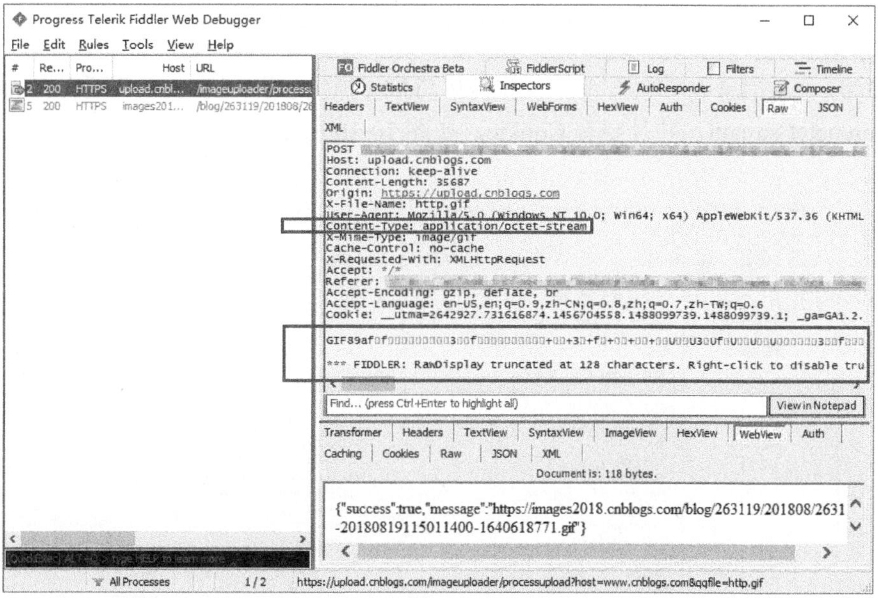

图 10-8　用 Fiddler 抓包上传文件

观察图 10-8 中的 HTTP 请求中的信息主体。我们可以看到，使用 application/octet-stream 时的信息主体是二进制文件，与使用 multipart/form-data 的信息主体相比更为简单。

10.3.2 用 JMeter 模拟博客园上传图片

接下来用 JMeter 实现上传图片的功能，步骤如下。

第 1 步，添加一个 HTTP 请求，注意 MIME 类型要填正确。详细配置如图 10-9 所示。

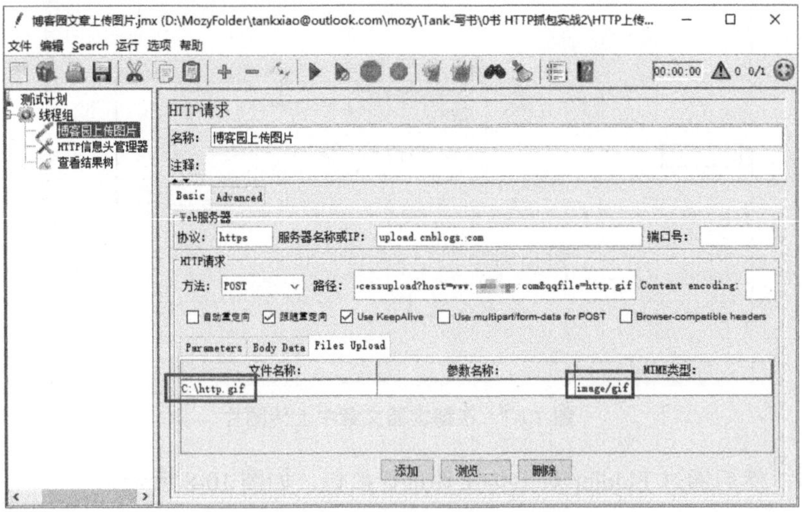

图 10-9 JMeter 中的 HTTP 请求

第 2 步，添加信息头管理器，信息头也是从 Fiddler 抓包中获取的。此时需要有 Content-Type: application/octet-stream，并且要有 Cookie，如图 10-10 所示。

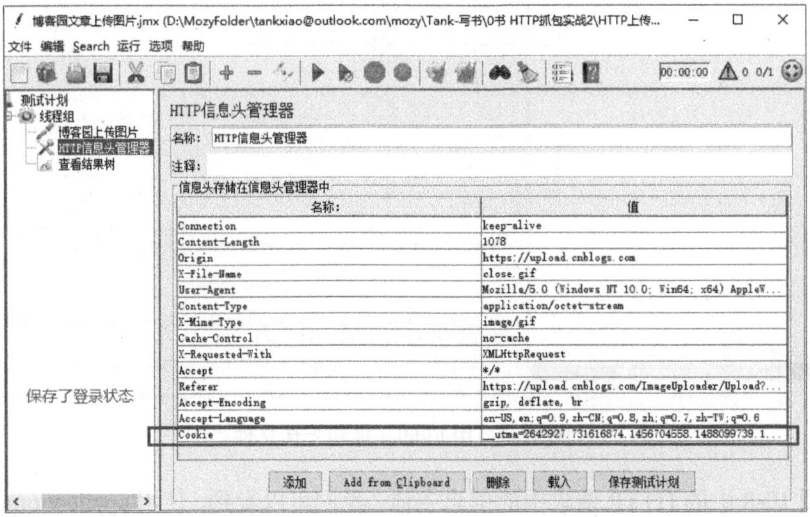

图 10-10 在 JMeter 中添加信息头

第 3 步，运行脚本，结果如图 10-11 所示。

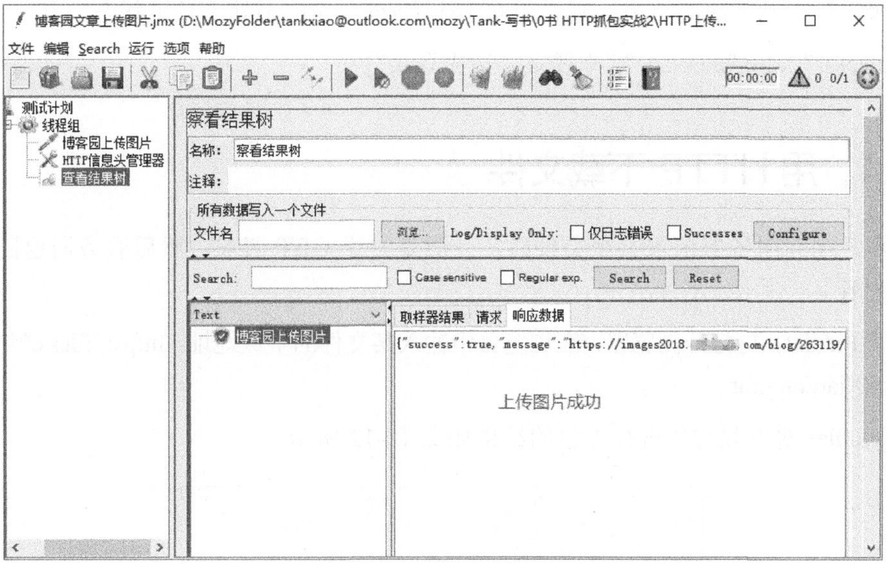

图 10-11 上传图片成功

10.3.3 用 Python 模拟博客园上传图片

模拟博客园上传图片的 Python 代码如下，要注意信息头中有 application/octet-stream。

```
import requests

sess = requests.session()
# 用 Fiddler 观察
pro = {"http":"http://127.0.0.1:8888","https":"https://127.0.0.1:8888"}
url="https://upload.c****s.com/imageuploader/processupload?host=www.cnblogs.
com&qqfile=http.gif"
headers = {
    'Content-Type': 'application/octet-stream',
    'X-Mime-Type':'image/gif',
}
coo={'CNBlogsCookie':'fiddler 抓包中得来的','.Cnblogs.AspNetCore.Cookies':'fiddler
抓包中得来的'}

files={'imgFile':('http.gif',open('c:\http.gif','rb'),'image/gif')}
rs = sess.post(url,files=files,headers=headers, cookies=coo,verify=False,
proxies=pro)
print(rs.text)
```

运行成功，结果如下所示。

{"success":true,"message":"https://img2018.c****s.com/blog/263119/201902/263119-2019

0212181318770-387741578.gif"}

如果运行得到下面的结果，则说明 Cookie 不对，当前不处于登录状态。

{"success":false,"message":"未登录，请先登录"}

10.4 用 HTTP 下载文件

当客户端向服务器请求某个文件时，一般是发送 GET 请求，然后服务器返回文件的二进制内容。

打开 Fiddler，再打开浏览器，在浏览器中输入某文件的下载地址：https://files.c****s.com/files/TankXiao/eng.rar。

用 Fiddler 对下载文件进行抓包的结果如图 10-12 所示。

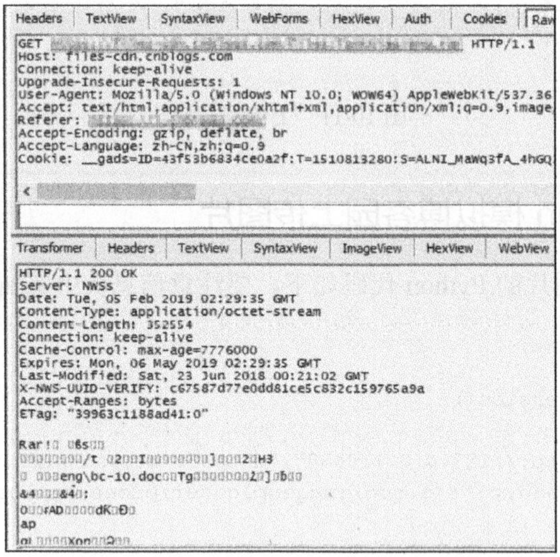

图 10-12 用 Fiddler 对下载文件进行抓包

10.4.1 用 JMeter 下载文件

用 JMeter 把文件 https://files.c****s.com/files/TankXiao/eng.rar 下载到本地。JMeter 需要在 BeanShell 中添加 Java 代码才能下载文件。

使用 JMeter 下载文件的操作步骤如下。

第 1 步：添加一个线程组，再添加一个 HTTP 请求，并填好各个字段，如图 10-13 所示。

第 2 步：添加一个 BeanShell 取样器，再添加 Java 代码，如图 10-14 所示。

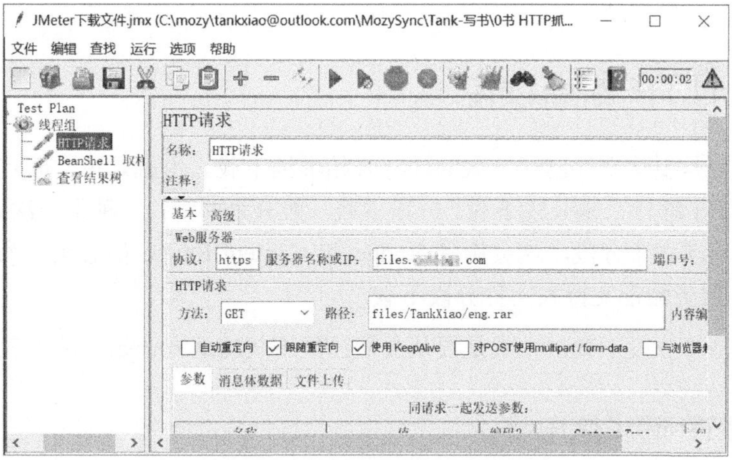

图 10-13 下载的 HTTP 请求

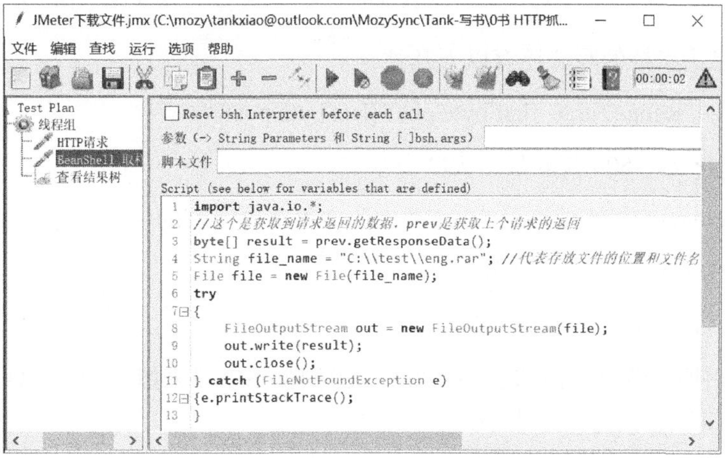

图 10-14 BeanShell 下载文件

第 3 步：运行 JMeter 脚本就可以成功下载文件。

10.4.2 用 Python 实现下载文件

用 Python 实现下载文件的代码如下。

```
import requests

imgUrl = 'https://files.cnblogs.com/files/TankXiao/eng.rar'
resp = requests.get(imgUrl)
with open('eng.rar', 'wb') as f:
    f.write(resp.content)
print('下载完成')
```

10.5 HTTP 断点续传

断点续传就是要从文件已经下载的地方开始继续下载。也就是说，断点续传基于分段下载。这就需要了解什么是分段下载。分段下载一般分为两种：一种是一次请求一个分段；另一种是一次请求多个分段，这会用到 Range 和 Content-Range 信息头。为了加快下载速度，现代 Web 服务器都支持大文件分段下载。

断点续传基于分段下载，也就是要从文件已经下载的地方开始继续下载。

10.5.1 HTTP 请求信息头

在 HTTP 请求的信息头中添加 `Range:bytes=0-1024` 代表文件获取最前面的 1025 个字节。

Range 信息头支持的写法还有以下几种。

- 一般格式 Range:(unit=first byte pos)-[last byte pos]。
- Range: bytes=-500 获取最后 500 个字节。
- Range: bytes=1025-获取从 1025 开始到文件末尾所有的字节。
- Range: 0-0 获取第一个字节。
- Range: -1 获取最后一个字节。

请求成功后服务器会返回状态码 206，并返回如下字段来指示结果：0-1024 表示返回的分段范围，7877 表示文件总大小。

```
Content-Range: bytes 0-1024/7877
```

10.5.2 HTTP 分段实例

使用 Fiddler Composer 发包工具来发送下列的 HTTP 请求。

```
GET http://www.c****s.com/images/logo_small.gif HTTP/1.1
User-Agent: Fiddler
Range: bytes=0-1024
Host: www.cnblogs.com
```

上面列的是一个 GET 请求，信息头包含 Range:bytes=0-1024。

得到的 HTTP 响应如下。

```
HTTP/1.1 206 Partial Content
Content-Type: image/gif
```

```
Content-Length: 1025
Connection: keep-alive
Accept-Ranges: bytes
ETag: "40ce7e69dc1ce1:0"
Content-Range: bytes 0-1024/3849

*** FIDDLER: RawDisplay truncated at 128 characters. Right-click to disable
truncation. ***
```

从响应可以看出这个图片的大小是 3849，返回的状态码是 206 Partial Content。

10.6 本章小结

本章围绕 HTTP 上传和下载的原理展开，并结合实例演示了使用 JMeter 和 Python 实现文件上传和下载的操作过程。最后，本章介绍了 HTTP 断点续传的概念。本章知识常用于测试上传头像接口和上传证件接口的场景。

第 11 章

HTTP 对各种类型程序的抓包

本章将介绍使用 Fiddler 对各种类型的程序进行抓包的过程。

11.1 用 Fiddler 抓取视频

短视频 App 上都是一些小视频，这些视频大约 15s，视频文件并不大。用 Fiddler 配置好手机抓包后，就能用 Fiddler 捕获到短视频 App 中的视频。在 Fiddler 中，我们通过 WebView 选项卡来查看视频，如图 11-1 所示。

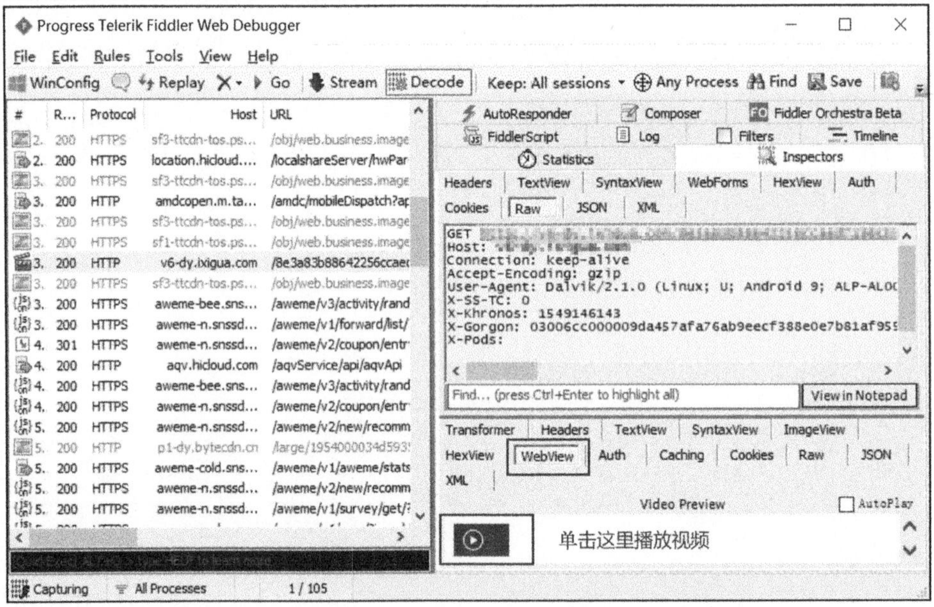

图 11-1 WebView 查看视频

将鼠标指针放在抓取到的视频上，单击鼠标右键，此时你可以控制视频的播放速度，还可以保存视频，如图 11-2 所示。

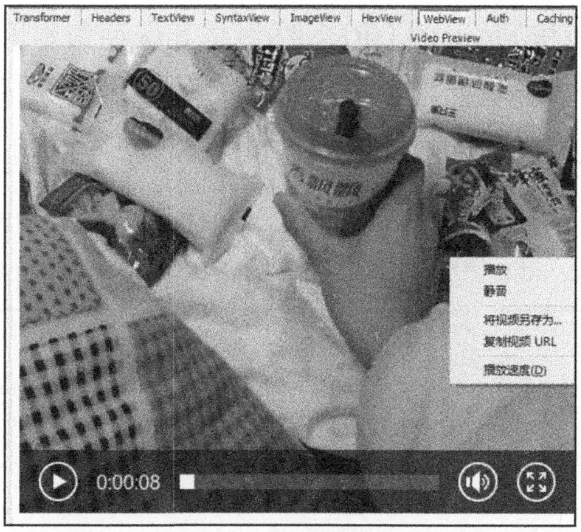

图 11-2　播放视频

11.2　用 Fiddler 抓音频文件

很多网站提供在线音乐，这些都是音频文件（mp3 格式）。打开随机的一个音乐播放器来播放一首歌，Fiddler 抓包结果如图 11-3 所示。

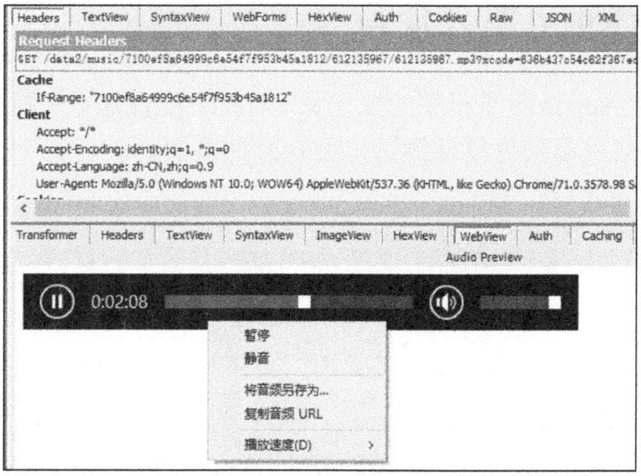

图 11-3　用 Fiddler 抓包音频

我们可以在 Fiddler 中播放、保存音频。

11.3　用 Fiddler 抓 Flash

网上有很多小游戏是 Flash 格式的，有些网站提供下载，有些网站只能在线运行游戏。

我们可以通过 Fiddler 来捕获 Flash 的 URL，然后将其保存到本地磁盘中，这样就可以离线玩游戏了。具体步骤如下。

第 1 步，打开 Fiddler，用浏览器打开某个 Flash 游戏的网页，等待加载完。

第 2 步，在 Fiddler 中寻找 Flash 的 URL，Flash 的后缀是 swf，如图 11-4 所示，可以看到 Flash 的 URL 是 http://sda.4****.com/4399swf/upload_swf/ftp6/fanyiss/20110921/5.swf。

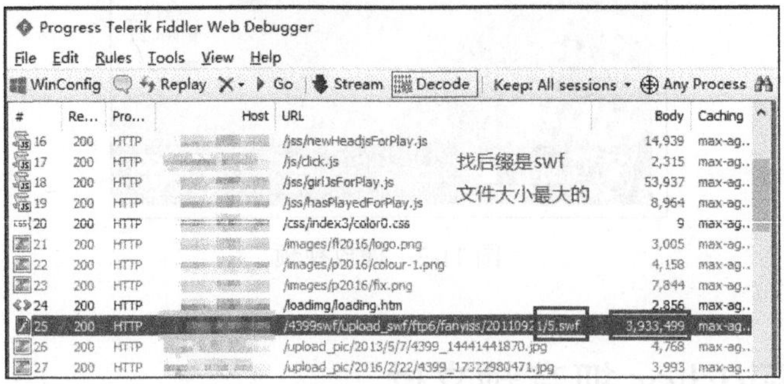

图 11-4 用 Fiddler 抓 Flash 的 URL

第 3 步，下载它，就可以把 Flash 保存在本地了。

11.4 用 Fiddler 抓公众号

公众号的抓包和 App 或者小程序的抓包是一样的，配置好手机抓包就可以了。图 11-5 所示的是用 Fiddler 抓“小坦克软件测试”公众号的页面。

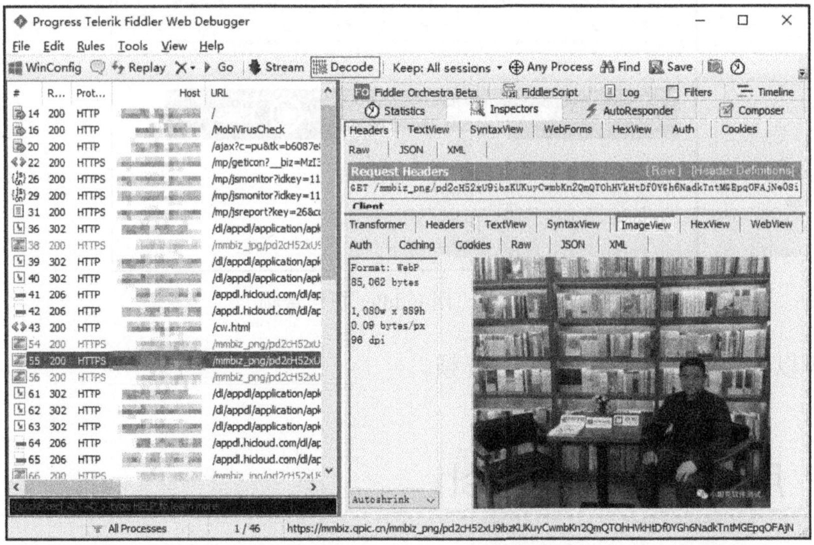

图 11-5 用 Fiddler 抓公众号

11.5 用 Fiddler 抓包小程序

微信小程序抓包和 App 抓包的原理是一样的。因为微信小程序也是用 HTTP/HTTPS。只要配置好手机抓包，手机上大部分使用 HTTP/HTTPS 的流量能被抓到。

Fiddler 抓携程小程序的示例如图 11-6 所示。

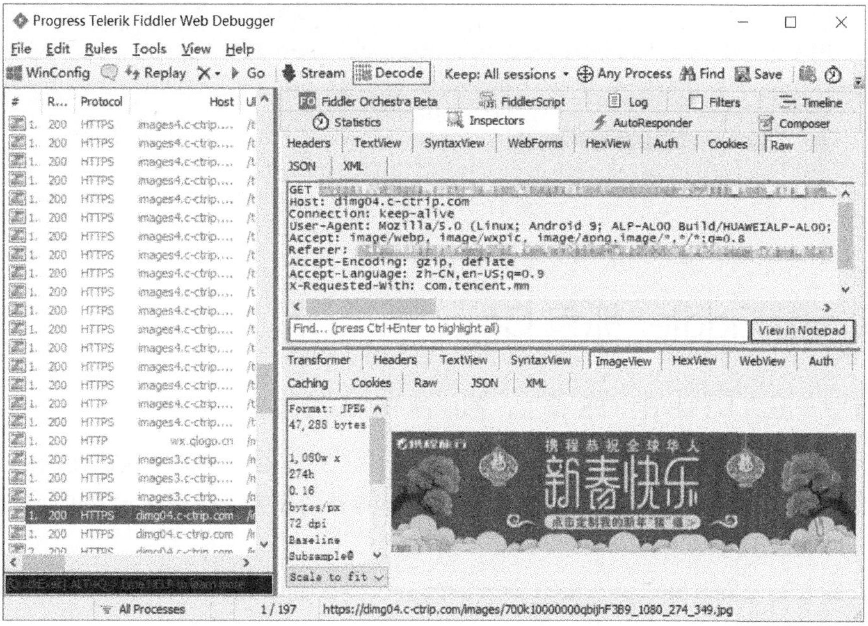

图 11-6　携程小程序抓包

11.6 用 AJAX 抓包

在不重新加载整个页面的情况下，AJAX 可以与服务器交换数据并更新部分网页内容。通俗地讲，就是即使网页没刷新，还会持续发包。

在 AJAX 的调试中，经常需要抓包。AJAX 的抓包和网页抓包的原理一样。例如拖动百度地图中的任一地方，这时候网页就会发送大量的 AJAX 请求，抓包如图 11-7 所示。

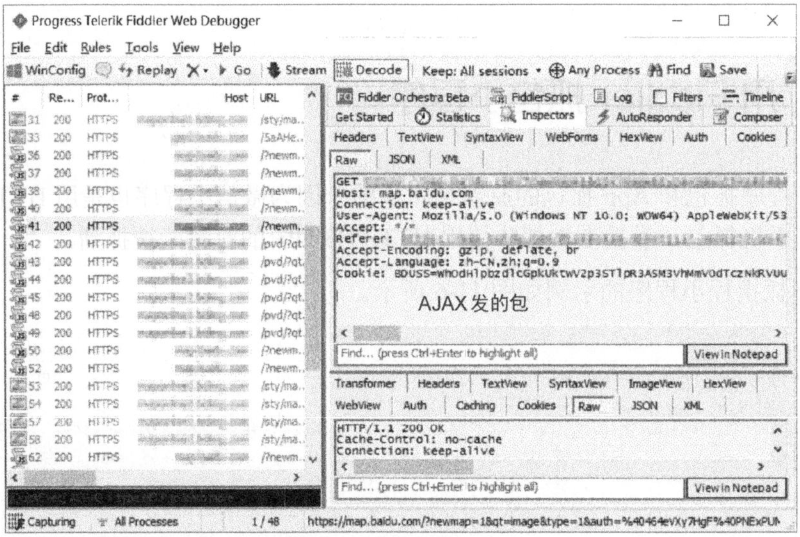

图 11-7 AJAX 抓包

11.7 用 Fiddler 抓包 C#

C#程序发出的 HTTP/HTTPS 请求，都能被 Fiddler 抓到。

Fiddler 启动时已经将自己注册为系统的默认代理服务器，C#程序默认使用的是系统代理，因此可以直接被 Fiddler 抓包，而不需要任何额外的配置。这样 C#发出的 HTTP 请求就能被 Fiddler 抓到了。

11.8 用 Fiddler 抓包 Java

默认情况下，Fiddler 不能监听 Java HttpURLConnection 请求。究其原因，Java 的网络通信协议栈和浏览器的通信协议栈略有区别。Fiddler 监听 HTTP 请求的原理是在应用程序和操作系统网络通信层之间搭建了一个代理服务器，而 Java 的 HttpURLConnection 绕过了这个代理服务器，因此 Fiddler 无法监听到 Java HttpURLConnection 请求。

解决 Fiddler 不能监听 Java HttpURLConnection 请求的基本思路就是设置代理服务器。

Fiddler 官网给出的解决办法是设置 jvm 参数，如下所示。

```
jre -DproxySet=true -DproxyHost=127.0.0.1 -DproxyPort=8888 MyApp
```

Stack Overflow 上的专家们也给出了在 Java 代码中设置代理服务器的方法，如下所示。

```
System.setProperty("http.proxyHost", "localhost");
System.setProperty("http.proxyPort", "8888");
System.setProperty("https.proxyHost", "localhost");
System.setProperty("https.proxyPort", "8888");
```

当然，最好还是希望 Fiddler 自身能增加监听 Java HttpURLConnection 请求的能力。

在启动 Java 程序时设置代理服务器为 Fiddler 即可。

```
-DproxySet=true
-DproxyHost=127.0.0.1
-DproxyPort=8888
```

11.9 用 Fiddler 抓包 Postman

Postman 本身是一个发包工具，默认的情况下使用系统代理，因此 Postman 发出的包能被 Fiddler 抓到。Postman 的代理设置如图 11-8 所示。

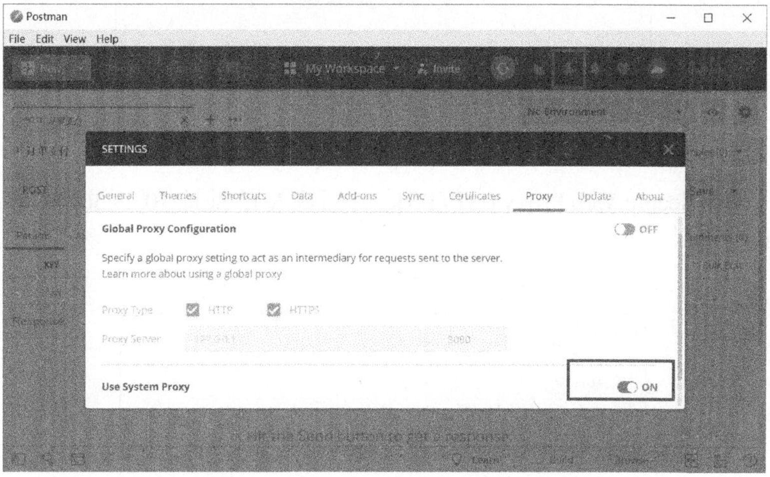

图 11-8 Postman 默认使用系统代理

Postman 最大的一个缺点就是其中没有专门的页面可以完整地看到你发送出去的 HTTP 请求。用 Postman 做接口测试时，如果发出去的包有问题，那么在我们要检查 HTTP 请求的具体内容的时候，就可以用 Fiddler 抓包从而查看 Postman 发出去的 HTTP 请求的具体内容。

11.10 用 Fiddler 捕获 macOS

Fiddler 可以捕获 macOS 发出的 HTTP/HTTPS 请求，设置方法如下。

第 1 步：在 macOS 中，选择 System Preferences→Network→Advanced...→Proxies。

第 2 步：选择 Web Proxy (HTTP)，然后输入 IP 地址 10.29.56.93 和端口号 8888，如图 11-9 所示。

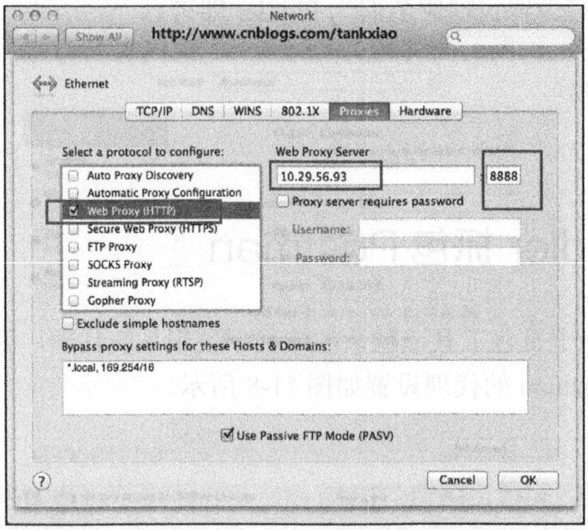

图 11-9　macOS 设置代理（1）

第 3 步：选择 Secure Web Proxy (HTTPS)，然后输入 IP 地址 10.29.56.93 和端口号 8888，如图 11-10 所示。

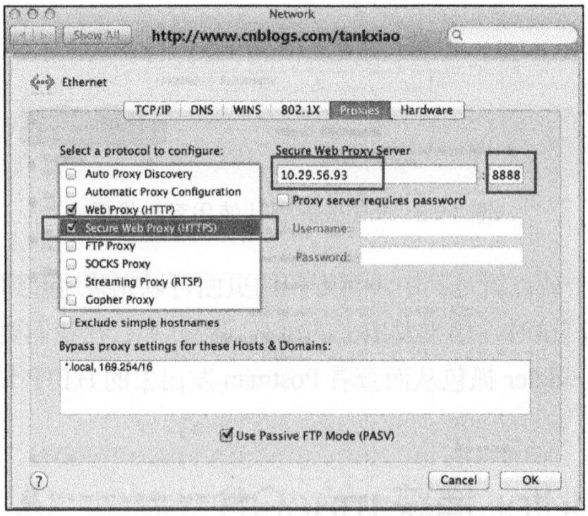

图 11-10　macOS 设置代理（2）

11.11 用 Fiddler 捕获 Linux 系统

Fiddler 同样可以捕获 Linux 系统发出的 HTTP/HTTPS，设置方法跟 macOS 一样。

用 Ubuntu 设置代理的方式如图 11-11 所示。

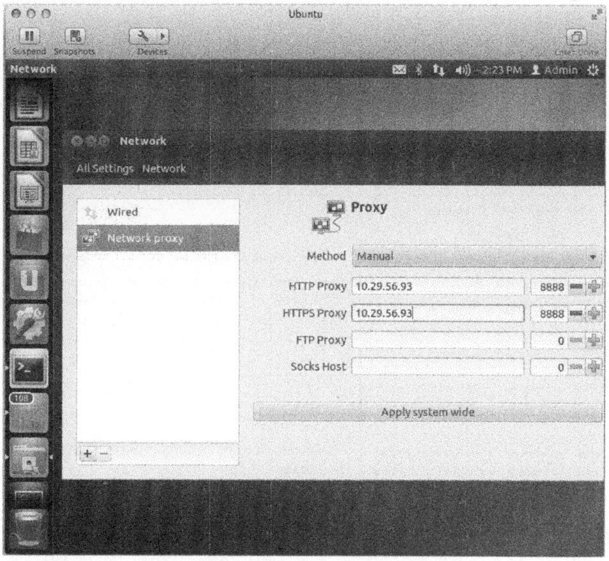

图 11-11 用 Ubuntu 设置代理

11.12 用 Fiddler 抓包坚果云

坚果云是一个文件同步软件，支持多种设备（如 App 端和 PC 端），它使用 HTTP 来和服务器交互，如图 11-12 所示。

图 11-12 Fiddler 抓包坚果云

第 1 步：打开坚果云来设置代理服务器，如图 11-13 所示，然后重启坚果云。

第 2 步：打开 Fiddler，在坚果云中编辑一个 txt 的文件。抓包结果如图 11-14 所示。

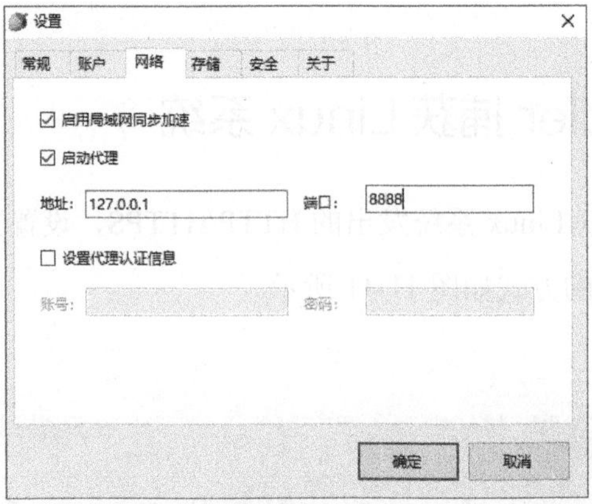

图 11-13 用坚果云设置代理

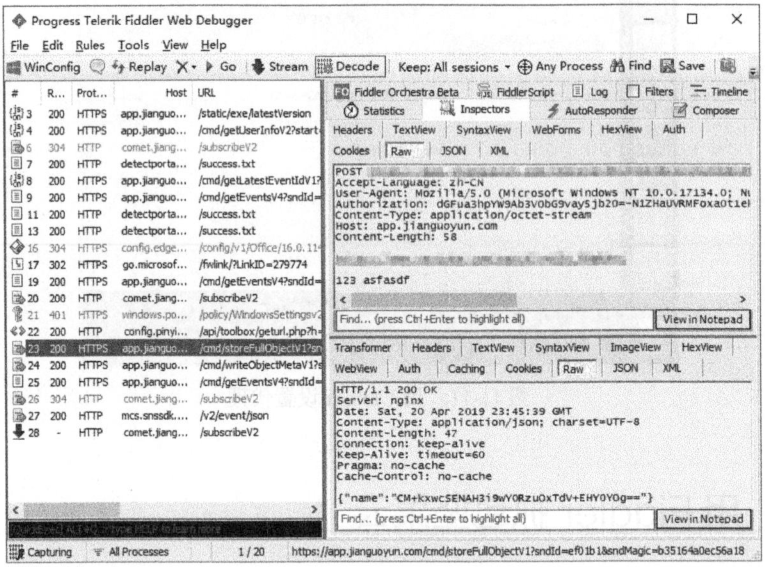

图 11-14 用坚果云抓包

11.13 本章小结

本章通过实例展示了 Fiddler 捕获各种类型的程序的方法。

第 12 章

自动登录和登录安全

登录模块是最重要的环节之一，所有的操作都需要登录后才能执行，如果登录功能没有任何限制，那么会留下无穷的后患。

爬虫和自动化程序都需要先自动登录，然后再进行其他的操作。为了防止自动登录，很多网站登录时采用了各种各样的验证码，如短信验证码、图形验证码等。本章介绍如何自动登录和这些验证码的作用。

12.1 登录的较量

网站和脚本一直在较量。

脚本：我能轻松地自动登录你的网站，登录成功后，想干什么就干什么。

网站：那我在登录的时候用 JavaScript 加密密码，让你登录不了。

脚本：JavaScript 加密很容易就破解了，我自己写个一样的 JavaScript 方法就行了。

网站：那我在登录的时候加图片验证，这样你的脚本就没法自动登录了。

脚本：图片验证码不难，用 OCR 识别出验证码，就可以自动登录了。

网站：普通的验证码拦不住，我用一些特殊的验证码。例如选人的头像、倒立文字等。

脚本：的确这种验证码很难破解了，要找顶级高手去破解才行。

网站：现在没招了吧！

脚本：不是没招，任何验证码都能破解，关键在于有没有价值，值不值得我花大力气去破解。就算不能自动登录了，我直接用登录好的 Cookie 不就可以？

网站：你赢了！

12.2 登录的风险

若软件系统被爬虫或者外挂自动登录，那么会有很多安全隐患。

12.2.1 冒用他人账户登录

在日常生活中，读者可能会遇到自己某个账号被他人冒用的情况。这就是非法用户获得了你的用户名和密码，登录了系统并可能进行一些非法的操作。一般来说，风控系统应该察觉这种冒用行为；如果网站没有相应的风控系统，那么就会识别不出这样的风险。图 12-1 展示了常见的 3 种异常登录情形。

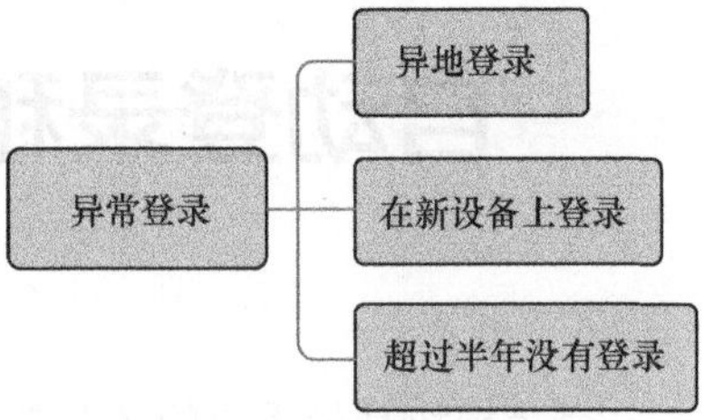

图 12-1 异常登录

如果发生异常登录，那么就要要求用户输入手机短信验证码或者邮箱验证码来进一步认证。

12.2.2 账户和密码在传输过程中被截获

如果登录请求采用的是 HTTP 而不是 HTTPS，那么账号和密码很可能中途被截获。

12.2.3 密码被破解

一些黑客会通过撞库的方法来暴力破解密码。黑客手里有大量的账号，不可能手动登录，一般会写登录脚本来自动登录，从而试探密码是否正确。

12.2.4 系统被爬虫软件或者脚本自动登录

爬虫软件或脚本一旦自动登录系统后，就会进行很多操作，给服务器带来负担和风险。

12.3 登录的风控

对于一个系统来说，登录模块是最重要的组成部分。它可以看作一个门槛，所有的操作都需要登录后才能进行。如果他人可以非常轻松地通过破解密码、截获账号和密码，或者爬虫和脚本自动登录系统，势必会给服务器带来很大的负担和风险。并且，系统的安全性也会受到用户的质疑。因此，登录模块需要有足够的风控措施，通过采取一些措施来阻挡系统自动登录的实现。登录模块的常用限制手段如图 12-2 所示。

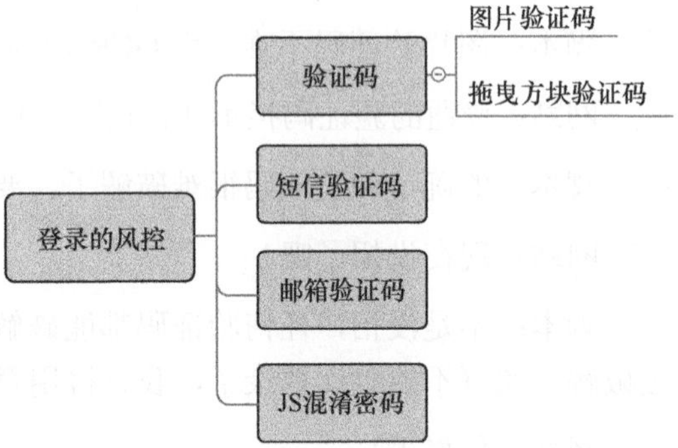

图 12-2 登录的风控

12.4 登录用 GET 还是 POST

登录的时候需要把用户名和密码发送给服务器。用 GET 方法还是用 POST 方法呢？

如果使用 GET 方法，HTTP 请求如下。

```
GET http://www.tankxiao.com/login.aspx?username=tankxiao&pwd=tanktest1234 HTTP/1.1
HOST www.tankxiao.com
```

如果使用 POST 方法，HTTP 请求如下。

```
POST http://www.tankxiao.com/login.aspx? HTTP/1.1
HOST www.tankxiao.com

username=tankxiao&pwd=tanktest1234
```

12.4.1 GET 方法的缺点

如果使用 GET 方法，你就会在浏览器中看到登录的用户名和密码，没有安全性，如图 12-3 所示。

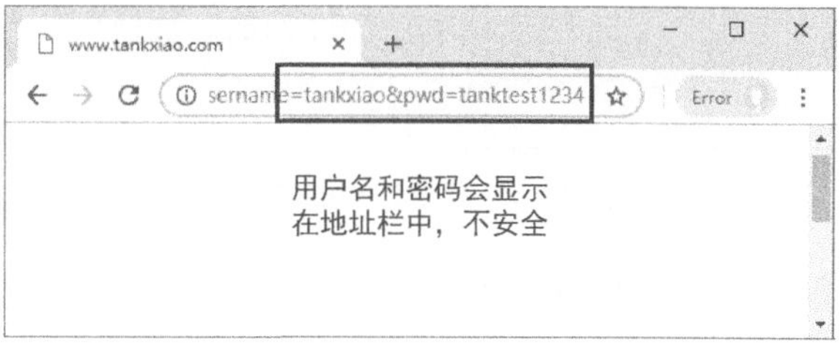

图 12-3 地址栏中显示密码

服务器的访问日志中也会详细记录用户名和密码，如图 12-4 所示。

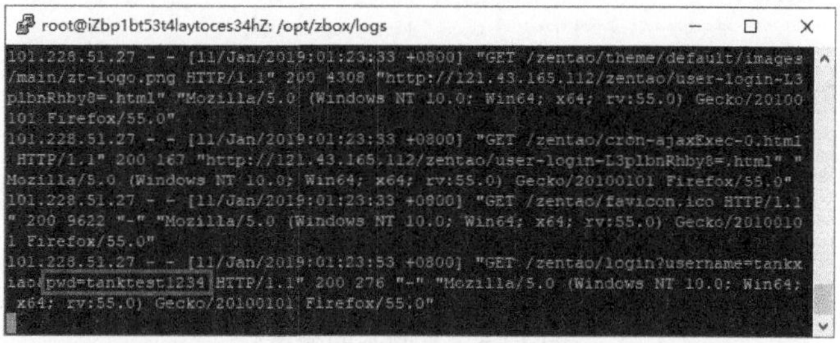

图 12-4 密码出现在日志中

另外，这个数据包在网络上传输时处于完全暴露状态，任何抓包软件都能抓到它。利用 GET 请求进行用户登录是一种非常不安全的方式。

12.4.2 POST 比 GET 安全

相对于 GET 方法而言，POST 方法就安全得多。POST 是通过信息主体传递用户登录信息的，登录的数据并不会出现在 URL 和服务器访问日志中。但这也并不是十分安全，只要拦截到了传递的数据体，用户名和密码就能轻松被获取。

12.4.3 使用 GET 方法登录的网站

经过实际的测试，还真发现很多网站的登录用的是 GET 请求，这样的网站存在很大的安全隐患。例如图 12-5 所示的网站的登录就是使用 GET 请求。

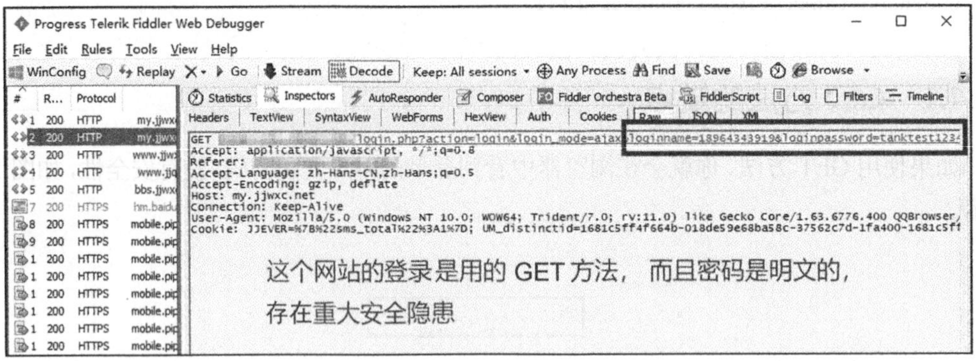

图 12-5 登录是 GET 方法

另一个网站的抓包登录如图 12-6 所示。

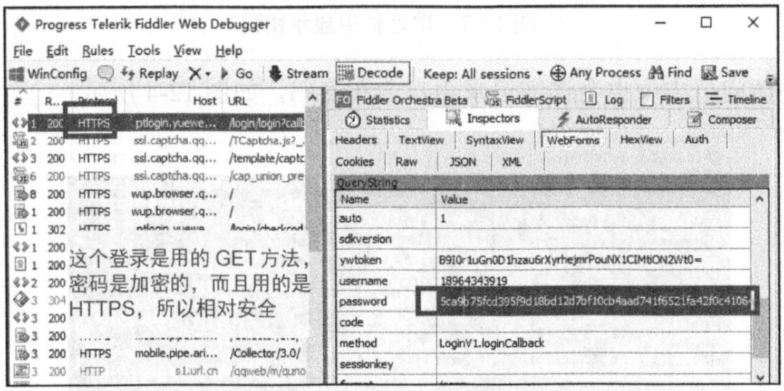

图 12-6 某网站的登录

从图 12-6 中可以看到该网站虽然用的是 GET 方法，但是密码被加密了，而且用的是 HTTPS，所以还算相对安全。

12.5 安全的原则

在关系到安全的时候，要时刻遵守两个原则：

- 不能在本地存储与安全相关的用户信息；
- 任何程序在向服务器传递数据的时候，都不能直接传递与安全相关的用户信息。

要想让用户信息安全，就必须对其进行加密。这样别人即便是拿到了安全信息，摆在眼前的也是一串乱码，没有半点用处。

12.6　使用 POST 方法登录的网站

有些网站的登录使用 POST 方法，但是登录的时候没有任何安全限制，例如下面的示例网站。

第 1 步：用 Chrome 浏览器打开 http://aaabbbccc/clothes/index/login（示例网站），如图 12-7 所示。

图 12-7　登录页面没有安全限制

第 2 步：打开 Fiddler，输入用户名（tank），密码（tanktest1234）。可以抓到登录的 HTTP 请求，如图 12-8 所示。

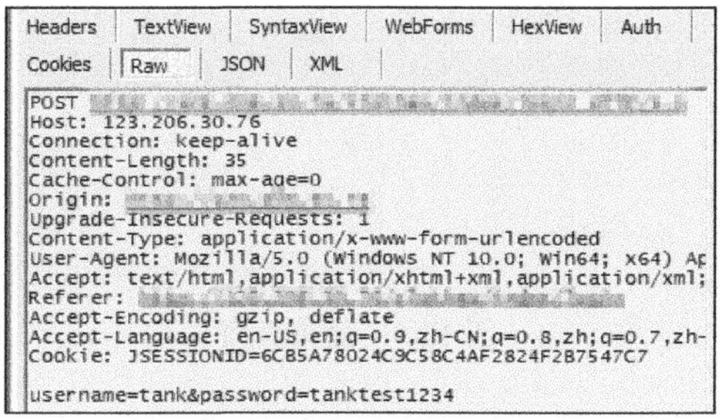

图 12-8　登录的 HTTP 请求

使用这种登录方式，我们可以轻松自动登录，用 JMeter 或者 Python 都可以。

```
import requests

sess = requests.session()
loginUrl="http://aaabbbccc/clothes/index/login"
loginData={'username':'tank','password':'tanktest1234'}
loginResp=sess.post(loginUrl,data=loginData)
print(loginResp.status_code)
```

这种登录设置太简单了，非常容易被爬虫或者脚本自动登录，不建议网站采用这种登录方式。

12.7 登录响应携带隐藏的 token 字符串

还有一种情况，网站的登录页面携带隐藏的 token 字符串。这类网站的登录页面的响应中隐藏了一个 token 字符串。提交登录的时候会把 token 字符串和用户名密码一起提交给服务器。

我们用一个案例来进行详细说明，具体操作如下。

第 1 步：启动 Fiddler，在浏览器中打开 mozy 登录页面，如图 12-9 所示。

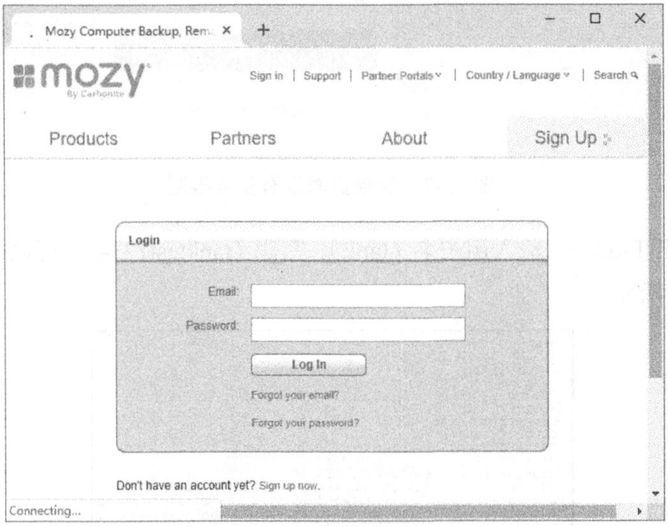

图 12-9 登录页面

第 2 步：在 Fiddler 中，找到该登录页面的 HTTP 响应。通过抓包可以看到，这个页面的响应中隐藏了一个 token 字符串（在响应中搜索“token”），如图 12-10 所示。

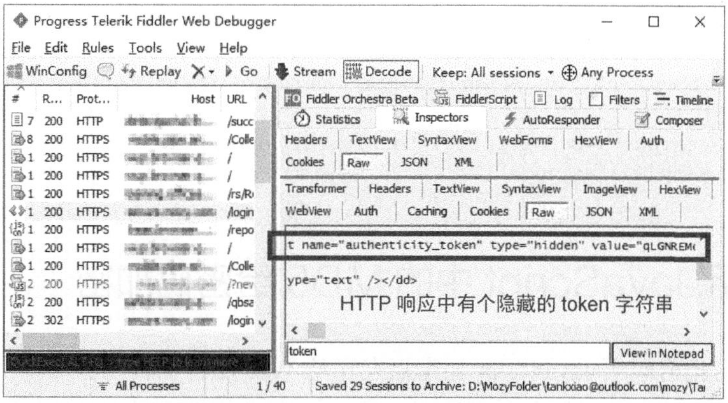

图 12-10 登录页面的响应

第 3 步：输入用户名（2464602531@qq.com）和密码（tankxiao1234），单击登录按钮。在抓到的包中可以看到登录的 HTTPS 请求，如图 12-11 所示。

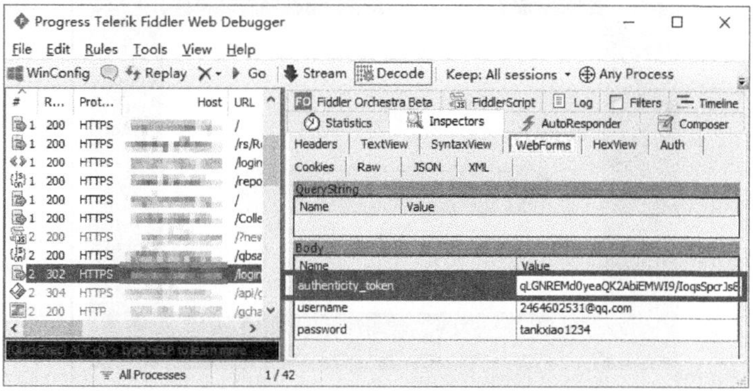

图 12-11 登录过程的抓包结果

浏览器把 token 字符串、用户名和密码发送给了 Web 服务器，这样就可以成功登录了。

这种登录方式，也完全可以自动化实现。不过它要比上一个例子稍微复杂一些。用 Python 实现的自动登录代码如下。

```
import requests
import re

sess = requests.session()
# 打开登录的页面
loginUrl="https://secure.mozy.com/login"
loginPageResp=sess.get(loginUrl,verify=False)
# 获取页面中隐藏的 token
tokenPattern = r"token\" type=\"hidden\" value=\"(.*?)\"";
tokenGroup = re.search(tokenPattern,loginPageResp.text)
token=tokenGroup.group(1)
```

```
    print(token)
    # 提交登录
    loginData = {'authenticity_token': token,'username':'2464602531@qq.com','password':
'tankxiao1234'}
    loginResp=sess.post(loginUrl,loginData,verify=False)
    print(loginResp.status_code)
```

12.8 用 JavaScript 中的 MD5 给密码加密

有些网站会把密码用 JavaScript 加密后发送给 Web 服务器。

注意：下面这个实例中的网站为虚拟网站，不能直接运行。

第 1 步：打开要登录的网站，如图 12-12 所示。

图 12-12 登录页面

第 2 步：打开 Fiddler，输入用户名“18964343919”，密码“tanktest1234”，单击“进入个人中心”按钮，Fiddler 抓包如图 12-13 所示。

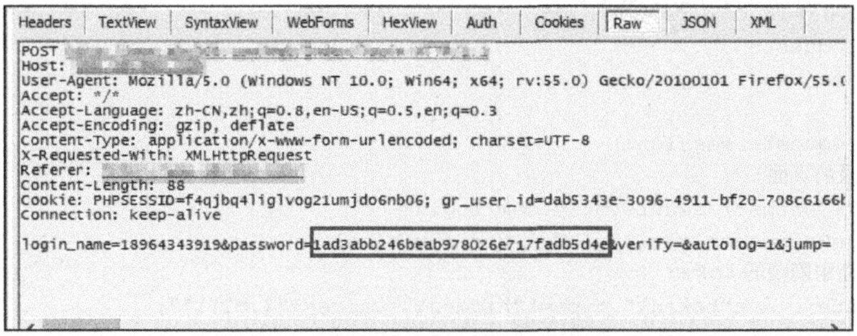

图 12-13 登录过程的抓包结果

其实这个网站只是简单地用 MD5 把密码加密了。

把原来的密码“tanktest1234”通过 MD5 加密变为了“1ad3abb246beab978026e717fadb5d4e”，可以通过下面这个在线 MD5 网站来验证，如图 12-14 所示。

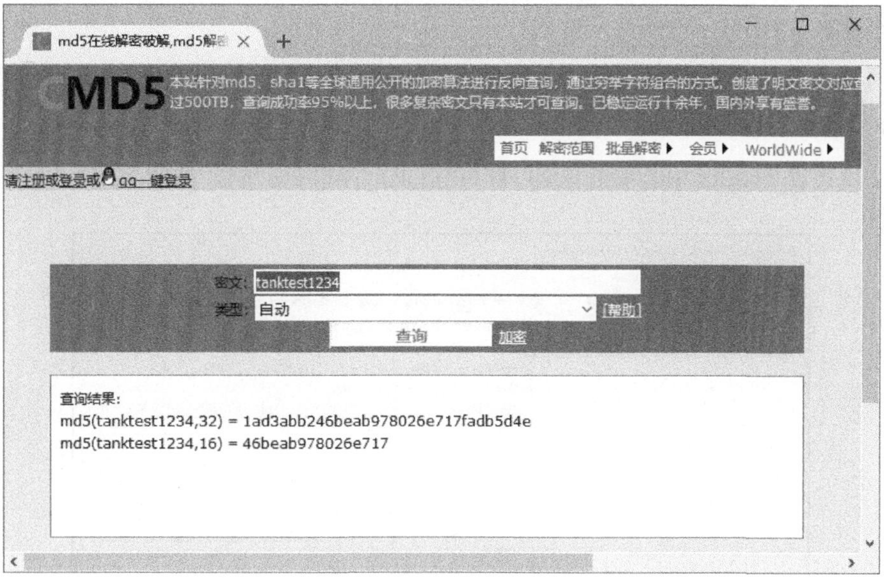

图 12-14 MD5 加密网站

用 Python 自动登录的代码如下（此代码不能运行，因为没有实例网站）。

```
import requests
import hashlib
# 用MD5给密码加密
m = hashlib.md5()
m.update(b'tanktest1234')
password =  m.hexdigest()
print(password)
# 模拟登录
sess = requests.session()
loginUrl="http://某个网站/Web/Index/login"
# 信息主体数据和Fiddler抓到的一模一样
loginData={'login_name':'18964343919','password':password,'verify':'','autolog':
'1','jump':''}
loginResp=sess.post(loginUrl,loginData)
print(loginResp.status_code)
```

只用 MD5 加密的安全性也不高，很容易让非法用户用脚本自动登录。

12.9 用 JavaScript 动态加密密码

很多网站为了提升用户体验，在登录页面没用图片验证码，但是会用 JavaScript（简称 JS）把密码混淆后才发给 Web 服务器。这种用法的优点是提升了用户体验，同时增加了一定的安全性。

第 1 步：启动 Fiddler，打开禅道集成运行环境网站，输入用户名（qa_tank），密码（tanktest1234），单击登录按钮。

第 2 步：在 Fiddler 中查看登录的 HTTP 请求，并检查密码，如图 12-15 所示。

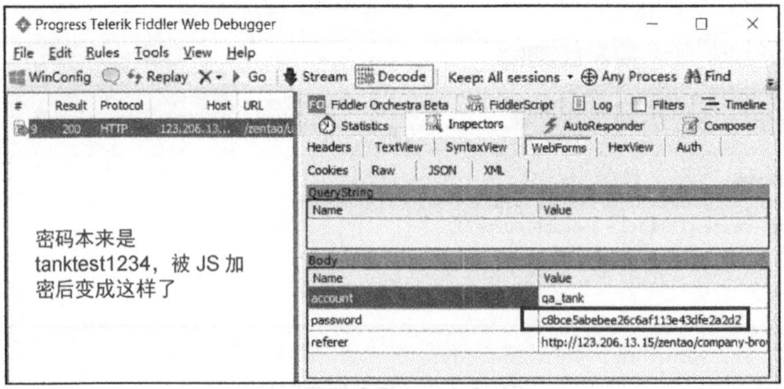

图 12-15 密码被 JS 加密

密码已被加密，从“tanktest1234”变成了“c8bce5abebee26c6af113e43dfe2a2d2”。

再进行一次抓包看一下结果，如图 12-16 所示。

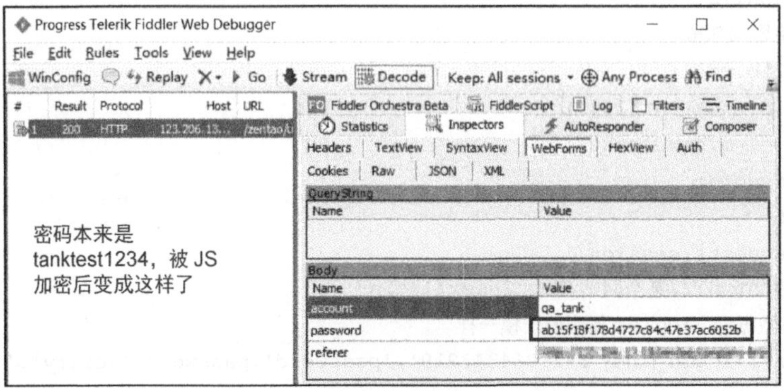

图 12-16 混淆后的密码发生了变化

密码已被加密，从“tanktest1234”变成了“ab15f18f178d4727c84c47e37ac6052b”。混淆后的密码还发生了变化，说明这种加密方法是比较复杂的混淆，不是固定的。

该密码被 JS 加密，我们可以通过抓包来查看是哪个 JS 方法加密的，如图 12-17 所示。

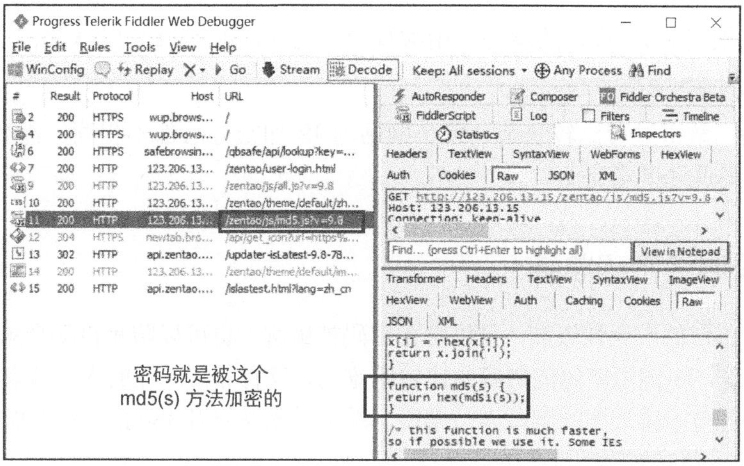

图 12-17 JS 文件中的 MD5 加密

12.9.1 绕开 JS 混淆密码

想要绕开 JS 混淆密码实现自动登录，就必须先知道网站是如何实现 JS 混淆密码的，具体步骤如下所示。

第 1 步：用浏览器开发者工具调试 JS，看密码是如何被 JS 加密的，如图 12-18 所示。

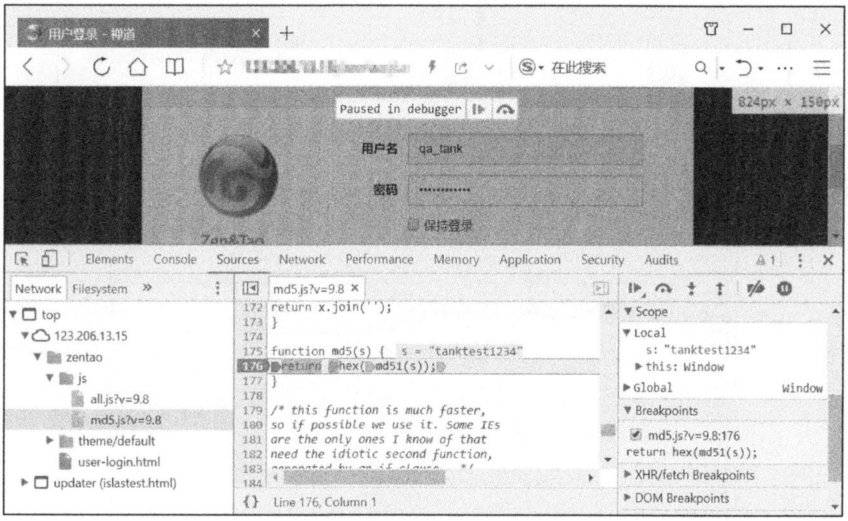

图 12-18 用开发者工具调试 JS

第 2 步：从图 12-18 可以看出，密码是被 md5(s)这个方法加密的，然后需要进一步理解 md5.js 文件中的 JS 代码。

第 3 步：根据对 JS 代码的理解，用编程语言对 JS 混淆密码进行解密，从而实现系统自动登录时绕开 JS 混淆密码。

由于密码的解密过程比较复杂，每个网站的 JS 加密方法都不相同，需要很强的 JS 功底才能做到，这里不再赘述。

12.9.2　JS 混淆密码总结

这种登录方法的安全性较高，可以防止密码被破解，也可以防止自动登录，还可以防止重放。一般来说，JS 混淆密码的破解是比较困难的，只有非常专业的人员或者解密高手可以实现；对于编程技术比较弱的测试人员来说，基本上无法绕开 JS 混淆密码实现自动登录。

12.10　短信验证码登录

有些网站采用手机短信验证码来登录，如图 12-19 所示。

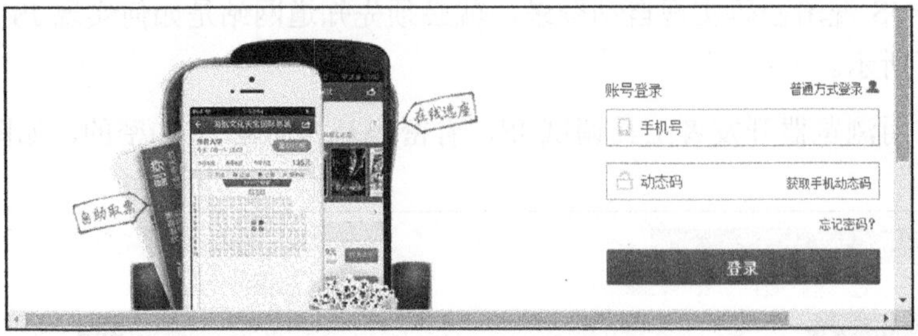

图 12-19　手机短信验证码登录

用 Fiddler 抓包可以看到短信验证码，如图 12-20 所示。

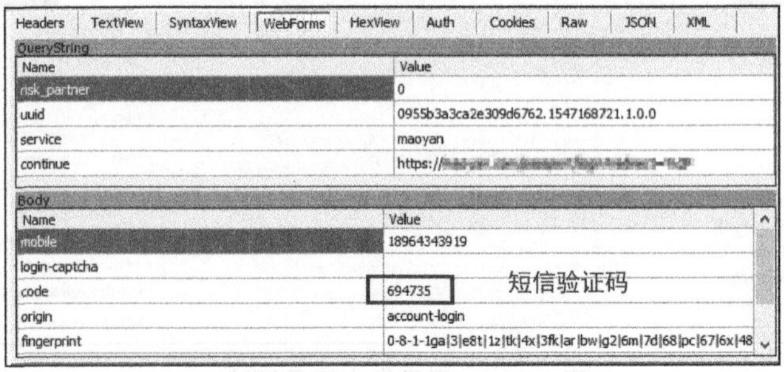

图 12-20　抓包短信登录

想要模拟短信验证码登录不难，麻烦在于短信验证码如何获取。短信验证码是发到用户手机中的，如何提取出来交给 Python 程序？

如果是自己公司的产品，可以从数据库拿出验证码，然后模拟登录就可以了。如果是其他公司的产品，手机短信验证码很难获取。因此，短信验证码的获取成本较高，安全性较强。

12.11 二维码扫码登录

二维码扫码登录是用已经登录的 App 来扫码网页上的二维码，不用输入用户名和密码了，非常方便。大量网站都支持这种方式的登录，如图 12-21 所示。

由于手机一般是随身携带，所以普遍认为这样的登录方式是安全的。

图 12-21 扫码登录

12.12 拼图登录

拼图登录是在登录时，登录页面弹出一个拼图，将滑块拖动到正确的位置才能登录，如图 12-22 所示。

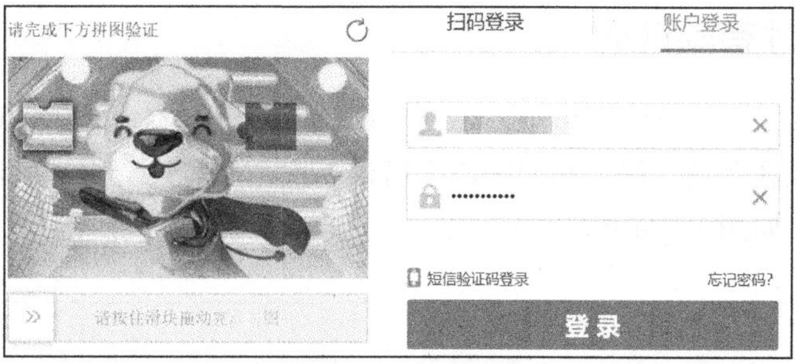

图 12-22 方块拼图

就目前而言，这种拼图验证的登录验证码很难通过 HTTP 的方法绕过，基本上可以阻挡大部分的自动化登录工具，相对而言比较安全。

12.13 普通图片验证登录

普通的图片验证码，可以通过图像识别技术把图片中的字符串识别出来。普通图片验证码是非常常见的一种方式，我们会在第 13 章中详细解释。

12.14 独特的验证方式

很多网站采取了独特的验证方式，这种验证码非常难绕过。该验证方式示例如图 12-23 所示。

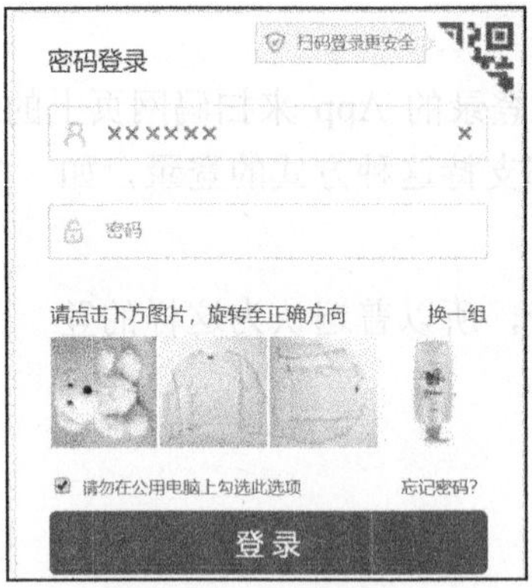

图 12-23 登录页面

目前这样的验证方式，是非常难实现自动登录的，相对来说比较安全。

不安全的环境才有验证码

还有一些网站，在安全的环境下，不会出现验证码。在不安全的环境下，例如账号不是在经常登录的地区登录、账号和密码输入错误一次之后等，会出现验证码，这样做是为了提升用户体验，如图 12-24 所示。

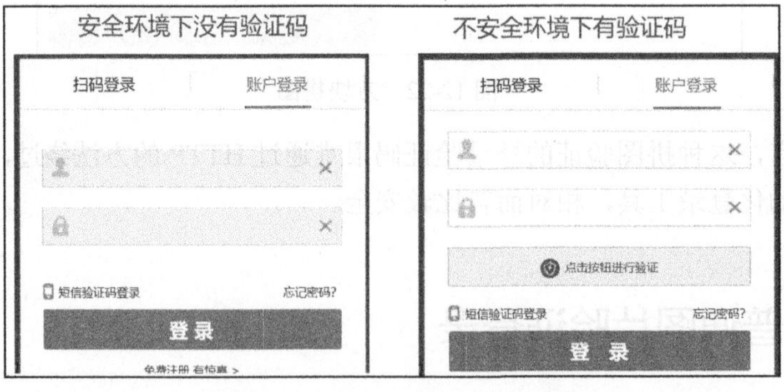

图 12-24 不安全的环境下有验证码

12.15 本章小结

本章围绕自动登录和登录安全展开讲解。登录需要采取一些措施来防止爬虫或自动化工具自动登录，而自动登录又是接口测试或者爬虫中的重要部分。文中列举了多种登录的风控措施，并分析了这些措施对应的自动登录的可行性。如果是给自己公司的产品做自动登录，可以要求开发人员去掉验证码，或者增加万能码，也可以通过 Cookie 跳过登录验证码。

第 13 章

图片验证码识别

有些网站采用的是图片验证码登录方式，需要使用图片识别技术识别出图片中的字符后，才能实现自动登录。

13.1 图片验证码

很多网站的登录都有图片验证码，如图 13-1 所示。

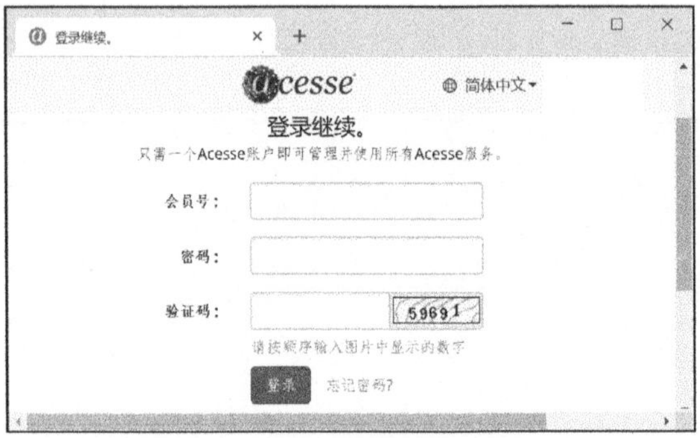

图 13-1　网站的图片验证码

验证码是一种识别操作来源于人类还是机器的工具，因此，它现在是广为使用的限制机器访问的利器，验证码识别的常见方案如图 13-2 所示。

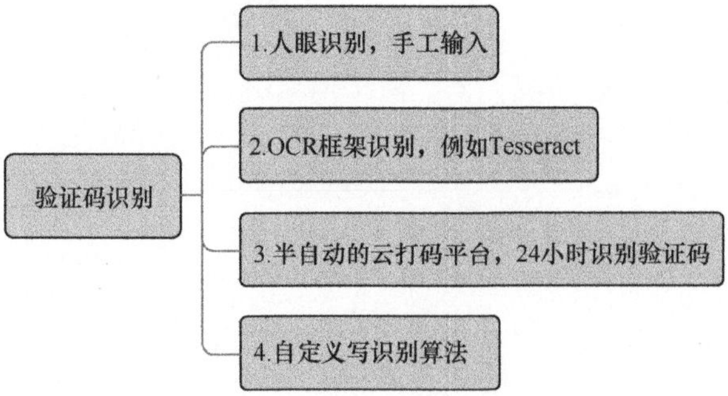

图 13-2　识别验证码的几种方案

13.1.1 图片验证码原理

登录的时候，浏览器客户端发送的 HTTP 请求中包含用户名、密码和图片验证码。如果图片验证码不正确，则服务器会返回“登录失败，验证码错误”的信息，如图 13-3 所示。

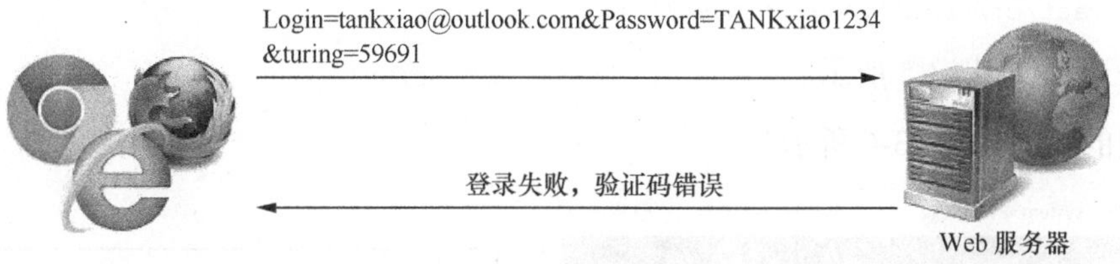

图 13-3 图片验证码

13.1.2 图片识别介绍

将图片翻译成文字一般称为光学文字识别（Optical Character Recognition，OCR）。可以实现 OCR 的底层库并不多，Tesseract 是一个 OCR 库，目前由 Google 赞助。Tesseract 是目前公认最优秀、最精确的开源 OCR 系统之一。

Tesseract 有极高的精确度，也具有很高的灵活性。通过训练它既可以识别出任何字体（只要这些字体的风格保持不变即可），也可以识别出 Unicode 字符。

13.1.3 Tesseract 的安装与使用

Tesseract 可以安装在 Windows 或者 Linux 系统中。下载 Windows 安装包后双击它直接安装即可。安装完成后，需要把安装路径添加到环境变量（例如“C:\Program Files (x86)\Tesseract-OCR”）中。

如果不是做英语的图文识别，那么还需要下载其他语言的识别包。

在 CMD 中输入 tesseract –v，如果显示图 13-4 所示的界面，则表示 Tesseract 安装完成且已添加到系统变量中。

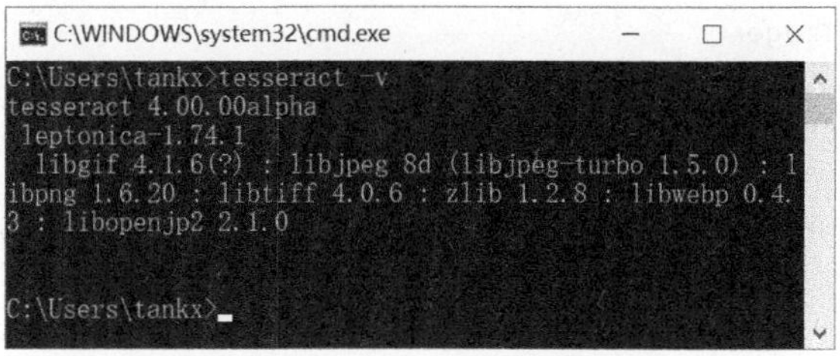

图 13-4 Tesseract 安装完成界面

13.1.4 Tesseract 的使用

使用 Tesseract 之前需要保存验证码图片，将其保存在 c:/test/1.png。然后在 CMD 中运行以下命令。

```
tesseract c:/test/1.png c:/test/1.txt
```

命令运行如图 13-5 所示。

识别的结果如图 13-6 所示。

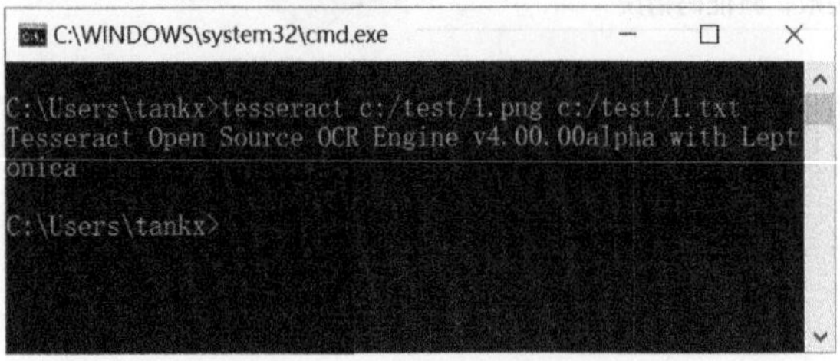

图 13-5 执行图片识别

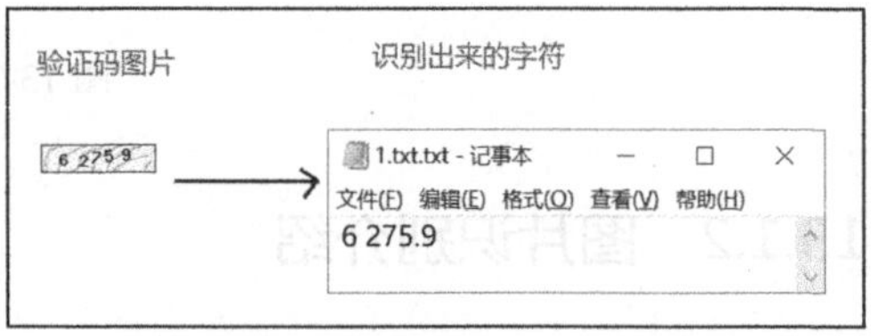

图 13-6 图像识别的运行结果

从图 13-6 可以看到，Tesseract 的识别效果还是比较准确的。与验证码中的内容相比，识别出来的字符多出了一个字符“.”和一个空格。我们只需要在保存识别结果的文档中，删除这些多余的内容，即可得到与图片内容一致的验证码。

13.1.5 pytesseract 的使用

pytesseract 是 Tesseract 关于 Python 的接口，用户可以使用 pip install pytesseract 安装。安装完成后，就可以使用 Python 调用 Tesseract 了。

Python 的图片处理库有两个——PIL 和 Pillow。Pillow 是 Windows 下的 PIL 库的精简版，两者使用方法一样。

安装 Pillow 的方法是在 CMD 中输入 pip3 install pillow。

输入以下代码，可以实现与 Tesseract 命令一样的效果。

```
import pytesseract
from PIL import Image

pytesseract.pytesseract.tesseract_cmd = 'C://Program Files (x86)/Tesseract-OCR/
tesseract.exe'
text = pytesseract.image_to_string(Image.open('c://test/1.png'))

print(text)
```

好了，现在图像识别成功，自动登录就变得简单了。

13.2 用 Python 实现图片验证码登录

先找到一个登录页面有图片验证码的网站。如果网站改版了，接下来的示例可能会不适用。

先打开 Fiddler，再用浏览器打开 ADX 登录页面。输入正确的账号密码和验证码，抓包结果如图 13-7 所示。

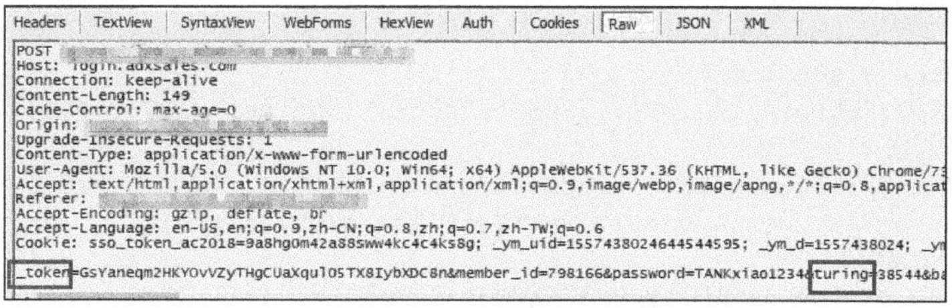

图 13-7 登录抓包

通过前面的学习知道，即使是一个简单的登录过程，也是由很多 HTTP 请求组成的。因此，通过查看对上述地址的登录过程抓包得到的 HTTP 请求列表，就可以找到与登录地址 Host 相同但 URL 不同的验证码图片的 HTTP 请求，如图 13-8 所示。

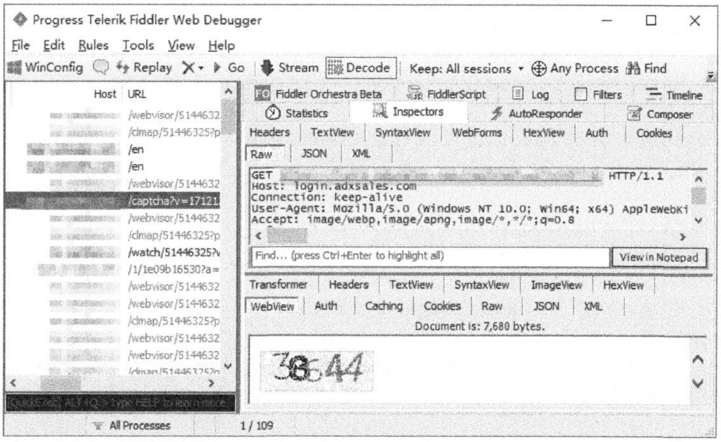

图 13-8 获取验证码的 HTTP 请求

分析 HTTP 请求，可知登录需要 4 个参数：token、用户名、密码和验证码。token 字符串的获取我们在第 12 章自动登录中介绍过。实现自动登录的步骤如下。

第 1 步：发送一个 GET 请求到 ADX 登录页面，用正则表达式从响应中获取 token 的字符串。

第 2 步：发送一个 GET 请求去获取图片，并把图片存到本地。

第 3 步：用 pytesseract 识别图片，得出验证码字符串，并且对字符串进行处理。

第 4 步：发送一个 POST 请求，请求中有 token 字符串、用户名、密码和验证码字符串，从而实现自动登录。

Python 实现的代码如下。该代码中使用了 Fiddler 作为代理，目的是观察发出的 HTTP 请求和接收到的 HTTP 响应。

```
import requests,re,pytesseract
from PIL import Image

sess = requests.session()
pro = {"http":"http://127.0.0.1:8888","https":"https://127.0.0.1:8888"}
# 打开登录的页面
loginUrl="https://login.a****s.com/en"
loginPageResp=sess.get(loginUrl,verify=False,proxies=pro)
# 获取页面中隐藏的 token
tokenPattern = r"_token\" type=\"hidden\" value=\"(.*?)\">";
tokenGroup = re.search(tokenPattern,loginPageResp.text)
token=tokenGroup.group(1)
print(token)
# 获取验证码图片并存入本地
imgUrl = 'https://login.a****e.com/en/captcha?p=24248'
resp = sess.get(imgUrl)
with open('captcha.png', 'wb') as f:
    f.write(resp.content)
print('下载完成')
# 识别验证码
pytesseract.pytesseract.tesseract_cmd = 'C://Program Files (x86)/Tesseract-OCR/
tesseract.exe'
captcha = pytesseract.image_to_string(Image.open('captcha.png'))
print(captcha)
# 处理验证码
captcha = captcha.replace('.','').replace(' ','')
print(captcha)
# 提交登录
loginData = {'_token': token,'member_id':'798166','Password':'TANKxiao1234',
'turing':captcha}
loginResp=sess.post(loginUrl,loginData,verify=False,proxies=pro)
print(loginResp.status_code)
```

13.3 本章小结

本章介绍了图片验证码作为登录验证的原理，以及使用 Tesseract 进行图片识别的方法。本章最后列举了用 Python+pytesseract 实现识别图片验证码以自动登录的实例。Tesseract 识别图片的正确率不高，需要多重试几次登录脚本，才可以实现自动登录。

第 14 章

综合实例——自动点赞

现在，网站的登录一般会采用验证码的方式，如短信验证码、图形验证码或者拼图验证等。这样的验证码登录方式提高了网站的安全性，使自动登录不再那么简单。我们可以直接使用 Cookie 字符串来绕过登录。

14.1 给文章自动点赞

我们以博客园中点赞的示例来讲解如何通过 Cookie 的方式实现自动登录，以及登录后如何实现自动点赞功能。博客园的登录采用了拼图验证的方式。其中的文章用户登录后才能点赞。在本节，我们会用脚本做一个自动点赞的功能，该功能可以一次为很多文章点赞。

14.1.1 拼图验证方式

博客园采用的是拼图验证方式，如图 14-1 所示。

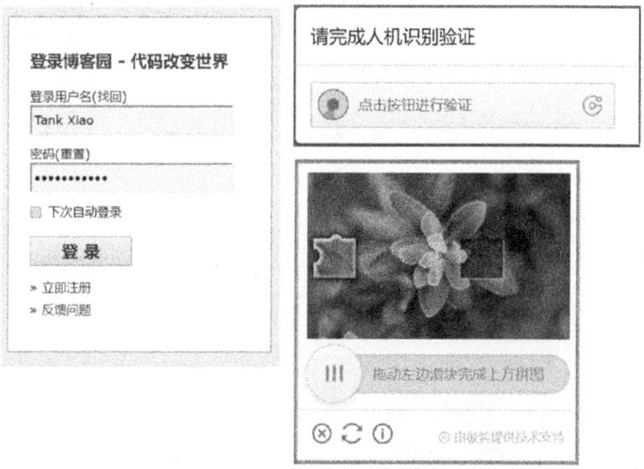

图 14-1 博客园的登录页面

这样的验证方式无法通过图形识别来操作，实现自动登录较为困难。第一步无法实现自动登录，后面的操作就没法进行下去了。此时，我们可以绕过登录来实现目标。

14.1.2 直接使用 Cookie 绕过登录

我们已经知道，登录的原理实际上是浏览器客户端先将用户名和密码发送给 Web 服务器，Web 服务器将一个 Cookie 字符串返回给浏览器客户端。之后，浏览器和 Web 服务器之间进行交互时，浏览器会一直向 Web 服务器发送这个与登录信息有关的 Cookie 字符串，以保持登录状态。了解了登录原理之后，直接使用 Cookie 跳过登录的大致操作是：在网站上我们手动登录并抓包；首先找到用于登录的 Cookie 字符串；然后在需要发送的 HTTP 请求的参数中都添加这个 Cookie 字符串。具体操作步骤如下。

第 1 步：先在网页上登录，然后复制与登录相关的 Cookie 字符串。

第 2 步：把 Cookie 嵌入到其他 HTTP 请求中，这样做相当于登录。然后用户就可以进行其他操作了。

第 3 步：如果 Cookie 过期了，请重新手动获取 Cookie。

14.1.3 分析点赞的 HTTP 请求

在直接使用 Cookie 实现自动登录之后，接下来我们用 Fiddler 来分析实现自动点赞功能的 HTTP 请求。具体的分析步骤如下。

第 1 步：打开博客园网页并登录。

第 2 步：打开博客园的个人主页，已登录的用户才能访问个人主页。个人主页的 HTTP 请求中有登录相关的 Cookie，如图 14-2 所示。

图 14-2 博客园的个人主页

第 3 步：打开 Fiddler，对这个页面进行抓包，抓包结果如图 14-3 所示。

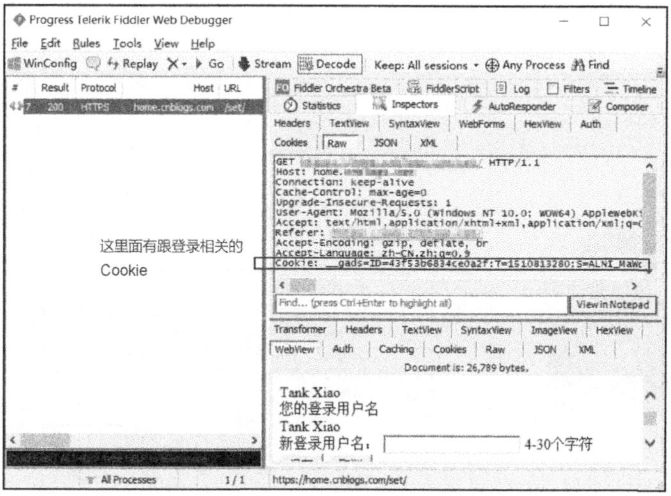

图 14-3 Fiddler 捕获 Cookie

Fiddler 捕获到了个人主页的 HTTP 请求，请求中有跟登录相关的 Cookie。后续的 HTTP 请求只要带上这些 Cookie，那么就是在登录状态下操作。

第 4 步：查找具体的 Cookie。Cookie 有很多，认真观察是哪个 Cookie 来保持登录的。查找方法主要用到了 Fiddler 的重放功能。具体做法是保留一个 Cookie，把其他 Cookie 都删除，如果此时还能登录成功，说明留下的 Cookie 是用于保持登录的。经过验证，用于登录的 Cookie 叫作“.CNBlogsCookie”，如图 14-4 所示。

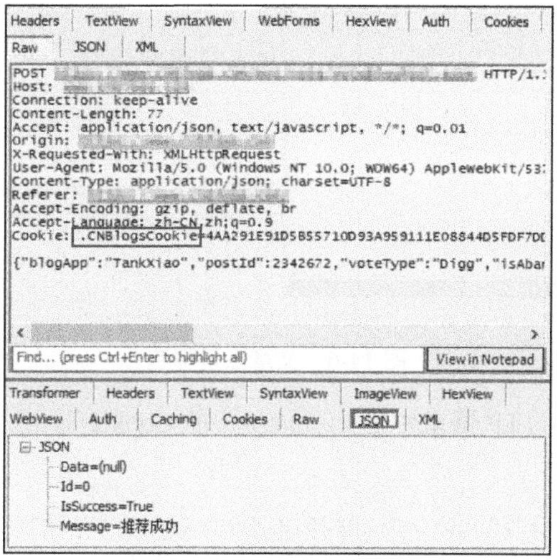

图 14-4 用排除法找 Cookie

第 5 步：获取博客园文章点赞的请求。打开一篇文章，单击“推荐”按钮，如图 14-5 所示。

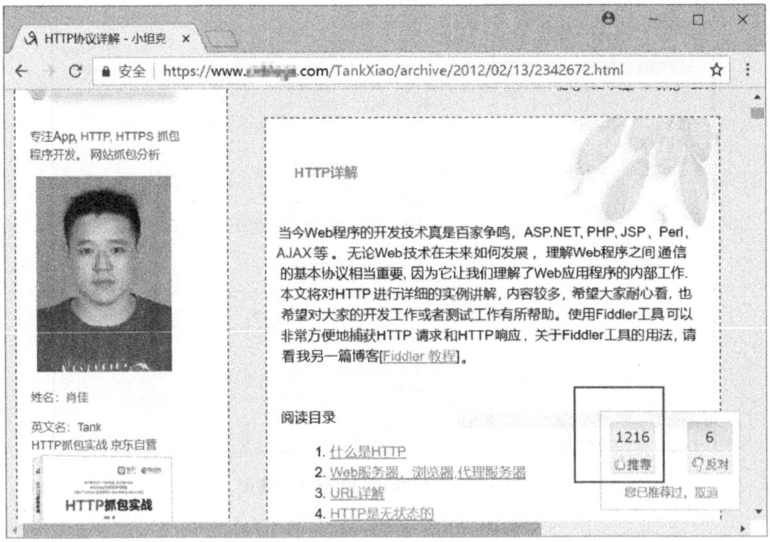

图 14-5 文章点赞

Fiddler 抓包后的请求如图 14-6 所示。

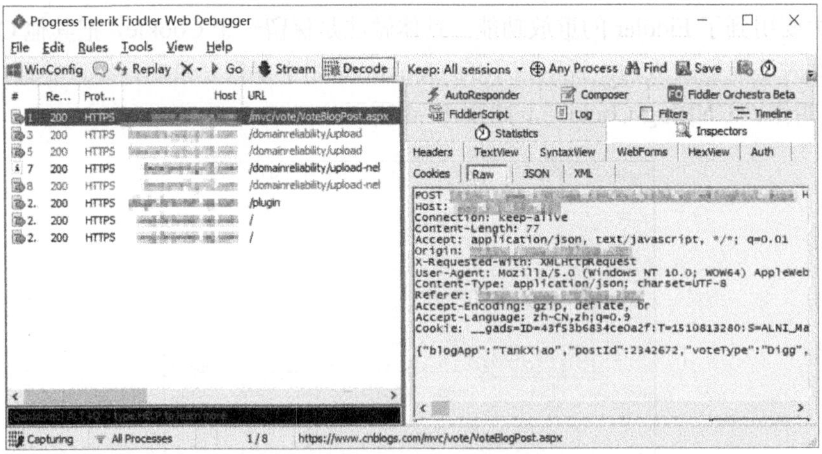

图 14-6 文章点赞抓包

我们只要在点赞的 HTTP 请求中带上登录相关的 Cookie 即可。HTTP 请求用的是 JSON 格式。

```
{"blogApp":"TankXiao","postId":2342672,"voteType":"Digg","isAbandoned":false}
```

上列代码中参数的作用如下。

- blogApp：博客的名称。
- postId：博客文章的 id。
- voteType：Bury 代表反对，Digg 代表推荐。

分析完数据如何请求之后，我们可以用 JMeter 来实现自动点赞，或者用 Python 脚本来实现自动点赞。

14.2 用 JMeter 实现博客园文章自动点赞

通过上一节的内容，我们已经知道了实现博客园文章自动点赞的 HTTP 请求和参数。

现在，我们使用 JMeter 来发送这个 HTTP 请求。JMeter 实现文章自动点赞的操作步骤如下。

第 1 步：添加一个 HTTP 请求，填好 URL 以及信息主体数据。注意，该信息主体是一个 JSON 字符串，如图 14-7 所示。

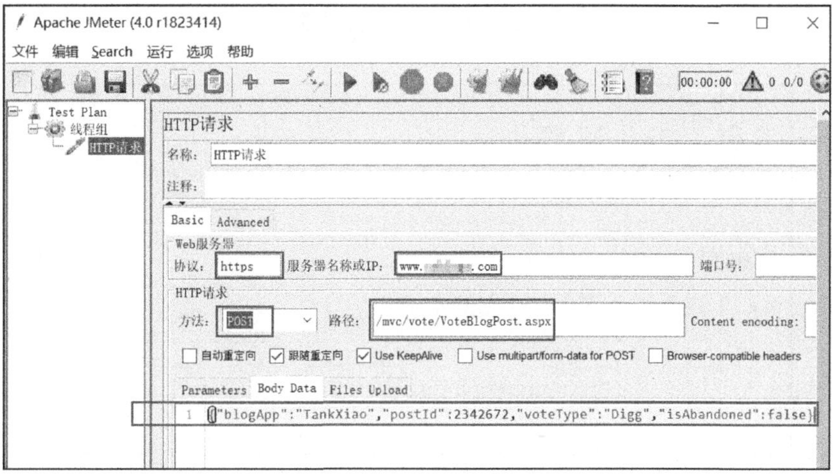

图 14-7 HTTP 请求

第 2 步：添加信息头管理器，其内容可以从 Fiddler 抓到的包中的信息头复制（删除 HOST 信息头，因为 JMeter 会自动加）。注意其中有 Cookie 的信息头，登录相关的 Cookie 就在里面，如图 14-8 所示。

第 3 步：添加"查看结果树"，单击"运行"按钮，通过"查看结果树"查看执行完的结果，如图 14-9 所示。

通过 Cookie 直接登录不是什么时候都能起作用的。原因在于网站是通过服务器的

Session 对客户进行判断，而 Session 在服务器端往往会设置会话期限，如果到了时间，服务器会把这个 Session 删除，那么 Cookie 也就过期了。

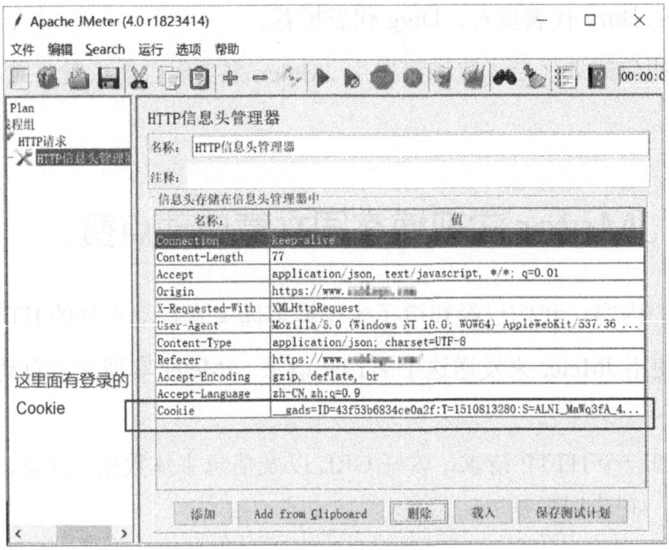

图 14-8 信息头管理器

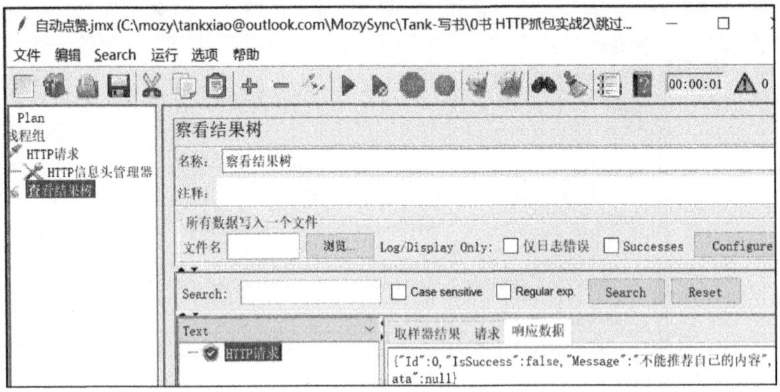

图 14-9 运行成功

Cookie 过期之后，需要用 Fiddler 重新抓一个 Cookie。

14.3 使用 Python 实现博客园文章自动点赞

通过 Python 来实现对博客园文章自动点赞的代码如下所示。注意，需要加入用于保持登录状态的 Cookie。

```
import requests, json

sess = requests.session()
url = "https://www.c****s.com/mvc/vote/VoteBlogPost.aspx"
headers = {'Content-Type': 'application/json'}
# 这步是重点，加入一个 Cookie
cookies={'.CNBlogsCookie': '从 Fiddler 中复制出来'}
voteData={'blogApp':'TankXiao','postId':'2342672','voteType':'Digg','isAbandoned':
'false'}

resp = sess.post(url,headers=headers,data=json.dumps(voteData), cookies=cookies,
verify=False)
print(resp.text)
```

14.4 本章小结

本章介绍了一种绕过登录的自动登录方法——使用 Cookie 字符串。本章以为博客园文章点赞为例，通过 Fiddler 抓包来分析点赞的 HTTP 请求，并使用 JMeter 和 Python 实现了对文章自动点赞的功能。通过 Cookie 字符串来绕过登录，这种办法比较常用，适用于很多场合。但缺点是只能用一个账号，如果要切换账号，那么需要手动获取 Cookie，无法做大批量不同用户的登录。

第 15 章

前端和后端

大部分的软件由前端和后端组成。前、后端一般是分离的，各司其职。通过 HTTP 抓包分析可以知道前后端大致的交互过程是：前端负责发送 HTTP 请求和解析后端返回的 HTTP 响应；后端主要用来处理 HTTP 请求，然后将 HTTP 响应返回给前端。本章主要介绍前端和后端的区别。在此基础上，本章还将介绍使用 Fiddler 直接对后端进行测试的方法。

15.1 Web 架构图

首先介绍一下前端和后端的概念，我们通过一个简易的 Web 架构图（见图 15-1）来直观地了解一下。

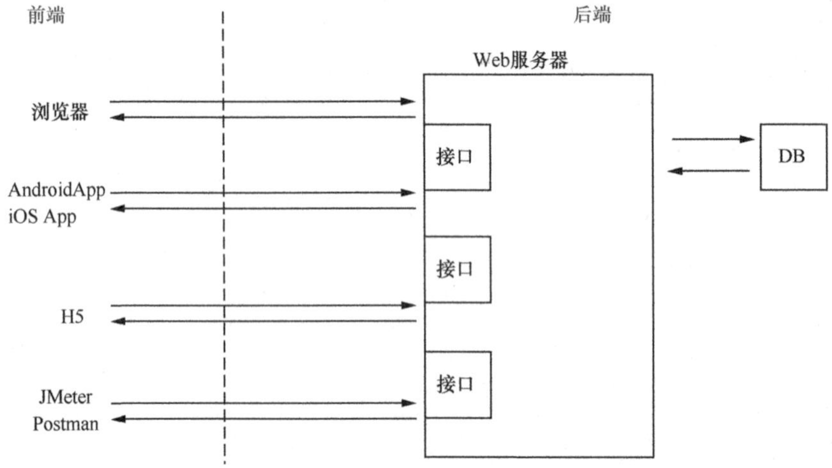

图 15-1　Web 架构图

什么是前端？对于 Web 端来说，通过浏览器打开的网页就是前端，这些前端页面基本上是用 HTML、CSS、JavaScript 等语言写的。

什么是后端？通俗地讲，后端一般处理用户看不到的那些工作，如保存数据、处理数据、算法推送等。后端有时也叫作“后台”，注意，要将其与后台管理系统区分开。

移动端 App 分为两种：一种是 Android 版本，是用 Java 开发的；一种是 iOS 系统，是用 Objective-C 开发的。前端的作用之一就是显示页面。

可以看出，前端和后端是独立的，可以分开测试。接口位于后端的 Web 服务上，Web 服务通过接口对外提供服务。

抓包可以用于观察前端和后端是如何交互的。我们可以使用通过抓包得到的前端发送的 HTTP 请求来直接和后端交互，从而实现不依赖于前端的后端测试。

15.2 前端开发和后端开发的区别

开发人员分为前端开发人员和后端开发人员，两者之间有很大的不同。

15.2.1 展示方式不同

前端开发人员主要做的是用户能看到的前端展示界面。后端开发人员主要做的是业务逻辑相关的工作，是用户不可见的。

前端人员主要考虑怎样让页面展示的视觉效果更好、页面响应速度更快、用户体验更加流畅等。后端人员更多的是考虑业务逻辑、数据库表结构设计、数据存储、服务器配置、负载均衡、跨平台 API 设计等用户看不到的部分。后端人员要保证业务逻辑处理数据的严谨，保证数据吞吐的性能。

15.2.2 运行不同

前端的代码主要在客户端中（手机和平板电脑、计算机等上的应用）运行，而后端的代码主要在服务器端运行（机房服务器上，通常在 Linux 系统中运行）。

15.2.3 全栈工程师

有时候前、后端之间并没有明确的界限，前端开发人员通常需要学习后端开发技巧，反之亦然。尤其在特定市场条件下，开发人员需要跨领域的知识，有时甚至需要成为全才。同时负责前端和后端的开发人员，就是我们所称的全栈工程师了。全栈的核心，是指这些开发人员能够承担包括前端、后端在内的所有功能的开发任务，他们拥有技能“全家桶”。

全栈开发人员使用的开发工具根据项目和客户需求而定。他们需要对 Web 架构的每一个层次（例如，如何搭建和配置 Linux 服务器，编写服务器端 API 的过程，如何利用客户端

Java 代码驱动应用，如何将设计层面的东西转化到实际的 HTML+CSS+JS 页面等）都有足够的了解。

在掌握并使用大量工具的同时，全栈开发人员需要高效地分配服务器端和客户端任务，提供解决方案并对比不同方案的优劣。

15.2.4 前端和后端分离

前端和后端分离是近年来 Web 应用开发的一个发展趋势。这种模式将带来以下优势。

- 后端开发人员不必精通前端技术（HTML/JavaScript/CSS），可以只专注于数据的处理，并对外提供接口。
- 前端开发人员的专业性越来越高，他通过调用接口来获取数据，从而专注于页面的设计。
- 增加了接口的应用范围，开发的接口既可以应用到 Web 页面上，也可以应用到移动 App 上，或者其他外部系统。

15.3 前端验证和后端验证

用户有时会输入一些非法数据，程序需要对这些非法数据进行验证。常见的验证方式有两种：前端验证和后端验证。

15.3.1 前端验证

有些数据在前端就可以验证，例如字符串长度、邮箱格式、手机号码等。这些数据没必要提交到后端。

前端验证是为了提升用户体验，可以较快地给出相应提示，而不用等到服务器响应，这也减少了服务器的压力。

前端验证一般是通过 JavaScript 代码来实现的。

看一段简单的前端验证的代码。

```
var username = $("#username").val();

if(username == '') {
   alert("请输入用户名");
   return;
}
```

如果没有前端验证，后端服务就会收到大量的请求，给服务器造成很多没必要的压力，如图 15-2 所示。

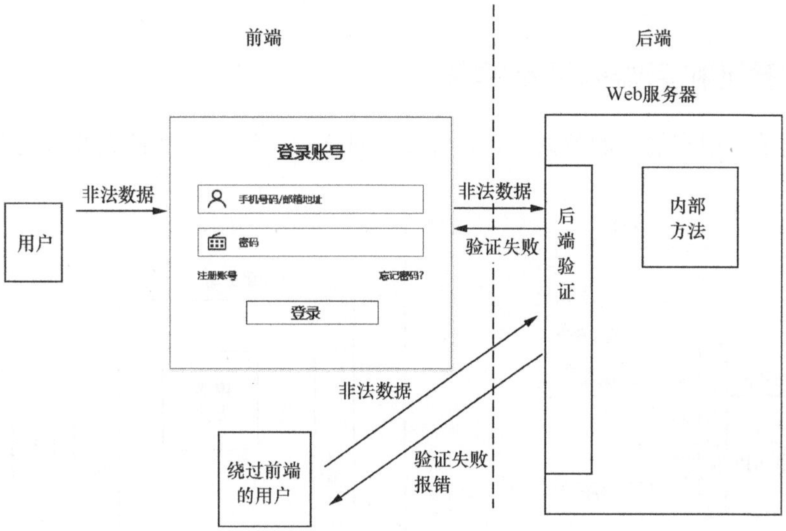

图 15-2　无前端验证

15.3.2 后端验证

后端验证是必须要有的，后端验证是保证数据有效性的“防线”，是真正的校验。一般来说，前端验证可以阻挡绝大部分用户发送的非法数据，但还是有一部分用户可能会采用发包或改包软件来绕过前端验证，从而达到发送非法数据的目的。

如果用户输入了非法数据，程序只进行了前端验证，没有后端验证，那么非法数据也会侵入系统，如图 15-3 所示。

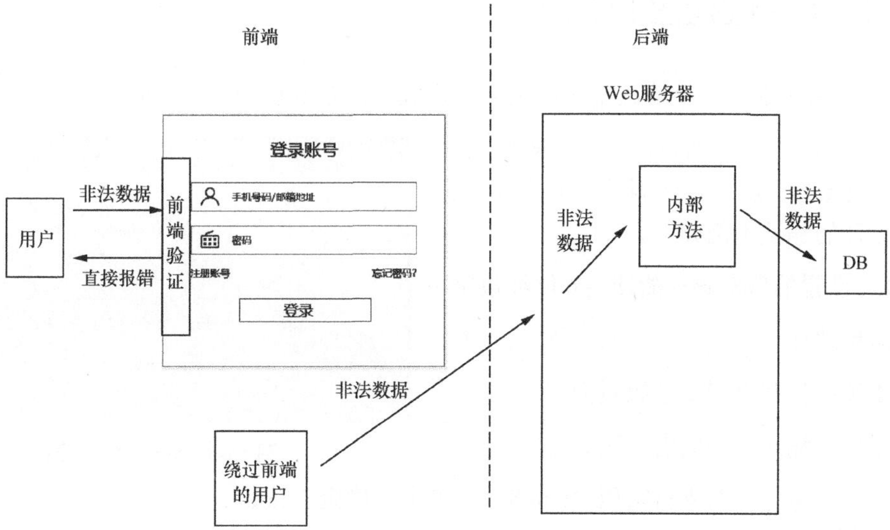

图 15-3　无后端验证

15.3.3 前端验证和后端验证都需要

如图 15-4 所示，用户输入的数据，正常需要经过 2 次验证，才能被服务器处理。

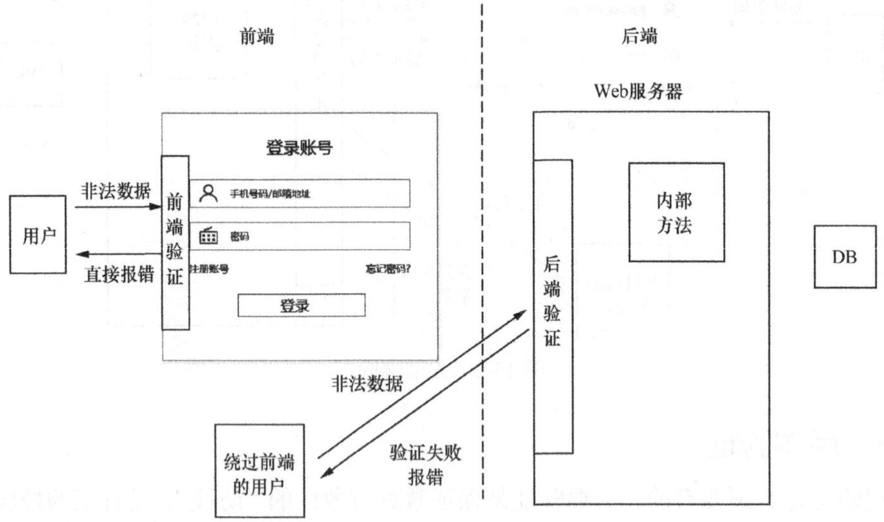

图 15-4 前端和后端都要有验证

如果只有前端验证或后端验证，有可能会造成严重的后果。

15.4 后端验证的 Bug

图 15-5 所示的是一个修改密码的页面，密码只能是 6 位纯数字密码。

软件测试人员需要有反向思维，规定为只能是 6 位纯数字，就一定要测试一下非数字的情况。设计的测试用例如下。

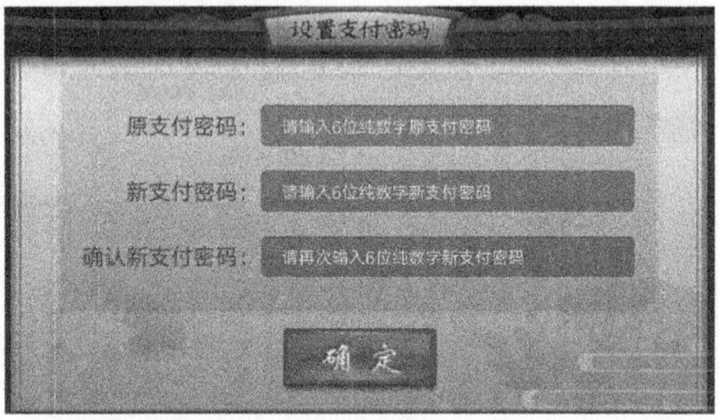

图 15-5 修改密码页面

标题：设置的新密码只能使用 6 位纯数字。

测试步骤如下。

第 1 步：打开设置新密码页面。

第 2 步：输入正确的老密码。

第 3 步：输入新的支付密码“tank88”，单击“确定”按钮。

期待结果：弹出提示框，提示新密码不是纯数字，修改失败。

从表面上看，上面的这个测试用例似乎已经覆盖了测试修改密码功能所需要的全部测试点，但事实并非如此。经验丰富的测试人员会通过 Fiddler 绕过前端验证，直接修改密码去测试后端有没有做纯数字的验证，测试结果如图 15-6 所示。

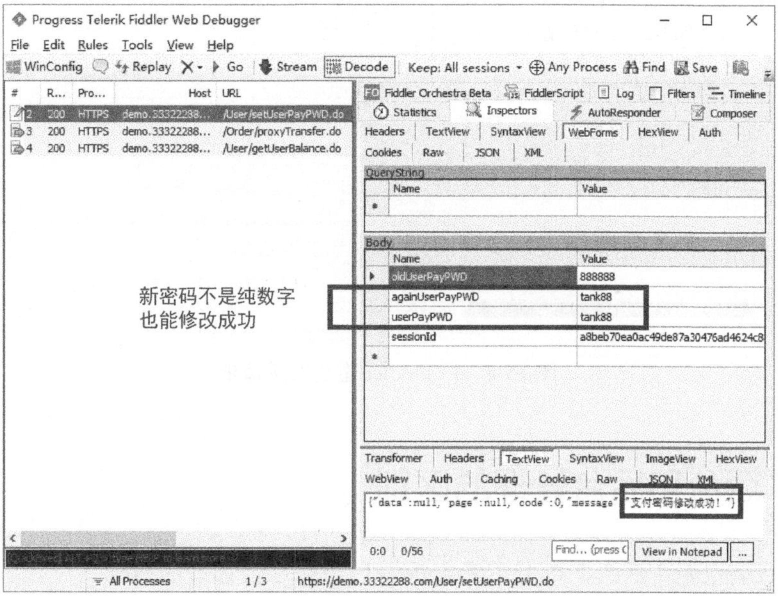

图 15-6 后端 Bug

这是一个后端 Bug，测试人员应该把 Bug 提交给后端开发人员，而不是前端开发人员。

15.5 Fiddler 绕过前端实现投票

测试人员需要测试系统是否做了前端验证和后端验证。很多网页的投票功能没有做后端验证，导致用户可以绕过前端验证进行大量投票。

例如图 15-7 所示的投票页面，当用户第一次投票的时候可以投票成功；第二次投票的时候，页面会显示已经投过票了。

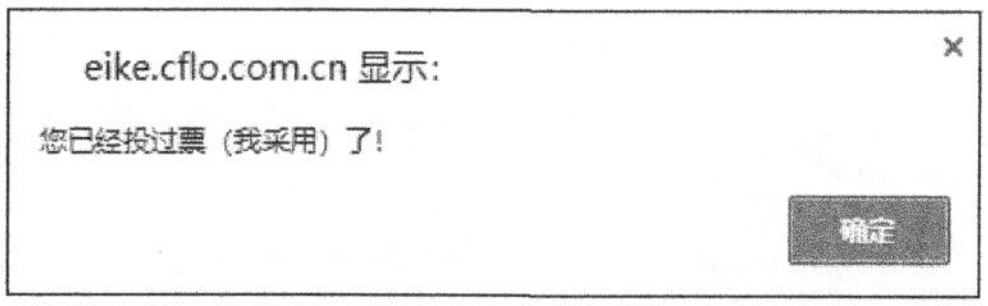

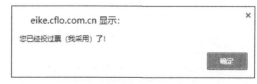

图 15-7 显示已经投过票了

如果该投票系统没有做后端验证，那么，用户在前端进行再次投票的时候才会出现图 15-7 所示的窗口，提示不能重复投票；而当用户使用 Fiddler 捕获前端发送的投票 HTTP 请求，再通过 Fiddler 重复发送这个投票请求，就会实现重复投票，从而达到刷票的目的，如图 15-8 所示。这一漏洞势必会破坏公平性，对投票结果造成很坏的影响。

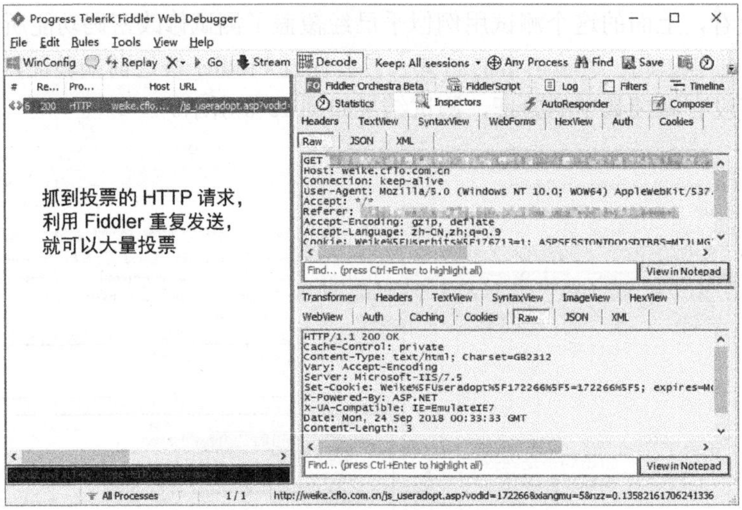

图 15-8 用 Fiddler 重复发送请求

15.6 后台和后台管理的区别

有时候后端也叫作后台，部分读者会混淆后台和后台管理的概念。

一般来说，后台管理系统是内容管理系统（Content Manage System，CMS）的一个子集，它也可以说是一个网站管理系统，内部人员（不是普通用户）通常用这个系统来控制页面显示的系统。例如淘宝的卖家后台管理系统，可以展示已经售出几件商品，有多少用户下订单。

博客园的后台管理系统用于发布文章，如图 15-9 所示。

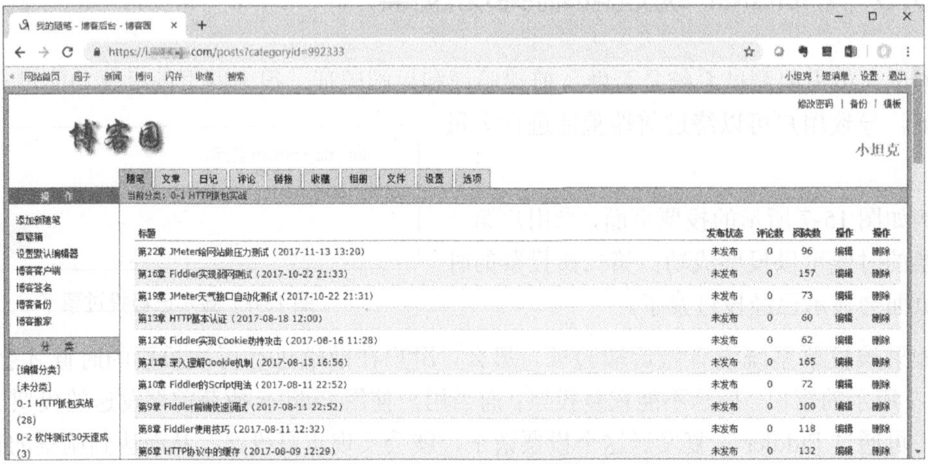

图 15-9 博客园的后台管理系统

后台管理系统的架构如图 15-10 所示。

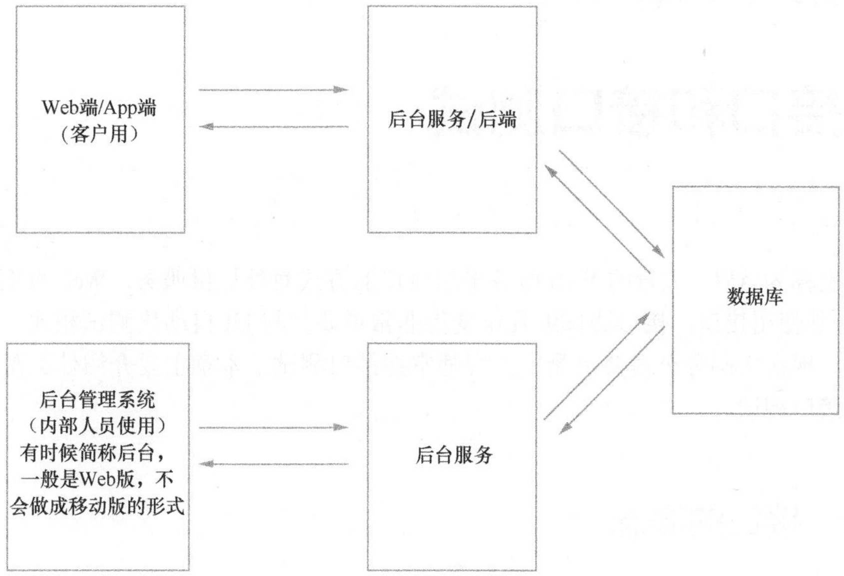

图 15-10　后台管理系统的架构

15.7　本章小结

本章介绍了前端和后端的区别，还介绍了前端验证和后端验证。这些概念虽然比较简单，但还是存在一定的迷惑性。本章通过几个实例帮助读者理解了前端验证和后端验证的概念和区别。

第 16 章

接口和接口测试

接口也称为 API，大量的 Web 服务采用接口的方式对外提供服务。Web 页面、App 和 H5 的后台都使用接口。接口测试近几年变得非常重要。与 UI 自动化测试相比，接口测试日渐火爆。现在大部分公司要求测试工程师掌握接口测试。本章主要介绍什么是接口，以及如何做接口测试。

16.1 接口的概念

接口这个概念存在于很多地方，如图 16-1 所示。

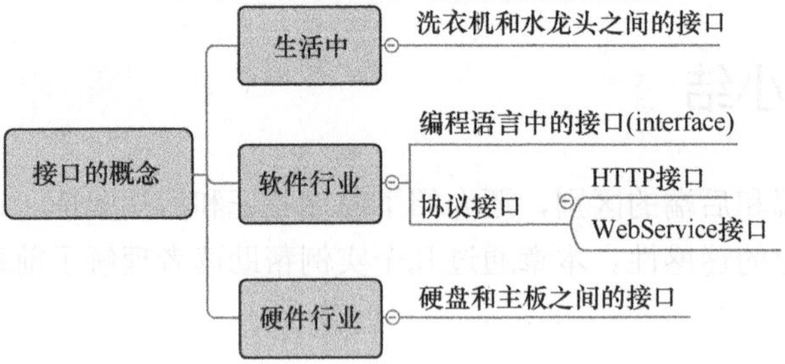

图 16-1 接口的概念

我们平常说的接口是指“HTTP 接口”，因为 WebService 接口已经很少用了。

模块与模块或者系统与系统之间的交互都是通过接口进行的。一般使用较为频繁的是 HTTP 接口。我们通常说的接口测试默认是指基于 HTTP 的接口。

16.1.1 后端接口

对于一个具体的软件系统，接口就是系统前端和后端进行交互的工具，它是实现各种业务场景的必备工具。一般来说，为了实现业务逻辑，接口由后端提供；除此之外，类似于返回图片或者静态页面等服务，其接口也来自后端。因此，有时候我们也把接口称为后端接口。

16.1.2 在线英语 App 示例

图 16-2 所示的是某个在线英语 App 的预约界面。App 会调用后端的一个预约接口，后端接口通过 JSON 返回所有的预约记录。然后 App 把 JSON 字符串中的数据展现在界面中。

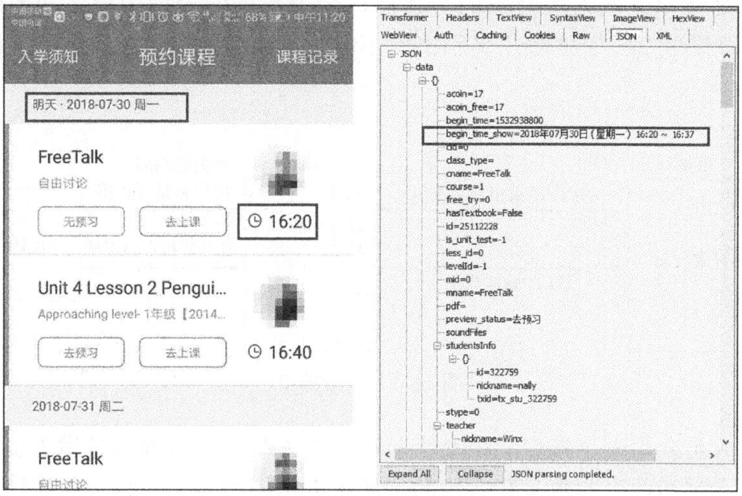

图 16-2 在线英语预约 App 的前端界面和接口

16.1.3 “我的订单”的前端和接口

图 16-3 所示的是“我的订单”的前端和接口，后端接口通过 JSON 格式返回订单信息，前端把 JSON 数据显示在网页上。

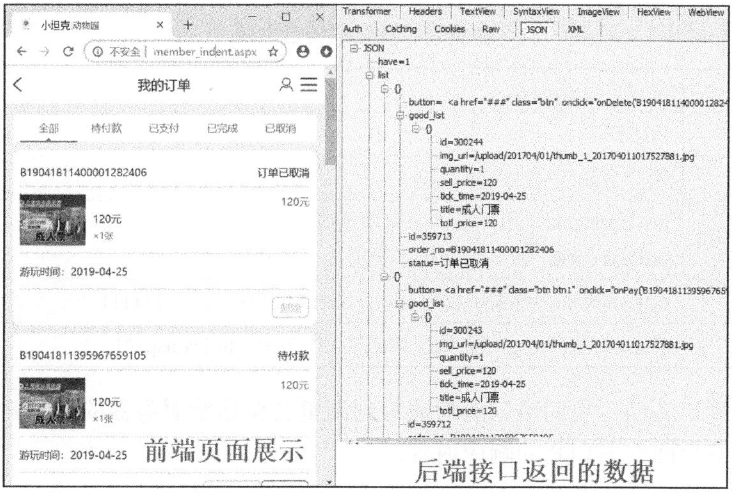

图 16-3 “我的订单”的前端和接口

16.2 登录接口示例

登录接口是接口开发人员开发的。该接口会去数据库查询用户名和密码，如果验证通过，会返回登录成功；如果用户名和密码不匹配，会返回错误提示。登录接口如图 16-4 所示。

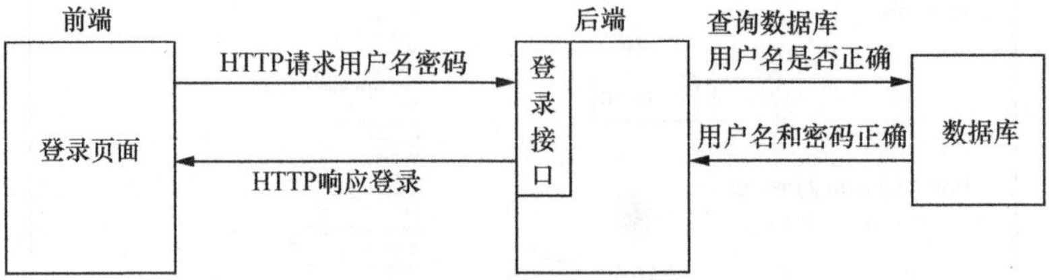

图 16-4 登录接口

接口开发人员会写一个接口文档交给前端开发人员，告诉前端开发人员，接口的地址是多少、传入参数和传出参数是什么样的。前端人员根据接口文档来调用这个接口。测试人员也会根据接口文档来调用接口。当然，如果公司没有接口文档，那么测试工程师只能通过抓包来查看 HTTP 请求和响应了。

看懂接口文档

登录的接口文档如表 16-1 所示。

表 16-1 登录的接口文档

接口地址	/tools/login.ashx
请求方式	POST
接口描述	用户登录
输入参数	txtUserName，用户名为字符串类型 txtPassword，密码为字符串类型
输入示例	txtUserName=tankxiao@outlook.com&txtPassword=111111
输出参数	{"status":1, "msg":"会员登录成功！","url":"/index.aspx"}

通过这个接口文档，我们可以清晰地看到浏览器发送给服务器的 HTTP 请求的内容，也能看到服务器返回的 HTTP 的响应内容。

如果看不懂接口文档，说明没有掌握好 HTTP，需要先去了解 HTTP 的基本知识。

16.3 接口文档的维护

接口文档的维护是一件很麻烦的事情，特别是在接口数量很多的情况下，常见的维护方式有以下几种。

16.3.1 用 Word 文档维护

使用 Word 文档来管理接口文档很不方便，修改和分享都很麻烦。

16.3.2 用 Wiki 页面维护

在 Wiki 页面中管理接口文档相对比较简便，推荐使用，如图 16-5 所示。

图 16-5 在 Wiki 中管理接口文档

16.3.3 Swagger

Swagger 是一个 API 开发工具，也可以说是一个框架，它可以自动生成接口文档，如图 16-6 所示。

Swagger 可以生成一个具有互动性的 API 控制台，开发者可以用它来快速学习和尝试 API。测试人员也可以在上面快速测试接口。Swagger 测试接口如图 16-7 所示。

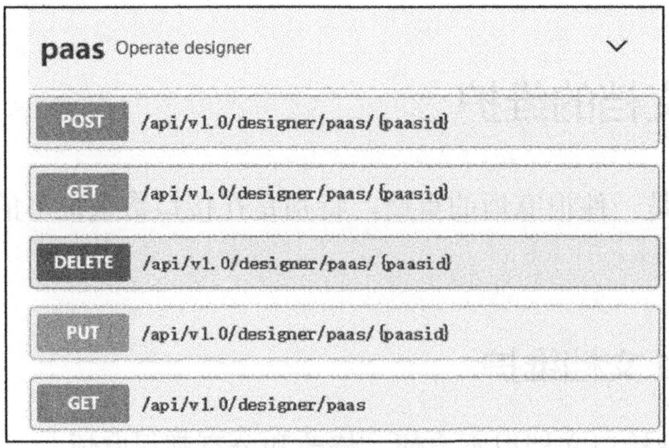

图 16-6　Swagger 接口文档

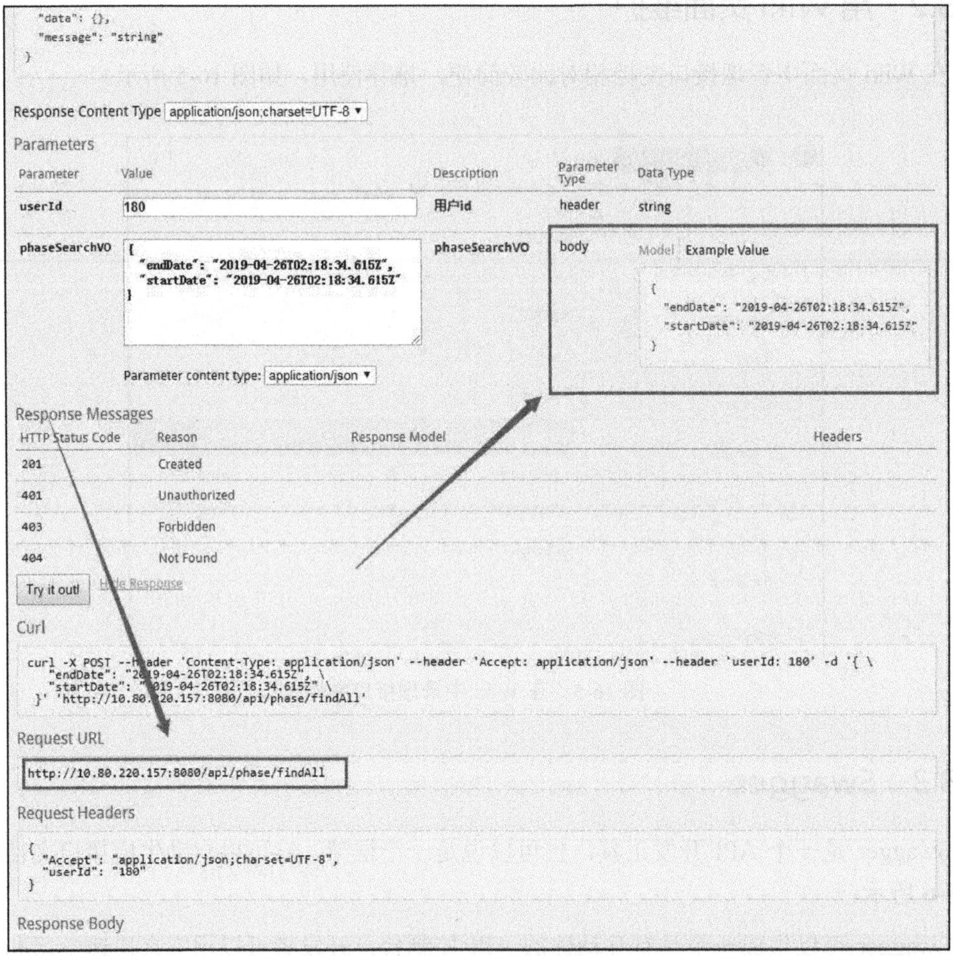

图 16-7　Swagger 测试接口

16.3.4 调用接口的方式

读懂接口文档之后，接下来就是要知道怎样调用接口。首先，我们需要把表 16-1 中所示的接口部署到一台服务器上。假设接口已经部署在了 QA 环境上，QA 环境的 IP 地址是 192.168.0.188。接下来用工具来发送 HTTP 请求。

```
POST http://192.168.0.188:8080/tools/login.ashx
HOST:192.168.0.188

txtUserName=tankxiao@outlook.com&txtPassword=111111
```

期待的结果是后端接口返回{"status":1, "msg":"会员登录成功！","url":"/index.aspx"}。

如果返回登录失败，则说明有 Bug。

想要调用接口，就必须知道 HTTP 请求的方式和使用的参数。HTTP 请求一般由 3 个部分组成，分别是首行、信息头和信息主体。组装 HTTP 请求的步骤如下。

第 1 步：组装接口的地址，一个网址是由图 16-8 所示的几部分组成的。

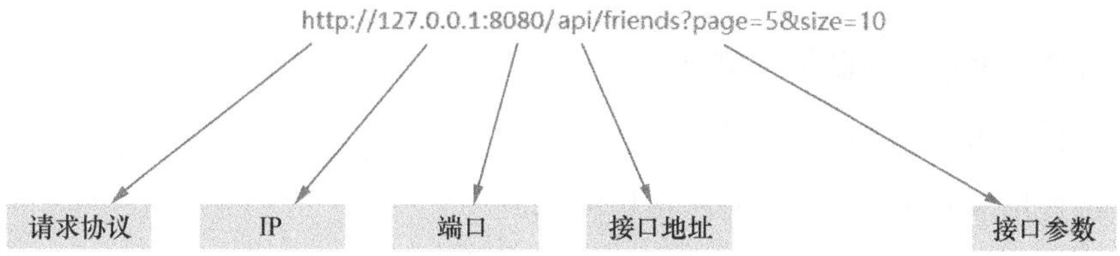

图 16-8 网址的组成

有的接口用 HTTP，有的接口用 HTTPS，具体使用哪种协议接口文档会进行详细说明。域名（IP）和端口是会变化的，接口服务部署到哪个系统，就用哪个系统的 IP 地址和端口号。接口地址是不变的，例如图 16-8 中的地址 api/friends 是不会变化的。

第 2 步：HTTP 请求使用的是 POST 方法还是 GET 方法，接口文档中会说明。如果是 POST 请求，参数是放在信息主体中；如果是 GET 请求，参数则放在 URL 后面。

第 3 步：如果是 POST 方法，那么请确认数据是采用键值对还是 JSON 格式。

第 4 步：添加必要的信息头。

这样就成功地把 HTTP 请求组装起来了。

16.4 接口测试的工具

我们需要使用工具来发送 HTTP 请求，常用的工具如图 16-9 所示。

不管用哪一种工具测试接口，都是为了发出 HTTP 请求。图 16-10 简要列举了 3 种接口测试工具的工作原理。只要掌握了 HTTP，接口测试工具也就基本会操作了。

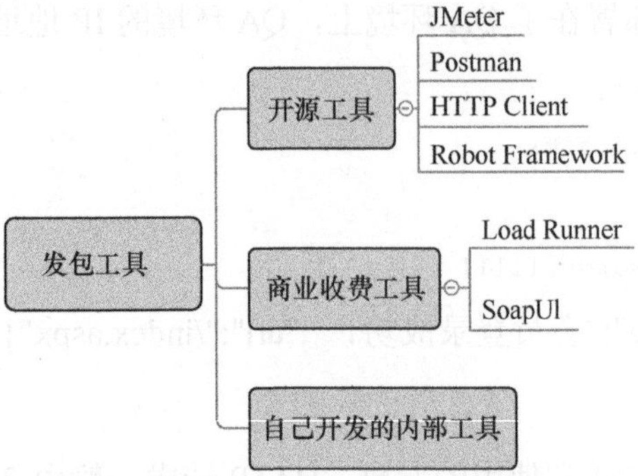

图 16-9 接口测试的常用工具

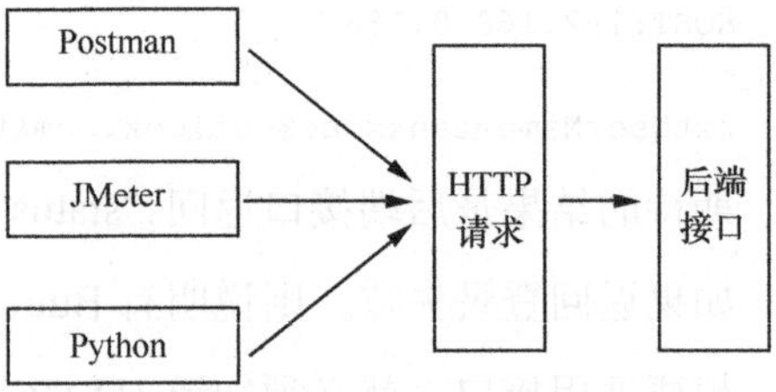

图 16-10 各种工具发包

建议这些工具全部掌握，这样下面的技能就可以写到简历上，简历会变得更有技术含量。

- 熟练使用 Postman 做接口测试。
- 熟练使用 JMeter 做接口测试。
- 熟练使用 Robot Framework 做接口测试。
- 熟练使用 SoapUI 做接口测试。

16.5 接口测试的本质

不管是哪种接口，其本质就是发送一个请求，然后服务器返回一个响应。我们对响应进行分析，就是接口测试。接口测试的本质如图 16-11 所示。

前端开发人员是怎么调用接口的，测试就怎么调用接口。只不过目的不同，前端开发人员通常是正向调用接口。测试人员则是正向、反向调用接口。

接口的调用需要关注入参和出参，如图 16-12 所示。

图 16-11 接口的本质

图 16-12 接口的入参和出参

入参用于 HTTP 请求，出参用于 HTTP 响应。接口一般返回的是 JSON 格式。

16.6 接口测试的目的

前端和后端是独立的。测试完后端的接口后，就能找出大量的业务逻辑的 Bug。接口测试主要测试后端的业务逻辑，如果后端功能都是正常的，再去测试前端会非常轻松。

接口测试对接口文档的要求很高，所有的接口数据类型及业务分支导致的报文返回结构需要事先定义好，所以要养成编写文档的习惯，以方便同事查阅，从而尽量减少团队与团队间的沟通成本。

接口测试一定要检查返回的响应是否符合需求文档。

16.6.1 接口测试的优势

接口测试是一种尽早发现错误、提高工作效率的测试手段。从这一层面出发，接口测试的优势如下。

- 越在底层发现 Bug，修复的成本越低。
- 前端 UI 界面不稳定，经常发生变化。如果做 UI 自动化测试，维护成本太高，对测试人员的要求也太高——测试人员不仅需要会编码，而且还要花费大量的时间去维护自动化脚本。相对而言，接口测试就容易很多，不会编码也能做，直接用 Postman 和 JMeter 这样的工具就能实现。
- 接口测试容易实现自动化持续集成，在很大程度上减少了测试人员的工作量。

性能测试和安全测试都是建立在接口测试的基础上。接口测试可以模拟一个用户对接口进行操作时候的情形。如果把一个用户修改为多个用户，例如一万个，那么这种多用户操作接口的情形就可以看作性能测试了。从安全层面来说，接口测试适用于以下情形：

- 只依赖前端进行限制已经完全不能满足系统的安全要求（绕过前端实在太容易），此时需要后端也进行控制，在这种情况下就需要从接口层面进行验证；
- 前后端传输、日志打印等信息是否加密传输也是需要验证的，特别是涉及用户的隐私信息（如身份证、银行卡等）时。

16.6.2 接口测试是必需的吗

你也可以选择不做接口测试。因为，全面覆盖的功能测试最终也能够找出系统存在的 Bug。但这对于纯手动测试人员来说，工作量较大，每天会被重复的手动测试占据大量的时间。而接口测试正是能够把你从这种反复的劳动中抽离出来的一种方法，提高你的工作质量和工作效率。所以说接口测试是测试发展的一种趋势。强烈建议你有时间学习接口测试，节省更多的时间做更意义的事情。

16.6.3 接口测试需要的知识

目前，常见的接口是 HTTP 接口，该接口是通过 HTTP 调用的。接口测试需要哪些方面的知识呢？怎样才算是掌握了接口测试的知识？下面列出几个方面供读者自行检测。当然，如果你已达到这几个方面的要求，那么你也可以把这些内容加入到你的简历中，给你增加一些面试成功的筹码。

（1）熟悉 HTTP 的知识，熟悉 HTTP 请求和 HTTP 响应的内容。

（2）熟悉状态码，以及登录认证的机制（Cookie、token）。

（3）熟悉 JSON 数据格式。

（4）熟练使用 Fiddler 抓包。

（5）熟练使用浏览器开发者工具抓包。

这些内容本书不再赘述，详细介绍请参考图书《HTTP 抓包实战》。

16.6.4 接口测试的流程

接口测试实际上是一种黑盒测试，其流程跟功能测试的流程差不多，具体流程如下所示。

（1）开发人员给出接口文档，测试人员分析接口文档。如果没有接口文档，测试人员需要去抓包，才能知道接口的入参和出参是什么。

（2）根据接口文档来设计接口的测试用例，测试用例要包含详细的入参和出参数据，以及明确的格式和检查点。

（3）和开发人员一起对接口测试用例进行评审。

（4）使用 Postman 或者 JMeter 来实现接口自动化测试。

（5）开 Bug。由于接口没有 UI 界面，且 Bug 中不能放截图，所以需要在 Bug 中详细列出发送的 HTTP 请求和返回的 HTTP 响应，有时候还需要去查询接口运行的日志。

16.6.5 接口测试的测试内容

接口测试一般可以从以下几个方面进行考虑：业务功能测试、参数、性能测试和安全测试等。图 16-13 详细列举了每个方面需要考虑的问题。

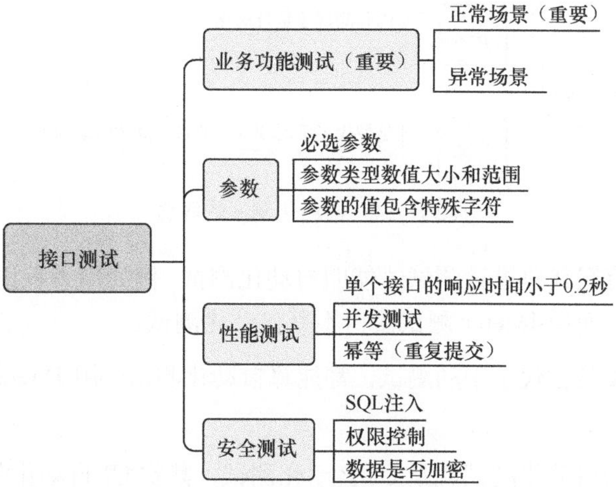

图 16-13 接口测试的内容

16.6.6 后端接口和前端测试是否重复

后端接口和前端测试在某些方面是重复的。但是后端接口是自动化测试，写好了基本就可以一劳永逸了。而前端测试需要手动一遍一遍地进行回归测试。如果后端都测好了，则前端出问题的概率会小很多。

16.7 登录接口的测试用例

接口测试当然也要写测试用例了，常用的测试用例如下。

- 正确的用户名和密码，成功登录，响应里面包含“会员登录成功”。
- 错误的用户名和密码，不能登录，响应里面包含“会员登录失败”。
- 用户名为空，不能登录，响应里面包含“用户名不能为空”。
- 密码为空，不能登录，响应里面包含“密码不能为空”。
- 使用未注册的用户名，不能登录，响应里面包含“会员未注册”。

16.8 接口测试是自动化测试吗

对于“接口测试是不是自动化测试”，不同的人有不同的看法。自动化测试有狭义和广义两种理解方式，如图 16-14 所示。

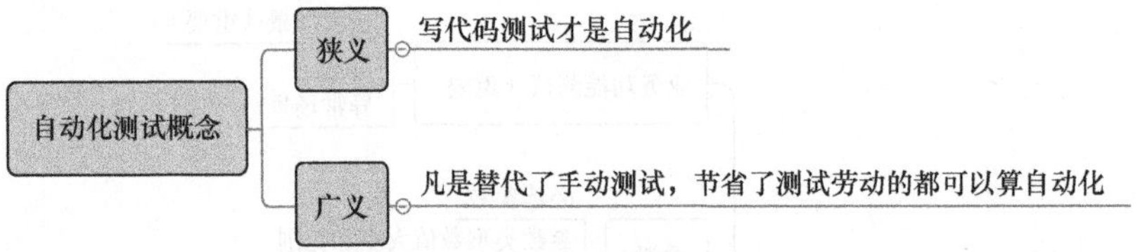

图 16-14 自动化测试的概念

有的人认为只有写代码进行测试才能叫自动化测试。例如用编程语言 Python 来测试接口才是自动化测试，而用 JMeter 测试接口不算自动化测试。

有的人认为只要是替代了手动测试，都能算自动化测试。用 JMeter 做接口测试，也算一种自动化测试。

还有很多人认为自动化测试就是 UI 自动化测试，其实 UI 自动化测试只是一种自动化测试而已。

16.9 如何设计接口测试用例

表 16-2 是一个取消订单接口的接口文档。

表 16-2 接口测试用例

接口地址	/api/order/cancel
请求方式	POST
请求示例	ordered=B201905160003

这个接口我们至少应该从 3 个方面来测试：功能、安全和性能。测试用例如图 16-15 所示。

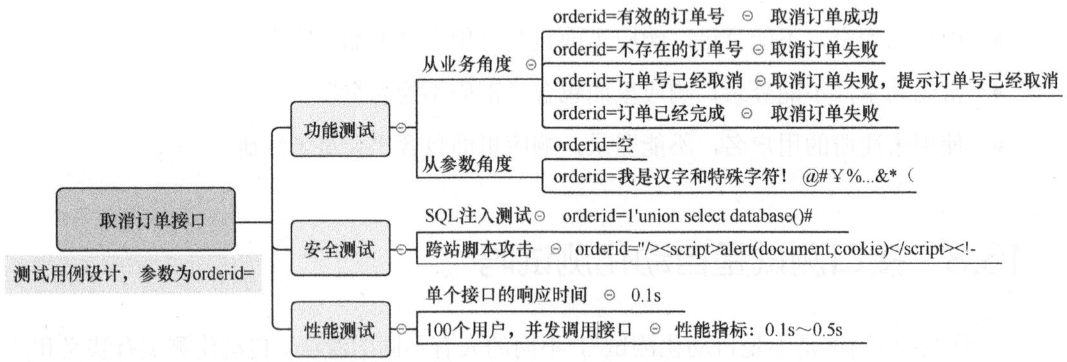

图 16-15 取消订单测试用例

注意，取消订单接口不能单独测试，需要和其他接口一起测试。例如，先调用订单接口，生成一个订单号，然后把订单号传递给取消订单接口。

16.10 接口内部状态码

对于接口返回的结果，接口内部会定义一些状态码，用来表示接口执行的结果。例如，{"code":4401,"message":"订单不存在"}。code 中的 4401 是内部定义的状态码，这个内部状态码和 HTTP 状态码是不同的。

有些公司定义的内部状态码如下。

- {"code":200,"msg":"登录成功"}。
- {"code":201,"msg":"用户名不存在"}。
- {"code":202,"msg":"密码错误"}。

单击图 16-16 中的“确定”按钮后，页面出错。通过抓包可以看到响应中错误代码为 500。这个响应的 HTTP 状态码是 200，信息主体中的 500 是内部定义的状态码。

图 16-16　内部状态码

图 16-17 所示的响应的 HTTP 状态码是 200，信息主体中的 203 是内部定义的状态码。

```
HTTP/1.1 200
Date: Fri, 18 Jan 2019 00:25:51 GMT
Content-Type: application/json;charset=UTF-8
Connection: keep-alive
X-Content-Type-Options: nosniff
X-XSS-Protection: 1; mode=block
Cache-Control: no-cache, no-store, max-age=0, must-revalidate
Pragma: no-cache
Expires: 0
Content-Length: 77

{"statusCode":"203","status":false,"message":"数据未找到","result":null}
```

自定义的内部状态码

图 16-17 内部状态码

16.11 本章小结

本章围绕接口和接口测试两部分展开讲解，回答了什么是接口、如何调用接口、为什么做接口测试、有哪些接口测试的工具、如何做接口测试，以及接口测试算不算自动化测试等问题。接口测试实际上实现起来非常简单，甚至比普通的 UI 功能测试还简单。但是掌握接口测试的人比掌握普通的 UI 功能测试的人要少，原因在于接口测试需要了解 HTTP。

第 17 章 JSON 数据格式

在接口测试中，服务器返回的数据一般都是 JSON 格式，因此一定要掌握 JSON 格式的一些基本知识。JSON 是一种可以取代 XML 的数据结构，和 XML 相比，它更小巧以至于需要的流量更少，传递数据的速度也相对快很多。

17.1 JSON 格式在接口中的应用

在接口中，服务器和浏览器之间的交互一般采用的 JSON 格式头中会有一个 Content-Type 的信息头，如图 17-1 所示。

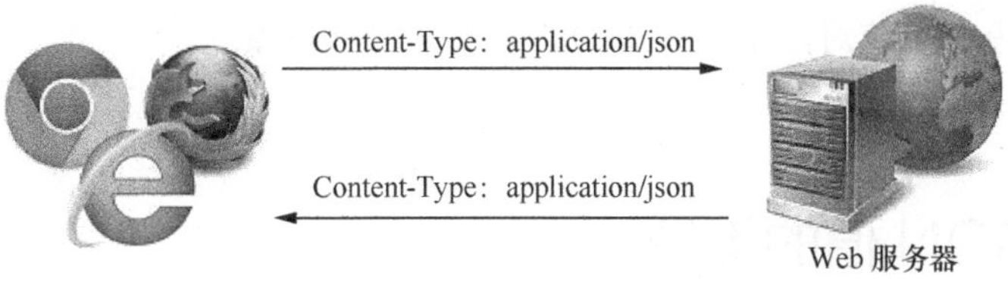

图 17-1 JSON 格式

如何判断通过 Fiddler 抓到的包是不是接口呢？一般是看 HTTP 响应中的信息主体是不是 JSON 格式。

17.2 JSON 的概念

JSON（JavaScript Object Notation）指的是 JavaScript 对象表示法，是一种轻量级的数据交换格式。JSON 采用完全独立于语言的文本格式，很多计算机语言都支持 JSON。

17.3 JSON 的应用场合

JSON 常见的应用场合如下所示。

- 在 Web 开发中，前端把 HTTP 请求中的数据以 JSON 格式发送给后端。
- 在 Web 开发中，后端把要返回的数据以 JSON 格式放置在响应的信息主体中。前端收到数据后，对 JSON 格式的数据进行解析。

- 各种服务之间的数据传输也经常使用 JSON 格式。

17.4 JSON 的语法

JSON 数据的书写格式是“名称:值”，例如"MyName": "Tank Xiao"。

键值对用双引号包括，并用冒号分割（注意用半角）。

完整格式是“名称:值”，并用花括号包裹，例如{"MyName": "Tank Xiao"}。

典型的 JSON 格式为{"MyName": "Tank Xiao"}。

需要注意的是键的名称对大小写敏感，以下两个 JSON 对象是完全不同的两个对象。

```
{"MyName": "Tank Xiao"}    //键名称是 MyName
{"myName": "Tank Xiao"}    //键名称是 myName
```

如果有多个键值对，则键值对之间用英文逗号分隔。

```
{"MyName": "肖佳","MyAge": "22"}                    //2 个键值对
{"MyName": "肖佳","MySex" :"男","MyAge": "22"} //3 个键值对
```

如果对象中没有键值对，那这个 JSON 对象就是空对象。

```
{}     //空对象
```

17.5 JSON 值的类型

JSON 值的类型如表 17-1 所示。

表 17-1 JSON 值的类型

JSON 值	JSON 字符串
数字（整数或浮点数）	{"MyAge": 29}
字符串（在双引号中）	{"MyName": "肖佳"}
逻辑值（true 或 false）	{"MyError":true}
数组（在方括号中）	{"MyName":"肖佳","hobby":["写书","健身","打球"]}
对象（在花括号中）	{"MyName": "肖佳" ,"Others": {"telephone": "13800138000","email": "13800138000@test.com"}}
null（意思是空值）	{"YouValue":null}

17.6 JSON 应该使用双引号

JSON 官网最新规范规定：如果是字符串，那不管是键或值最好都用双引号，而不能用单引号。{"MyName": "Tank Xiao"}是规范的，而{'MyName': 'Tank Xiao'}是不规范的。

17.7 JSON 数组

JSON 数组就是多个 JSON 对象组成的集合。

JSON 数组的书写格式就是用方括号包含多个 JSON 对象，JSON 对象与 JSON 对象之间用逗号分隔，如下所示。

```
[{"MyName" : "肖佳"},{"MyName" : "肖粟"}]
[{"MyName" : "肖佳", "MyAge" : 36} , {"MyName" : "肖粟", "MyAge": 31}]
```

如果数组中没有 JSON 对象，那这个 JSON 数组就是空数组。如下所示。

```
[]  //空数组
```

17.8 JSON 的嵌套

JSON 的嵌套比较复杂，嵌套是指 JSON 对象的值不是一个简单的值类型，而是一个完整的 JSON 对象，甚至是 JSON 数组。

JSON 中嵌套 JSON 对象。

```
{"MyInfo":{"Name": "肖粟","Height": "180cm"}}
```

上述 JSON 对象格式化后的展开形式如下：

```
{
   "MyInfo": {
      "Name": "肖粟",
      "Height": "180cm"
   }
}
```

这样就能在一个节点中显示多个消息。

同样，可以在节点中显示集合，也就是在 JSON 中嵌套数组，如下所示。

```
{"MyAddress":[{"Province":"江西","City":"萍乡"},{"Province":"江苏","City":"昆山"}]}
```

格式化后展开如下。

```
{
   "MyAddress": [
      {
         "Province": "江西",
         "City": "萍乡"
      },
      {
         "Province": "江苏",
         "City": "昆山"
      }
   ]
}
```

软件测试人员学好 JSON 有什么作用呢？既然知道在 Web 开发过程中 HTTP 请求和 HTTP 响应的数据都通过 JSON 格式传输，那么学好 JSON 可以熟练地运用 JMeter、Postman 等发包工具测试后台的接口，并对接口返回出来的 JSON 数据进行 Bug 分析。

17.9 JSON 格式错误

图 17-2 所示的是一个接口测试人员在 JMeter 中填写的 JSON 字符串，字符串出现了错误，原因在于它不是一个合法的 JSON 数据。为了避免这种情况的发生，我们可以使用一些 JSON 的解析工具先检查下 JSON 数据是否合法。

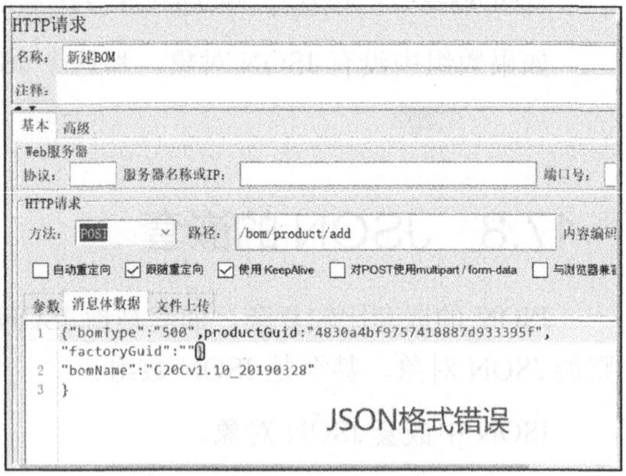

图 17-2 JMeter 中的 JSON 格式错误

17.10 JSON 解析工具

JSON 虽然易于理解、可读性强，但是书写的时候容易出错。为了检查是否出错，我们需要校验 JSON 数据的正确性。JSON 数据如果很长的话看起来不方便，我们可以使用工具来格式化。

17.10.1 在线的解析工具

图 17-3 所示的是比较常用的在线 JSON 解析工具。

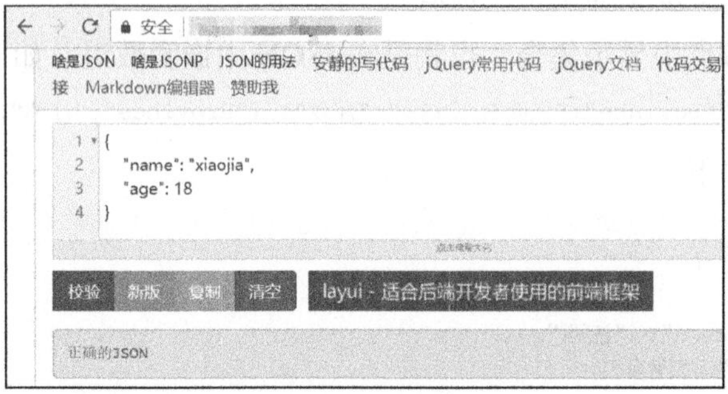

图 17-3 在线 JSON 解析

17.10.2 用 Notepad++格式化 JSON

Notepad++中安装了一个 JSON Viewer，它可以格式化 JSON 字符串，如图 17-4 所示。

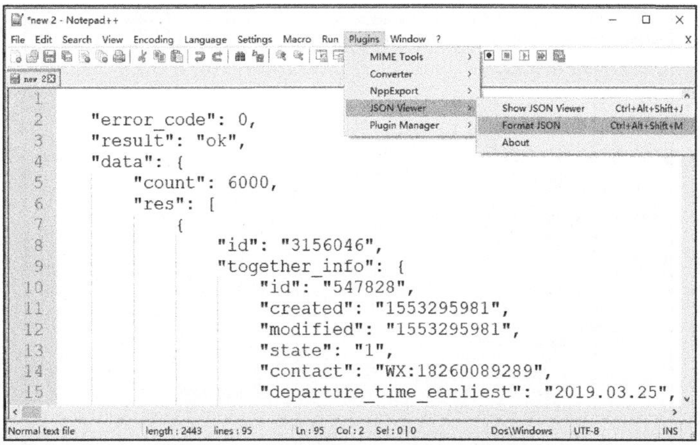

图 17-4　用 Notepad++ 格式化 JSON

17.10.3　在 JMeter 中格式化 JSON

JMeter 也可以进行格式化 JSON 的操作。大致的操作步骤是在查看结果树中选择 JSON Path Tester，如图 17-5 所示。

图 17-5　在查看结果树中格式化 JSON

17.10.4　在在 Fiddler 中格式化 JSON

Fiddler 中的 HTTP 请求中的 JSON 数据和 HTTP 响应中的 JSON 数据都可以被格式化，如图 17-6 所示。

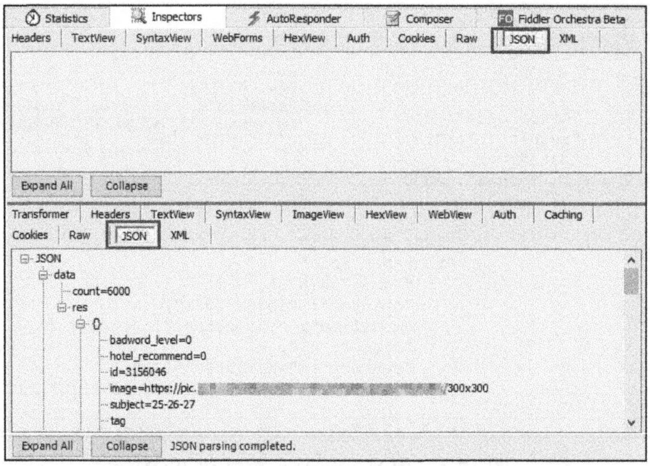

图 17-6 在 Fiddler 中格式化 JSON

17.11 拼接 JSON 字符串

测试人员要具备拼接 JSON 字符串的能力，可以通过接口文档中的参数说明拼接出一个 JSON 字符串。下面是一个接口文档示例。其中，JSON 参数说明如表 17-2 所示，receiver 参数说明如表 17-3 所示。

- 请求方式为 POST。
- HTTP 头为 Content-Type:application/json。

表 17-2 信息主体的 JSON 参数说明

参数名	必选	类型	说明
order_id	是	String	总订单号
title	是	String	订单名称
order_time	是	Long	下单时间，timestamp
source	是	String	物流 code:jd
receiver	是	String	收货人
status	是	String	订单状态

表 17-3 receiver 参数说明

参数名	必选	类型	说明
account_id	是	Int	账号的编号
account_name	否	String	账号姓名
phone	否	String	电话

拼接出来的 JSON 字符串如下。

```
{
    "order_id": "121001148067700999152",
    "title": "生日礼物-情人节",
    "order_time": "1557006122",
    "source": "jd",
    "receiver": {
        "account_id": 1811111,
        "account_name": "tank xiao",
        "phone": "1367197845"
    },
    "status": "shipped"
}
```

17.12 JMeter 中的 JSON 提取器

在用 JMeter 进行接口测试的时候，后一个接口经常需要用到前一个接口返回的数据，它需要获取前一次请求的结果值，将其给后面的接口使用。这种情况叫作关联。

如果返回的数据是 JSON 格式，那么既可以用正则表达式从 JSON 字符串中提取数据，也可以用 JSON 提取器来提取数据。

例如需要从“我的订单”的响应中提取订单号，具体步骤如下。

第 1 步：先到“查看结果树”中，选择 JSON Path Tester，来测试 JSON Path 表达式是否正确，如图 17-7 所示。

图 17-7 JSON Path Tester

第 2 步：在 HTTP 请求下面添加一个 JSON 提取器，该提取器可以把数据提取到变量中，如图 17-8 所示。

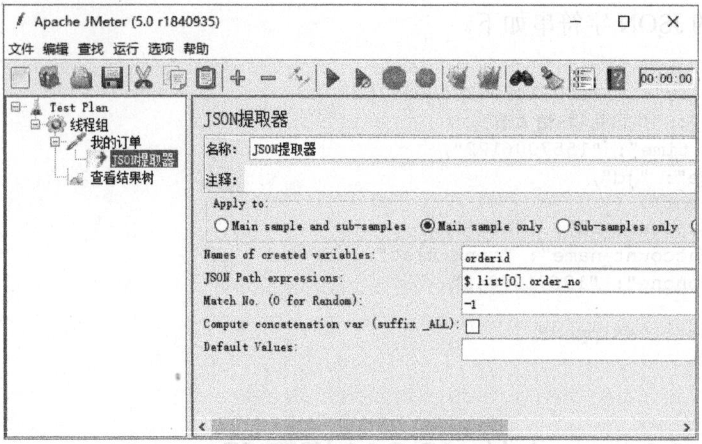

图 17-8 JSON 提取器

17.13 本章小结

本章介绍了 JSON 的基础知识，包括 JSON 的概念、JSON 的语法、JSON 的嵌套、JSON 的解析工具、拼接 JSON 字符串的方法，以及 JMeter 中的 JSON 提取器等。测试人员应该熟练掌握这些知识。

第 18 章 HTTP 和 RESTful 服务

RESTful 服务又称为 Web API，也称为 Web 接口。HTTP 提供了卓越的接口来实现 RESTful 服务。

RESTful 已经成为最重要的 Web 应用技术之一，大多数 Web 和移动应用选择使用 REST。随着技术朝 API 方向发展，RESTful 的重要性持续增长。现在，主要的编程语言已经包含了构建 RESTful Web 服务的框架，大部分的 RESTful 服务使用 HTTP 作为底层协议。

前端设备（如智能家居、运动手环、扫地机器人等）层出不穷，它们一般会使用 RESTful 这样的接口来交互。因此必须要有一种统一的机制，来方便不同的前端设备与后端进行通信。

18.1 什么是 RESTful

表达性状态转移（Representational State Transfer，REST）是一种软件架构风格，不是标准，所以既可以遵守也可以不遵守。REST 主要用于构建轻量级、可维护的、可伸缩的 Web 服务。基于 REST 构建的 API 就是 Restful 风格。

通俗地讲，RESTful 就是用 URL 定位资源，使用 HTTP（GET、POST、PUT、DELETE）实现 CURD（创建、更新、读取、删除）操作。

例如有一个 users 接口，对于该接口进行增、删、改、查 4 种操作。

- 增加，URL: https://www.tankxiao.com/v1/users，HTTP 方法：POST。
- 删除，URL: https://www.tankxiao.com/v1/users，HTTP 方法：DELETE。
- 修改，URL: https://www.tankxiao.com/v1/users，HTTP 方法：PUT。
- 查找，URL: https://www.tankxiao.com/v1/users，HTTP 方法：GET。

上面定义的 4 个接口就是符合 REST 协议的。请注意这几个接口都没有动词，只有名词，都是通过 HTTP 请求的接口类型来判断是什么业务进行操作的。

举个反例，例如 URL 为 http://www.tankxiao.com/v1/delete/users，该接口用来删除用户，这不符合 REST 协议的接口。

一般接口的返回值是JSON或者XML类型，现在大部分是JSON类型。

可以用HTTP Status Code传递Server的状态信息。例如常见的200表示成功，500表示Server内部错误，403表示Bad Request等。（反例：传统Web开发返回的状态码一律都是200，其实不可取。）

18.2 RESTful的优点

RESTful有很多的优点。本章主要介绍两个：前后端分离和统一服务接口。

Java工程师专注业务功能的开发，前端工程师可以使用Vue.js这样的技术专注前端开发。目前越来越多的互联网公司开始实行前后端分离，这可以提升开发的效率。

如图18-1所示，在项目开发过程中使用RESTful架构（REST API）可以实现前后端分离。大致的思路为前端开发人员拿到数据后只负责展示和渲染，不对数据做任何处理；后端开发人员处理数据并将其以JSON格式传输出去。

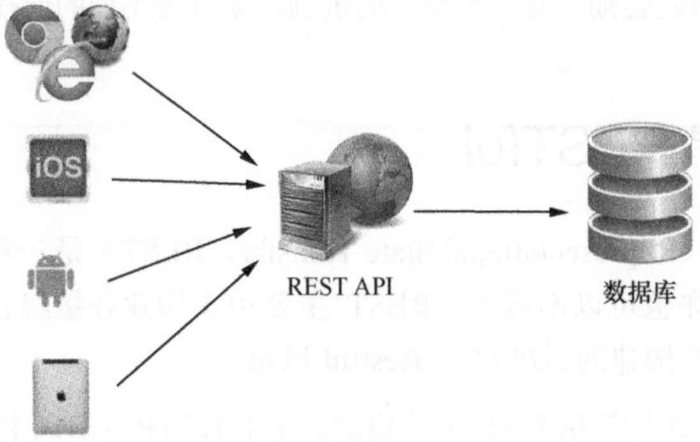

图18-1 前后端分离

Web、iOS和Android这3个客户端可以共享一套统一的接口。iOS、Android、微信小程序、H5、PC端等，都可以使用同样的一套服务接口，因此RESTful是一个比较好的选择。

18.3 RESTful的主要原则

RESTful主要有以下几个原则。

18.3.1 以资源为核心

网络上的所有事物都可以被抽象为资源，资源既可以是一个实体，也可以是一个过程。商品是资源，库存是资源，价格也是资源，图片、视频文件、网页、商业信息或者计算机系统中可以表述的任何事物都可以抽象为资源。服务的目的是提供一个窗口以便客户端能访问这些资源。

18.3.2 每个资源分配唯一的 URL

每个网址代表一种资源（resource），所以网址中不能有动词，只能有名词，而且所用的名词往往与数据库的表名对应。一般来说，数据库中的表是同种记录的“集合”（collection），所以 API 中的名词也应该使用复数。

例如，某一个 API 提供学校的信息，包括学生和老师的信息，则它的路径应该设计成如下所示。

https://api.tankxiao.com/v1/classes

https://api.tankxiao.com/v1/teachers

https://api.tankxiao.com/v1/students

18.3.3 通过标准的 HTTP（HTTPS）方法操作资源

操作（调用）资源可使用 HTTP 中的标准方法，括号里面是对应的 SQL 命令。

- GET（SELECT）：从服务器调取资源（一项或多项）。
- POST（CREATE）：在服务器中新建一个资源。
- PUT（UPDATE）：在服务器中更新资源（客户端提供完整资源数据）。
- PATCH（UPDATE）：在服务器中更新资源（客户端提供需要修改的资源数据）。
- DELETE（DELETE）：从服务器删除资源。

还有两个不常用的方法。

- HEAD：获取资源的元数据。
- OPTIONS：获取信息，关于资源的哪些属性是客户端可以改变的。

表 18-1 所示的是一些操作资源的示例，包括请求及请求的含义。

表 18-1 操作资源的示例

请求	含义
GET /users	列出所有的用户
POST /users	新建一个用户
GET /users/ID	获取某个用户的信息
PUT /users/ID	更新某个用户的信息
DELETE /users/ID	删除某个用户

18.3.4 过滤信息

如果返回的记录数量很多，那么服务器不可能将它们都返回给用户。API 应该提供参数来过滤返回的结果，如表 18-2 所示。

表 18-2 常见的参数

请求	含义
GET /users?page=1&limit=20	查询第几页的信息，以及该信息的限制数
GET /users?sortby=name&order=asc	返回的结果排序
GET /user?email=tankxiao@outlook.com	制订筛选条件

18.3.5 资源的表现层可以是 XML、JSON 或者其他

资源的表现层是指资源被调用后，其呈现的数据格式一般以 JSON 和 XML 居多。其中，JSON 格式可以直接被 JavaScript 使用。

RESTful 服务的焦点在资源上，以及如何对资源进行访问。一般来说，资源都对应着数据库的数据表。

一旦定义好了资源，接下来就需要找到一种用于在系统中标识这些资源的方法，你可以使用任何格式来标识资源，RESTful 对此没有限制。

例如，你可以使用 JSON 或者 XML。如果你在构建 Web 服务，此服务用于 Web 页面中的 AJAX 调用，那 JSON 是很好的选择。XML 可以用来表示比较复杂的资源。例如，一个名为 Person 的资源可以如下表示。

资源的 JSON 表示。

```
{
    "id": "1",
    "name": "tank xiao",
    "email": "tankxiao@outlook.com",
    "birth": "19840712"
}
```

资源的 XML 表示。

```
<person>
    <id>1</id>
    <name>tank xiao </name>
    <email>tankxiao@outlook.com</email>
    <birth>19840712</birth>
</person>
```

实际上 90%以上的 Web 服务采用 JSON 格式。

18.3.6 认证机制

由于 RESTful 风格的服务是无状态的，所以认证机制尤为重要。例如员工工资，这应该是一个隐私资源，只有员工本人或其他少数有权限的人才有资格看到，如果不通过权限认证机制对资源做一些限制，那么所有资源都会以公开的方式暴露出来，这是不合理的，也是很危险的。

认证机制解决的问题是确定访问资源的用户是谁；权限机制解决的问题是确定用户是否被许可使用、修改、删除或创建资源。权限机制通常与服务的业务逻辑绑定，因此权限机制需要在每个系统内部定制，而认证机制基本上是通用的，常用的认证机制包括 session auth（通过用户名密码登录）、basic auth、token auth 和 OAuth，服务开发中常用的认证机制是 token auth 认证。

在发起正式的请求之前，需要先通过登录的请求接口来申请一个叫 token 的东西。申请成功后，后面其他的请求都要带上这个 token，服务器端通过这个 token 来验证请求的合法性，token 通常都有有效期，一般为几小时。

此外，HTTP 接口开发人员还需要提供完善的接口文档，给前端人员或者测试人员查看。

18.3.7 错误处理

如果状态码是 4××，就应该向用户返回出错信息，一般用 error 作为键名，出错信息作为键值。例如：

```
{
    "error":"invalid email"
}
```

18.4 本章小结

本章介绍了 RESTful 的基础知识。了解 RESTful 的风格可以帮助测试人员更好地测试接口。

第 19 章 用 Postman 测试分页接口

本章用一个真实的例子来演示如何对接口进行测试，以及如何使用 Postman 工具来实现接口自动化测试。

19.1 接口介绍

本章用到的接口叫作分页接口。我们经常会在页面上看到一些用分页控件来显示数据的列表。这种控件的实现原理就是调用分页接口。分页接口的前台页面如图 19-1 所示，分页接口文档如表 19-1 所示。

图 19-1 分页前台页面

表 19-1 分页接口文档

接口地址	/tools/login.ashx/thread.php?action=getTogether
请求方式	POST
接口描述	返回游客的旅游信息
输入参数	page：页数 limit：数量
输入示例	page=1&limit=10

分页接口比较简单，只有两个参数，因此分析起来很容易。一般来说，参数越多，接口功能就越复杂，测试用例也就越多。

19.2 设计测试用例

进行接口测试也需要先设计测试用例，测试用例如表 19-2 所示。

表 19-2 接口测试用例

前置条件	测试数据	期望结果
数据库有 50 万条数据	page=1&limit=10	返回 10 条数据
数据库有 50 万条数据	page=1&limit=10000	返回 10000 条数据
数据库有 50 万条数据	page=2&limit=1000	返回 1000 条数据
数据库有 50 万条数据	page=&limit=	返回 400 错误，参数不能为空
数据库有 50 万条数据	page=2&	服务器错误，服务器未能实现合法的请求
数据库有 50 万条数据	page=a 中文&limit=bcd	返回 400 错误，参数只能为数字
数据库有 50 条数据	page=1&limit=100	返回 50 条数据
数据库有 50 条数据	page=2&limit=30	返回 20 条数据
……	……	……

19.3 用 Postman 实现接口自动化

本节采用 Postman 来实现上面介绍的分页接口的自动化测试。

19.3.1 Postman 介绍

Postman 是一款接口测试工具，可以发送 HTTP（HTTPS）请求来进行接口测试。目前 Postman 只有英文版。Postman 可以在 Windows 系统、iOS 和 Linux 系统上运行。开发人员喜欢用 Postman，测试人员更喜欢用 JMeter。

用户可从 Postman 官网上下载 Postman。

19.3.2 Postman 的使用

Postman 测试管理的单位是测试集（collection），在测试集内你可以创建文件夹（folder）和具体的请求（request）。使用 Postman 时可以注册一个账号，这样写的脚本就可以保存到账号中，以实现多平台云同步。使用 Postman 的步骤如下。

第 1 步：单击 New→Request，填好 HTTP 请求的首行和信息主体，如图 19-2 所示。其中信息头暂不需要填写。如果接口有明确要求，再根据要求修改。

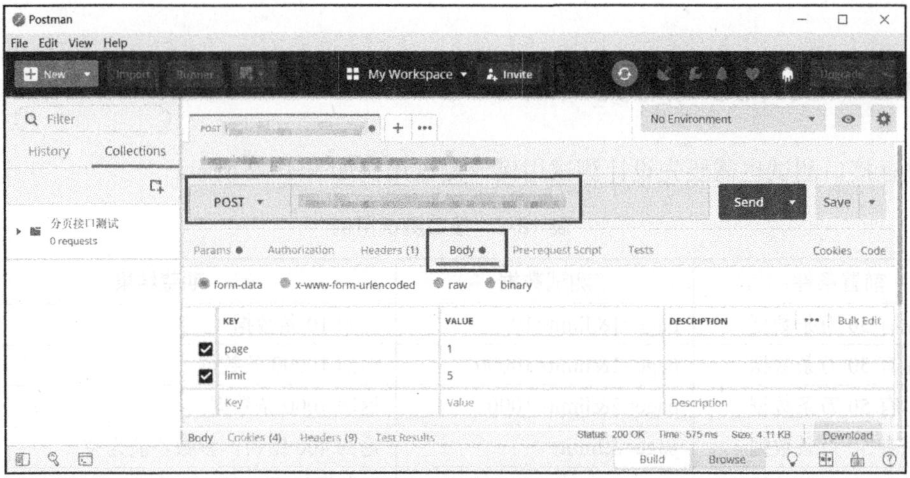

图 19-2 填好首行和信息主体

第 2 步：单击 Save As 按钮把脚本存到 Collections 中，如图 19-3 所示。

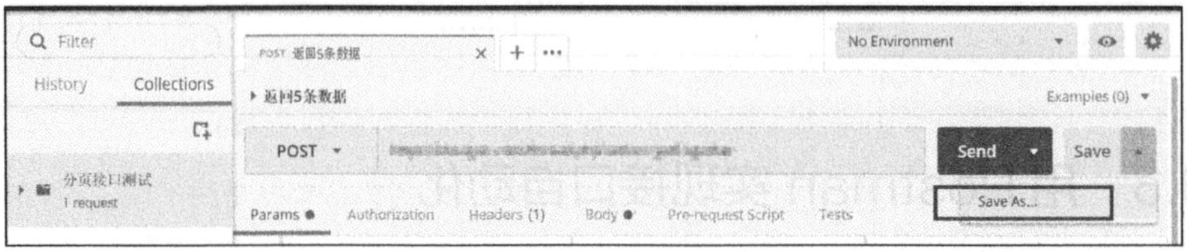

图 19-3 保存脚本

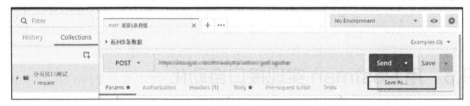

第 3 步：添加一个响应断言，用来判断测试结果是否和预期一致，如图 19-4 所示。

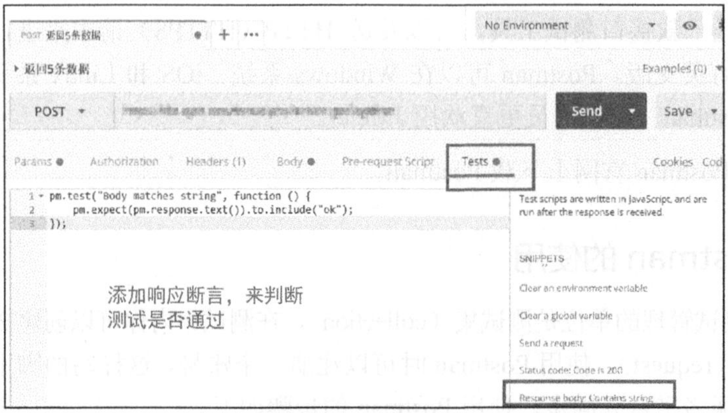

图 19-4 添加断言

第 4 步：单击 Send 按钮来发送 HTTP 请求。运行结果如图 19-5 所示。

图 19-5　运行脚本

第 5 步：响应断言通过的话，Test Results 中的 PASS 标志显示为绿色。可以通过颜色判断测试是否通过，如图 19-6 所示。

图 19-6　检查测试结果

到目前为止，我们只写好了一条测试用例，还需要把其他测试用例也写成自动化测试，如图 19-7 所示。测试用例都放在测试集中，这样脚本可以重复运行。

接口测试要验证响应的状态码，如果状态码是 500，则说明有 Bug。如果状态码是 2××，则代表接口响应成功，此时还需要看返回的数据对不对。

图 19-7 接口自动化测试

19.4 接口测试的发展方向

初学者刚开始用 JMeter，会写代码后可以用 Python 实现接口自动化测试，以后还可以做性能测试。接口测试的发展方向如图 19-8 所示。

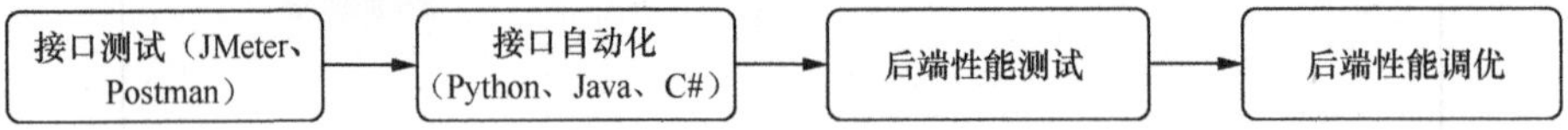

图 19-8 接口测试发展方向

19.5 本章小结

本章以一个分页接口为实例，选用 Postman 作为接口测试工具，演示了接口自动化测试的完整过程。Postman 的用法非常简单，比 JMeter 还简单，因此很多公司使用 Postman 做接口测试。

第 20 章

用 JMeter 测试单个接口

本章用 JMeter 工具来实现接口自动化测试和数据驱动测试。

20.1 JMeter 介绍

JMeter 是一个开源的接口，也是一个性能测试工具，常用来进行接口测试和性能测试。JMeter 是用 Java 开发的，因此使用 JMeter 需要安装好 Java，并配置好 Java 的环境变量。

接下来通过一个示例来介绍如何使用 JMeter。

20.2 添加客房接口介绍

在酒店客房系统中，需要有一个新增客房的功能，其 UI 界面如图 20-1 所示。

图 20-1 新增客房的 UI 界面

表 20-1 所示的是添加客房的接口文档，从表中可以看到这个接口只需要两个输入参数，初步估计 10 个左右的测试用例就能测全该功能。

表 20-1 接口文档

接口地址	/api/rooms
请求方式	POST
请求格式	JSON
接口描述	添加一个客房
输入参数	roomNo：房间号，数据类型为字符串 type：房间类型，数据类型为字符串，[目前只有 3 个类型，按天计算的房间（下面简称天房）、小时房、按月计算的房间（下面简称月房）]
输入示例	{"roomNo":"201","type":"天房"}
输出参数	{"code":"20005","message":"新增成功"}

20.3 设计接口的测试用例

根据表 20-1 所示的两个参数，我大概设计了 7 个测试用例，如图 20-2 所示。

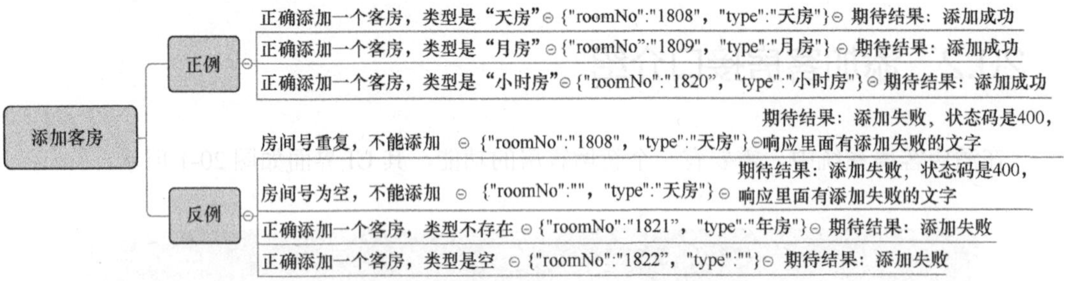

图 20-2 添加客房的接口测试用例

20.4 JMeter 的操作过程

JMeter 的详细操作步骤如下所示。

第 1 步：打开 JMeter，在“测试计划”下面添加一个线程组，再添加一个 HTTP 请求默认值，填写“协议”“服务器名称或 IP”“端口号”和“路径”，如图 20-3 所示。

第 2 步：添加 HTTP 请求信息头，再添加一个 Content-Type:application/json，如图 20-4 所示。

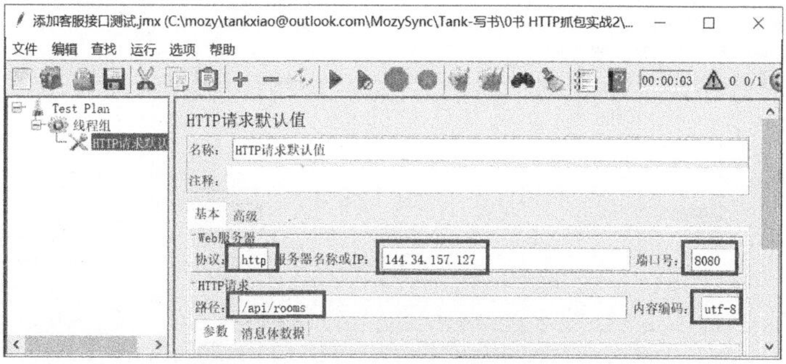

图 20-3　添加 HTTP 请求默认值

图 20-4　添加信息头管理器

第 3 步：在“线程组”下面添加一个 HTTP 请求，并在 HTTP 请求中填好信息主体的内容，如图 20-5 所示。

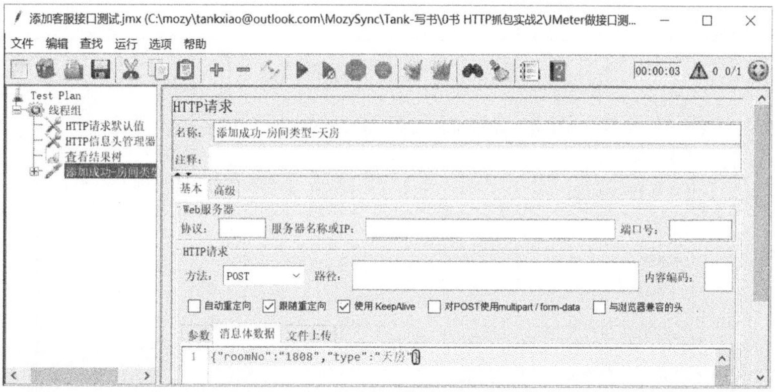

图 20-5　填好信息主体的内容

第 4 步：添加响应断言，如图 20-6 所示。断言其实就是期待结果，期待结果和测试结果不一致的时候，测试结果的颜色就会变为红色。从测试结果的颜色就能判断测试是通过还是失败。

第 5 步：添加一个查看结果树，运行并查看测试结果，如图 20-7 所示。

第 6 步：把另外几个测试用例按同样的方法来实现，如图 20-8 所示。

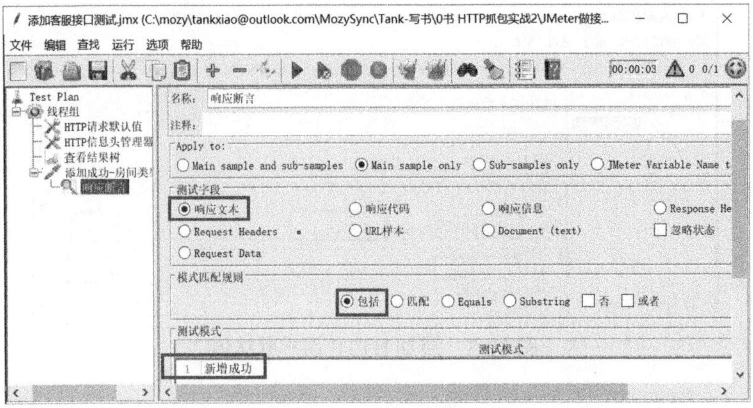

图 20-6 添加响应断言

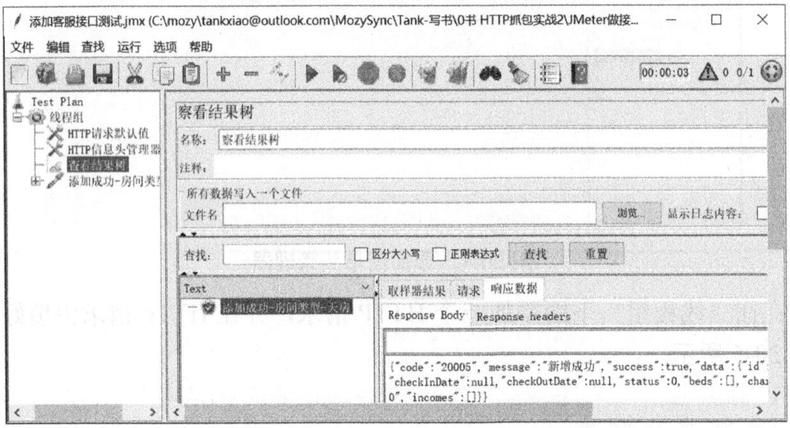

图 20-7 运行并查看结果

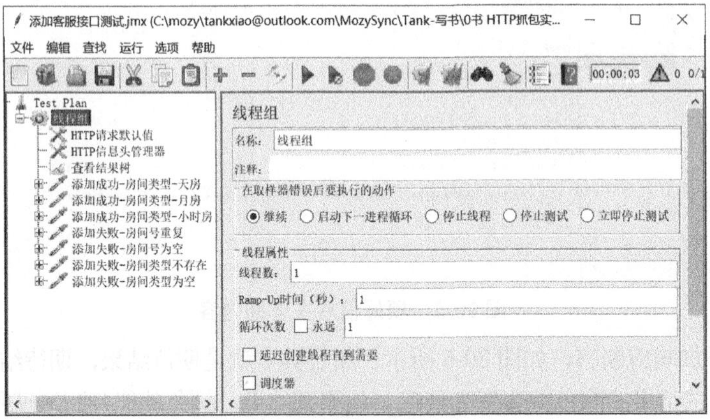

图 20-8 实现所有的测试用例

用 JMeter 做接口测试非常方便。这个接口大概 30min 能全部测完。如果碰到参数很多而且有依赖的接口，则用时会更长一点。

20.5 数据驱动测试

数据驱动测试就是把测试的脚本和测试的数据分开。例如，用 Excel 表格来保存测试数据，用测试脚本读取 Excel 并执行测试。如果需要新加一条接口测试用例，则只需要在 Excel 中添加一行数据。

我们可以把数据存放在 CSV 文件或者 txt 文件中。CSV 是非常通用的一种文件格式，它可以非常容易地导入各种表格及数据库。在 CSV 文件中，一行即为数据表的一行。生成数据表的字段用半角逗号隔开。CSV 文件用记事本和 Excel 都能打开，用记事本打开显示逗号；用 Excel 打开，则逗号用于分列。

现在把上面的例子改为数据驱动。我们用 txt 文件保存测试数据，用 CSV 文件保存也可以。数据驱动的步骤如下所示。

第 1 步：新建一个 data.txt 文件，向其输入测试数据，如图 20-9 所示。

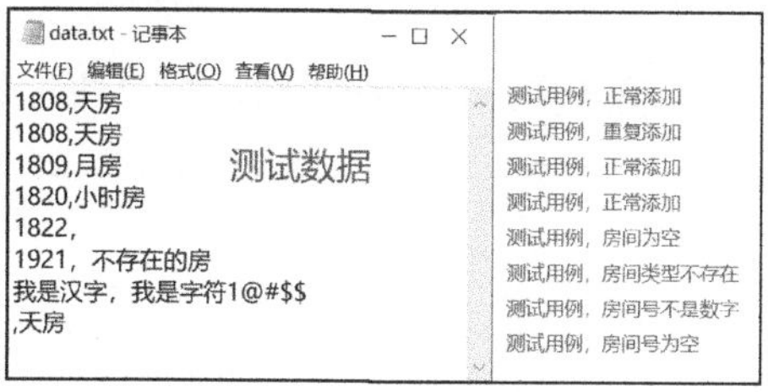

图 20-9　data.txt 的内容

第 2 步：在 JMeter 中添加一个 CSV 数据文件设置。设置如图 20-10 所示，需要注意的是，分隔符用逗号表示，因为 data.txt 中也是用的逗号。还需要注意文件编码的问题，如果后面调用变量的时候汉字出现了乱码，就是文件编码不对。一般文件编码是 UTF-8。

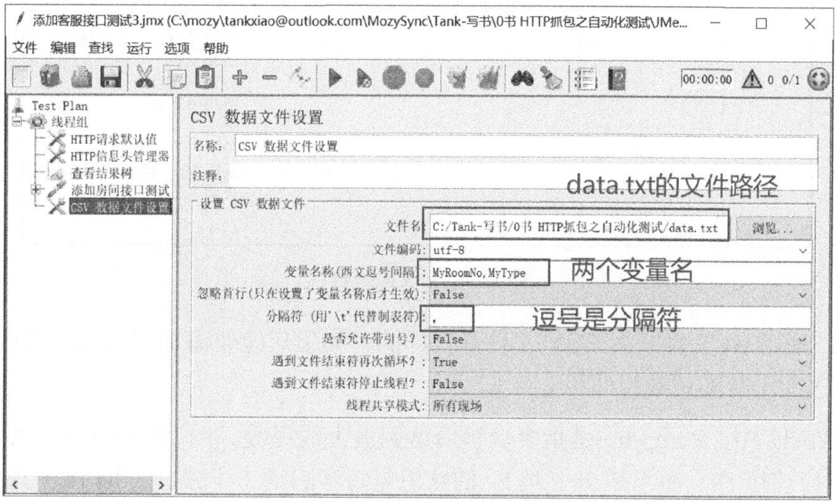

图 20-10　CSV 数据文件设置

第 3 步：在 HTTP 请求中调用两个变量，如图 20-11 所示。

图 20-11 在 HTTP 请求中调用变量

第 4 步：设置线程组，把“线程数”调大，如图 20-12 所示。

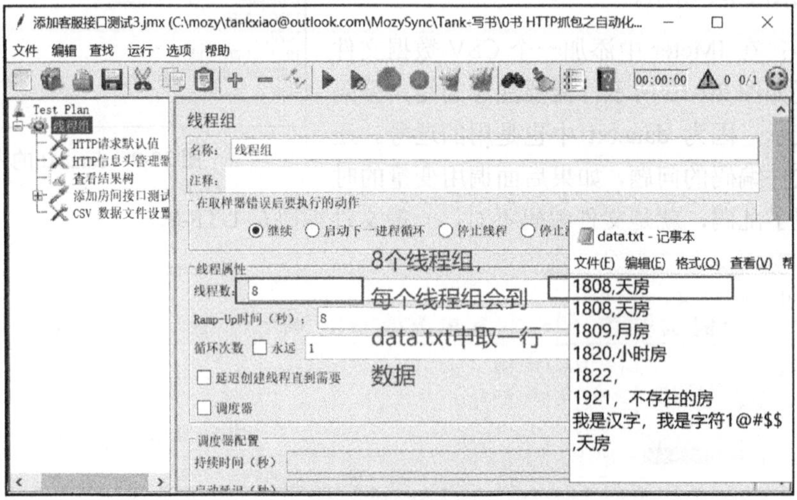

图 20-12 设置线程组

注意：使用.txt 文件或者.CSV 文件是一样的。如果后续要添加新的测试用例只需要在 data.txt 中添加一行测试数据即可。

在图 20-12 中，Ramp-up 是指多少秒后达到最大线程数。图 20-12 中的“Ramp-Up 时间（秒）”应该填 8s，而不是 1s。填 8s 的意思是每秒启动 1 个线程；填 1s 的意思是 1s 启动 8 个线程。

另外还需要把期待结果也加入到 data.txt 中，这样才能把响应断言参数化。

20.6 本章小结

本章以添加客房接口为示例，选用 JMeter 作为接口测试工具，演示了接口自动化测试的完整过程。JMeter 做接口测试中比较高级的用法是利用 CSV 文件来实现数据驱动测试。

第 21 章 接口的 token 认证

API 接口对外提供服务的时候，有时会使用 token 认证。

21.1 接口的认证

某个 API 的查询接口为 https://api.tank.test/getusers?user=tankxiao。调用这个接口就可以获取用户的信息，但这样的方式存在非常严重的安全性问题，因为没有进行任何的验证，任何人都可以调用。

我们需要对这个接口进行认证，拥有合法身份的客户端才能调用。

目前常见的认证方式如图 21-1 所示。

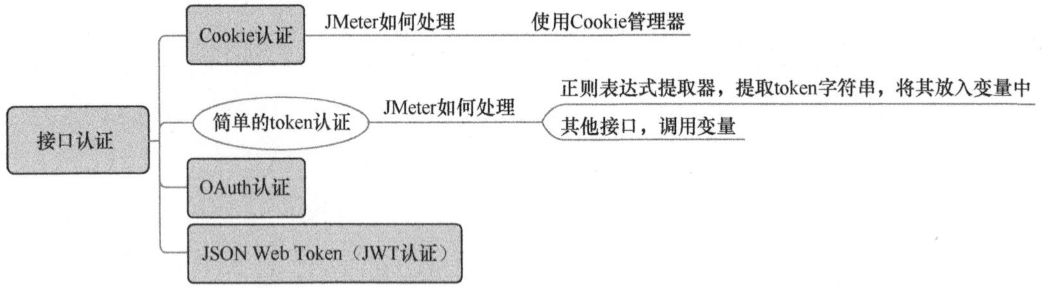

图 21-1　接口的认证

21.2 token 认证

本节用一个货运 App 作为示例来讲解 token 认证。

第 1 步：打开货运 App，输入正确的用户名和密码，打开 Fiddler，单击 App 的登录按钮，Fiddler 抓包的结果如图 21-2 所示。

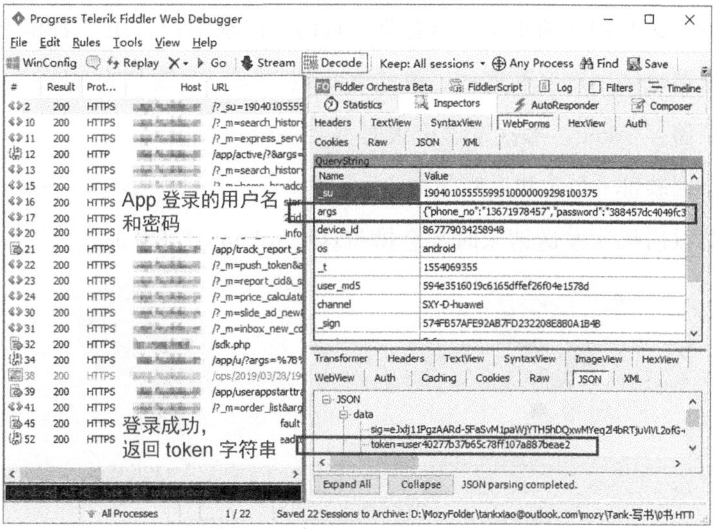

图 21-2　登录返回 token 字符串

从抓到的包中可以看到 App 发送正确的用户名和密码给 Web 服务器，Web 服务器返回了一个 token 字符串。

第 2 步：在 App 中随便单击一些按钮，从抓到的包中可以发现每次交互都携带了 token 字符串，如图 21-3 所示。

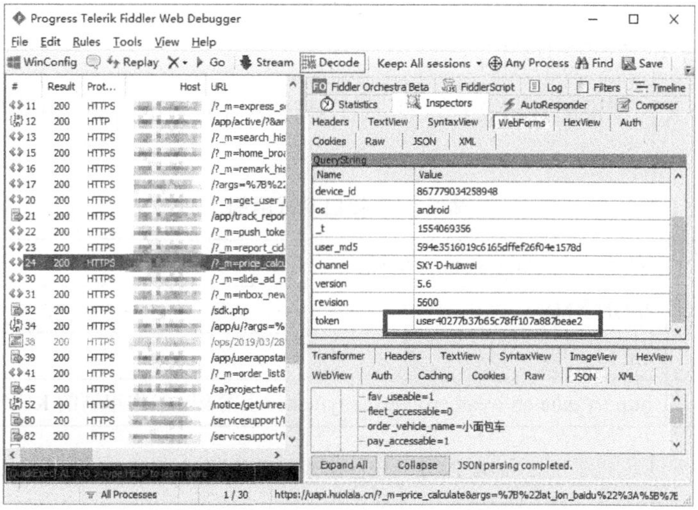

图 21-3　每次交互携带 token 字符串

从抓到的包可以看到 App 和 Web 服务器的交互，并且 HTTP 请求都会携带 token 字符串。

从上述示例中可以看出基于 token 的身份验证的过程，如图 21-4 所示。

（1）客户端发送 HTTP 请求给服务器端，HTTP 请求中包含用户名和密码。

（2）服务器端验证用户名和密码，并给客户端返回一个签名的 token。

（3）客户端储存 token，每次发送请求时都会携带该 token。

（4）服务器端验证 token 并返回数据。

（5）客户端以后每次发送请求时都会携带这个 token 字符串。

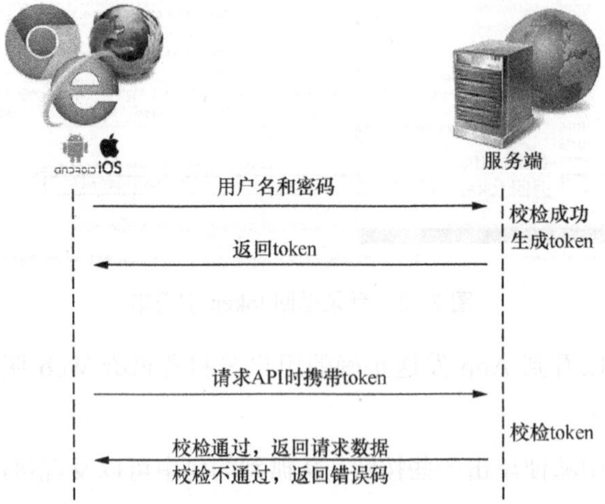

图 21-4　token 的身份验证过程

21.2.1　调用天气预报接口

下面是一个天气预报的接口文档。表 21-1 是该接口的测试用例，其中所涉及的参数说明见表 21-2。

表 21-1　接口测试用例

接口地址	http://v.j****.cn/weather/index
返回格式	JSON/XML
请求方式	GET
请求示例	http://v.juhe.cn/weather/index?cityname=上海&key=你申请的 KEY

表 21-2　接口请求参数说明

名称	必填	类型	说明
cityname	Y	string	城市名或城市 ID，如“苏州”，需要 URL 编码
dtype	N	string	返回数据格式可以为 JSON 或 XML，默认 JSON
format	N	int	未来(future)7 天预报有两种返回格式：1 或 2，默认 1
key	Y	string	用于认证的 token 字符串

这个接口有两个参数必填，城市的名字 cityname 和用于认证的 token 字符串参数 key。我们需要用发包工具发送一个这样的 HTTP 请求：http://v.j****.cn/weather/index?cityname=上海&key= 88cbeb51aab819e6cddac41bc6c04d5f。

用任何发包工具都可以调用这个接口，我们这里使用浏览器来直接发送一个 GET 的 HTTP 请求，如图 21-5 所示。

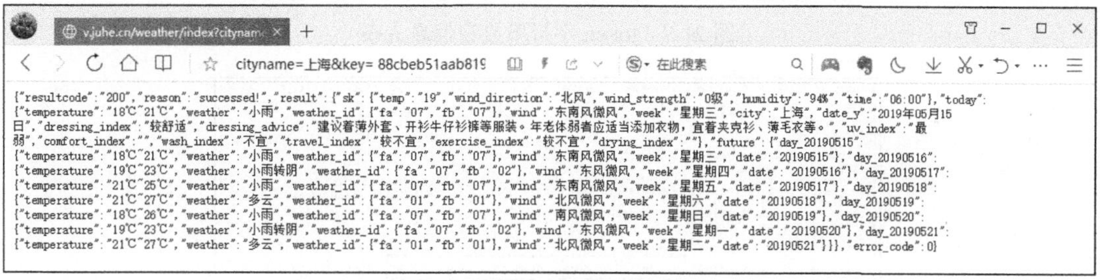

图 21-5 用浏览器发送 GET 请求

21.2.2 token 和 Cookie 的区别

token 和 Cookie 是认证的两种机制，其区别如下。

- token 和 Cookie 都是在首次登录时由服务器下发的，作用都是为无状态的 HTTP 提供持久机制。
- token 在客户端存储的时候，既可以存在 Cookie 中，也可以存在本地存储中。
- token 发送给服务器的时候，可以放在 HTTP 请求的 URL（见图 21-6）、信息头（见图 21-7）或者信息主体（见图 21-8）中。
- token 的扩展性好，可以多站点使用，而且支持移动平台。
- token 的安全性更好。

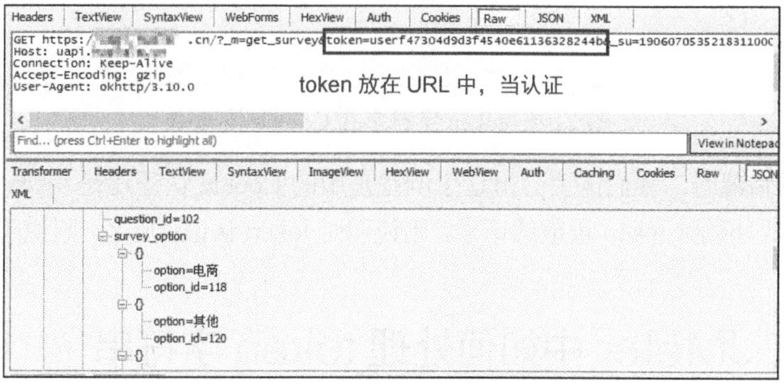

图 21-6 token 字符串放在 URL 中

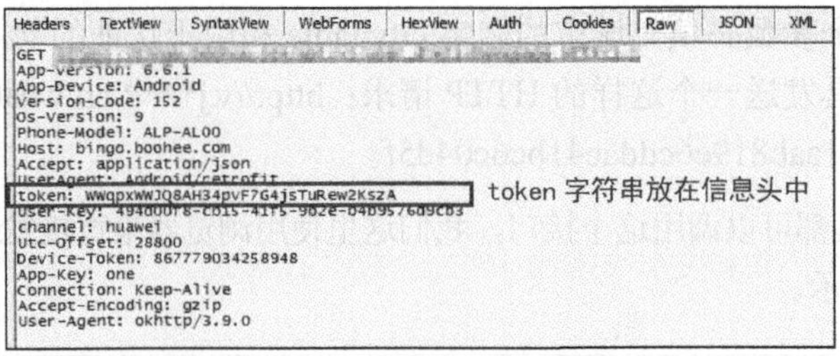

图 21-7　token 字符串放在信息头中

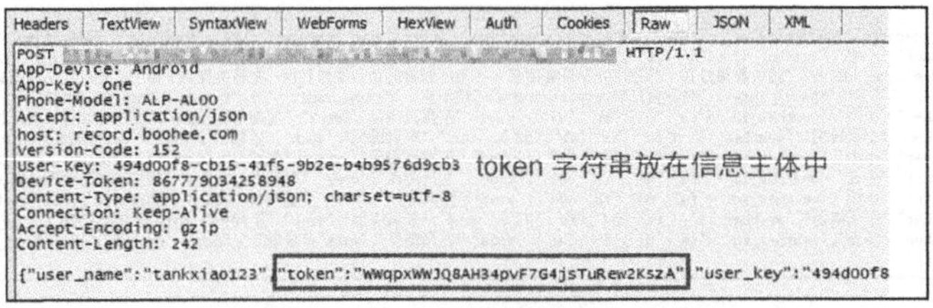

图 21-8　token 字符串放在信息主体中

21.3　token 和 Cookie 一起用

某些网站也会把 token 字符串放在 Cookie 字符串中，如图 21-9 所示。

图 21-9　token 字符串在 Cookie 信息中

碰到这样的情况时，我们需要分析这个倒底是用的 Cookie 认证还是 token 认证。大致的分析思路是：若能成功删除 token 重放的请求，则说明是 token 认证；反之，则说明是 Cookie 认证。

21.4　在 JMeter 中如何处理 token 字符串

如果是 Cookie 认证，那么只需要在 JMeter 中添加一个 HTTP Cookie 管理器就可以了；

如果是 token 机制，那么需要用正则表达式提取器提取出 token，其他请求都要携带这个 token。

假设某汽车 App 使用的是 token 认证。下面列举了两个接口，一个是"用户登录"接口（见表 21-3），一个是"我的收藏"接口（见表 21-4）。

表 21-3 "用户登录"接口文档

接口描述	用户登录
接口地址	/api/member/login
请求方式	POST
请求参数 1	telephone string，必填，表示手机号码
请求参数 2	password string，必填，表示密码

返回示例如下。

```
{
   "data": {
      "member": {
         "uid": 1,
         "telphone": "18502110311",
      },
      "access_token": "952904f531e7d685462ccfbdd22b8f6fb3b53c27"
   },
   "msg": "succ",
   "code": 200
}
```

表 21-4 "我的收藏"接口文档

接口描述	我的收藏
接口地址	/api/member/fav/lists
请求方式	GET
请求参数 1	access-token，表示认证需要的 token 字符串，一般放在信息头中

返回示例如下。

```
{
   "data": {
      "lists": [
         {
            "title": "2017 款 本田 CRV"
         },
         {
            "title": "2017 款 丰田卡罗拉"
      ],
```

```
        "total": 2
    },
    "msg": "succ",
    "code": 200
}
```

在 JMeter 中，模拟某汽车 App“我的收藏”功能的操作步骤如下。

第 1 步：在 JMeter 中添加一个线程组，在线程组中添加一个 HTTP 请求默认值，然后填好域名。

第 2 步：添加一个 HTTP 请求，将其命名为“登录接口”，然后填写路径和信息主体中的数据，如图 21-10 所示。

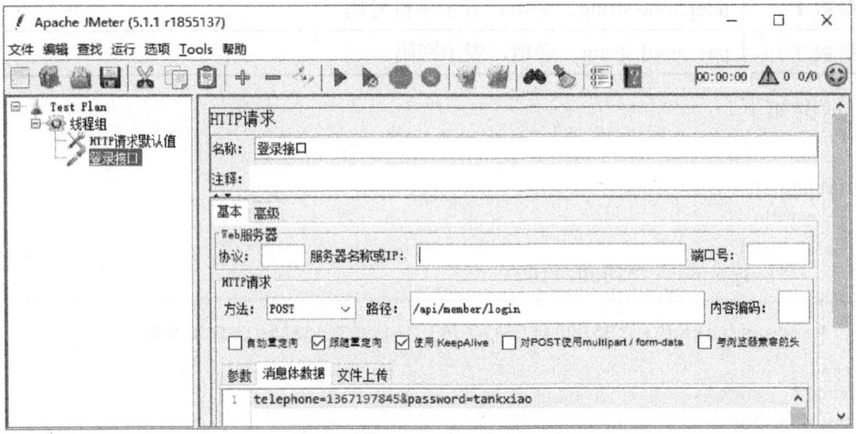

图 21-10 登录接口

第 3 步：在登录接口中添加一个正则表达式提取器，把 token 字符串提取到 tokenid 中，如图 21-11 所示。

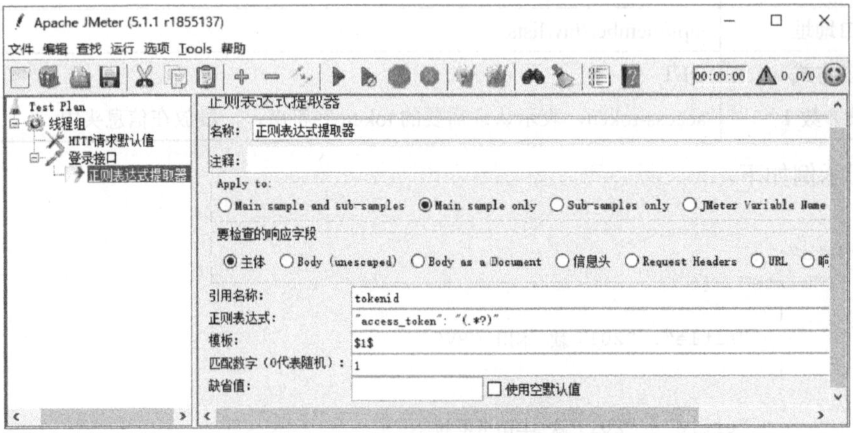

图 21-11 提取 token 字符串

第 4 步：添加一个 HTTP 信息头管理器，然后再添加一个 token 的信息头，并调用 tokenid 变量，如图 21-12 所示。

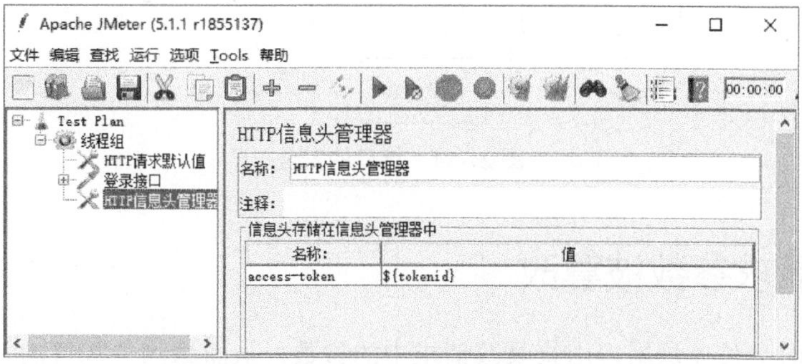

图 21-12 将 token 字符串放到信息头中

第 5 步：添加一个 HTTP 请求，将其命名为“我的收藏”，然后填好路径，如图 21-13 所示。

图 21-13 调用“我的收藏“接口

运行程序，就可以看到“我的收藏”接口运行成功。

21.5 接口的三大安全性问题

API 接口对外提供服务的时候，我们通过 HTTP GET 或者 POST 方法来调用接口，此时会面临许多的安全问题，如图 21-14 所示。

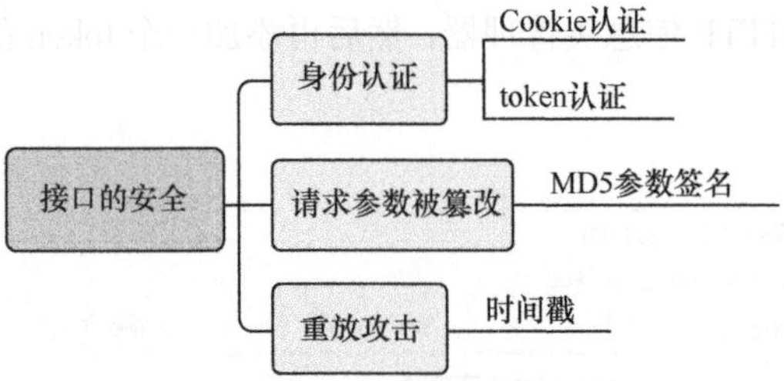

图 21-14 接口的安全

21.6 请求参数被篡改

Fiddler 有时会被非法用户用来篡改请求中的参数，从而达到一些目的。而接口的服务器端要防止参数被篡改，所以需要用到类似于 MD5 的加密算法。

MD5 参数签名

如果浏览器发送给服务器的数据中途被修改，服务器是不知道的，这样数据就不完整了。使用签名可以很好地保证数据的完整性，防止它被篡改。假设我们原本要发送的数据如下。

seller_email=tankxiao@outlook.com&total_fell=201.00

我们可以使用加密算法来给数据添加签名。例如，使用 MD5 来计算签名的值。

```
String data= seller_email=tankxiao@outlook.com&total_fell=201.00;
String EnData=MD5Helper.Encrp(data, salt);
EnData="91f6ca37b2979f92c31f86c06afe";
```

浏览器将以下数据发送给服务器。

seller_email=tankxiao@outlook.com&total_fell=201.00&sign=91f6ca37b2979f92c31f86c06afe

如果中途有人修改了数据，例如把金额从 201.00 修改成 0.01 了，那么参数就变成了下面的内容。

seller_email=tankxiao@outlook.com&total_fell=0.01&sign=91f6ca37b2979f92c31f86c06afe

这样的话，服务器就会报错，因为修改后的 total_fell 为 0.01，而签名中的 total_fell 是 201，两者不一致。

注意：严格来说 MD5 不是加密算法，而是一种散列算法。

21.7 重放攻击

重放攻击是指攻击者发送一个目的主机已接收过的包来达到欺骗系统的目的。它主要用于身份认证过程，以破坏认证的正确性。

重放攻击是一种攻击类型，这种攻击会不断恶意或欺诈性地重复一个有效的数据传输，重放攻击可以由发起者或拦截并重发该数据的攻击者进行。攻击者利用网络监听或者其他方式盗取认证凭据，之后再把它重新发给认证服务器。我们可以这样理解，加密可以有效防止会话劫持，但是防止不了重放攻击。重放攻击在任何网络通信过程中都可能发生。在对协议的攻击中，重放攻击是危害非常大、非常常见的一种攻击形式。

软件提供商要防止这样的情况发生，解决方法就是加入时间戳。

21.7.1 在 Fiddler 中进行重放攻击

Fiddler 可以把捕获到的 HTTP 请求重新发送出去。单击 Replay 按钮，或者单击菜单 Reissue Requests 都可以重放请求，如图 21-15 所示。

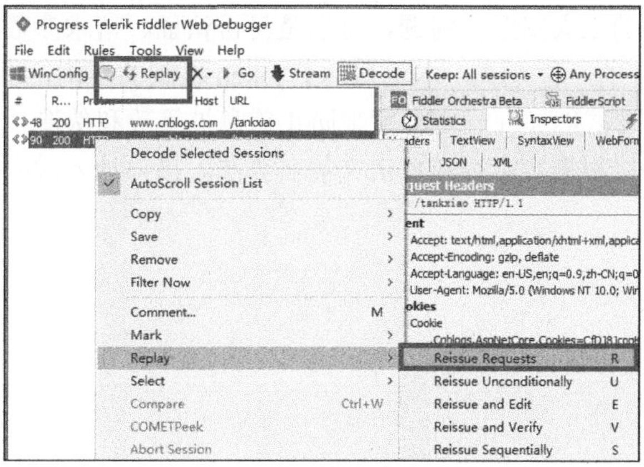

图 21-15 在 Fiddler 中重放请求

21.7.2 UNIX 时间戳

UNIX 时间戳是指从 1970 年 1 月 1 日（UTC/GMT 的午夜）开始所经过的秒数，不考虑闰秒。一小时表示的 UNIX 时间戳格式为 3600s；一天表示为 UNIX 时间戳为 86400s，闰秒不计算。转换 UNIX 时间戳可以通过工具进行，如图 21-16 所示。

图 21-16 时间戳转换

21.7.3 接口带时间戳和签名

加了 UNIX 时间戳后的接口的参数如下。

"seller_email=tankxiao@outlook.com&total_fell=201.00&stamp=1553933295&sign=e10adc3949ba59abbe56e057f20f883e"

服务器接收到 HTTP 请求后，类似于上面这样的接口会将请求中的时间戳与当前请求时间的时间戳做比较，如果时间戳不一致，则代表请求过期，这样就可以判断当前的 HTTP 请求是否是通过重放发送的。

21.8 本章小结

本章介绍了接口的三大安全性问题，分别是身份认证、请求参数被篡改和重放攻击。token 机制是身份认证的一种方式，本章列举了 token 机制的实例，以及 JMeter 处理 token 机制的方法。签名的方式能够在一定程度上防止信息被篡改和伪造，一般使用 MD5 加密，在实际工作中读者可以根据实际需求自定义签名算法。接口加入时间戳可以防止重放攻击的发生。

第 22 章

发包常见的错误

若使用 Fiddler 或 Charles 这样的抓包工具，当知道 HTTP 请求的内容后，需要用 JMeter 或者 Postman 来发包。本章讲述当 HTTP 响应出现问题的时候，应该如何解决。

22.1 发包的本质

JMeter 和 Postman 本质上都是发包工具，都是在模拟浏览器的行为。浏览器发什么样的包，发包工具就发什么样的包，如图 22-1 所示。

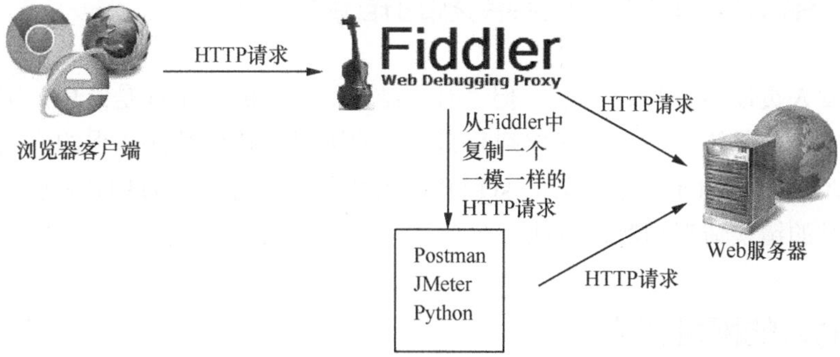

图 22-1　发包的本质

22.2 对比 HTTP 请求

先通过 Fiddler 抓包，以查看 HTTP 请求的内容，然后用 JMeter 或 Postman 发送一模一样的 HTTP 请求。如果得到的 HTTP 响应不是期待的，就会有这样的问题：为什么浏览器可以正常工作，而发包工具发出的包就有问题？

我们需要把发包工具发出去的 HTTP 请求和 Fiddler 抓到的 HTTP 请求进行对比，看看它们之间有什么不同之处。重点检查 HTTP 请求的 3 个部分，如图 22-2 所示。

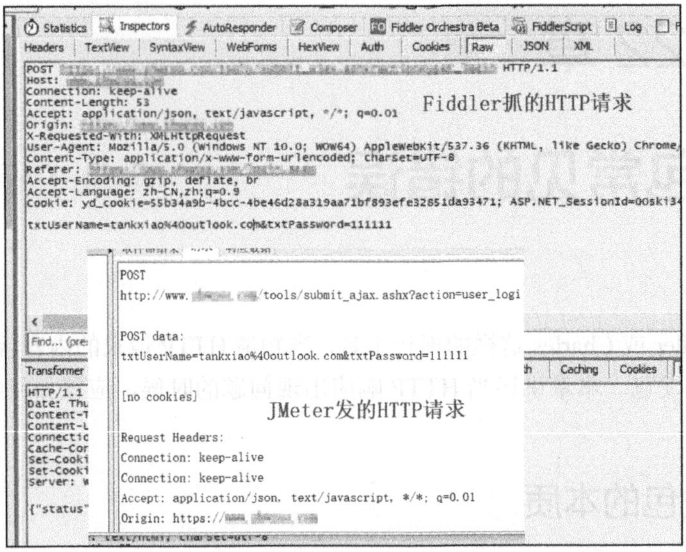

图 22-2　Fiddler 中的 HTTP 请求和 JMeter 的 HTTP 请求对比

22.3　用 JMeter 发包常见的错误

很多开发人员使用 JMeter 发包，但“查看结果树”中的结果却是红色，这说明 JMeter 发送的 HTTP 请求是错误的。该怎样判断错误的原因以及找到解决错误的方法呢？大致的思路是，认真比对 JMeter 发送出去的 HTTP 请求和服务器返回的 HTTP 响应。下面列举了几种比较常见的错误情形和解决方法。

22.3.1　输入的网址错误

图 22-3 所示的已发送的 HTTP 请求中，URL 有错误，要填写正确的 URL。任何一个小细节都不能忽略。

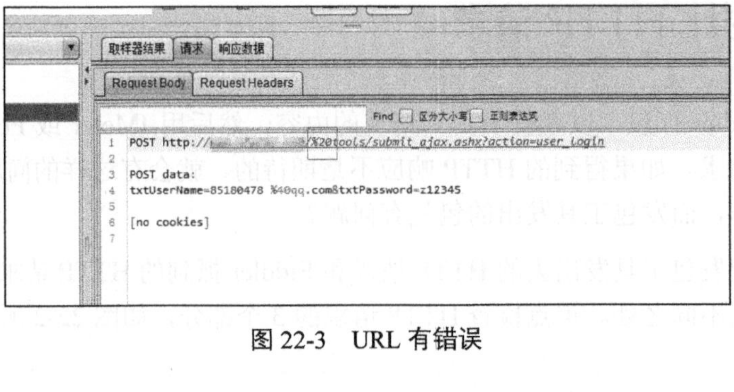

图 22-3　URL 有错误

22.3.2 端口号填错

图 22-4 中的端口号写错，要注意这里的 IP 地址和端口号要分开填写。

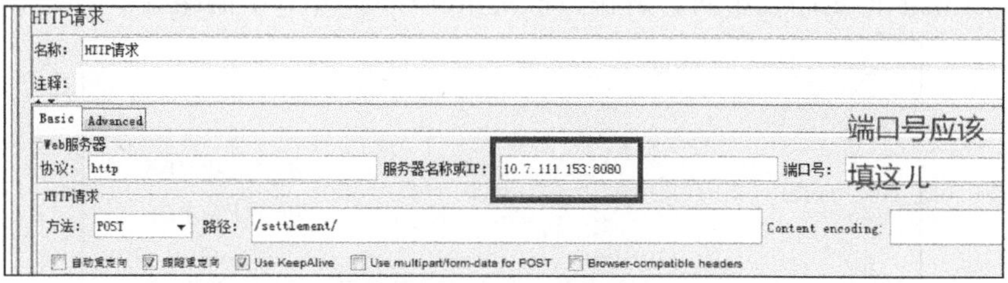

图 22-4 端口号填错

22.3.3 协议错误

对于 HTTP 请求，协议应该是 http 或者 https。在图 22-5 中，“协议”中应该填写 http，而不是 http://，特别要注意的地方是前后不能有空格。

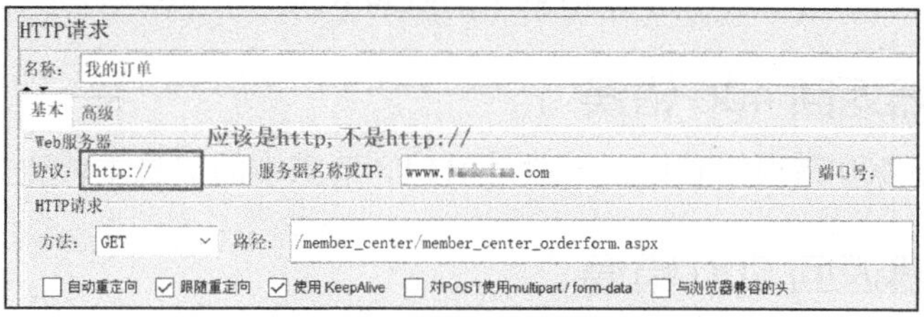

图 22-5 JMeter 中协议填错

22.3.4 变量取值错误

在 JMeter 中我们经常会使用变量。如果变量取值错误，那么 HTTP 请求肯定是错误的，如图 22-6 所示。

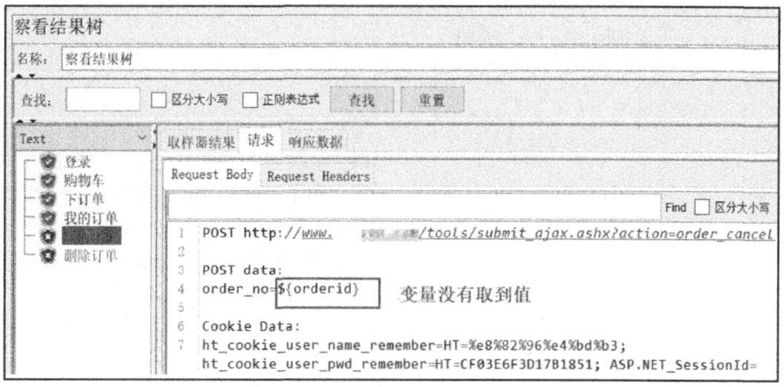

图 22-6 变量没有取到值

22.3.5 服务器返回 404 错误

在图 22-7 中，服务器返回了状态码 404，404 代表资源没找到。其意思是 HTTP 请求中的域名是正确的但是路径不对。解决方法是重新核对 URL 中的路径。

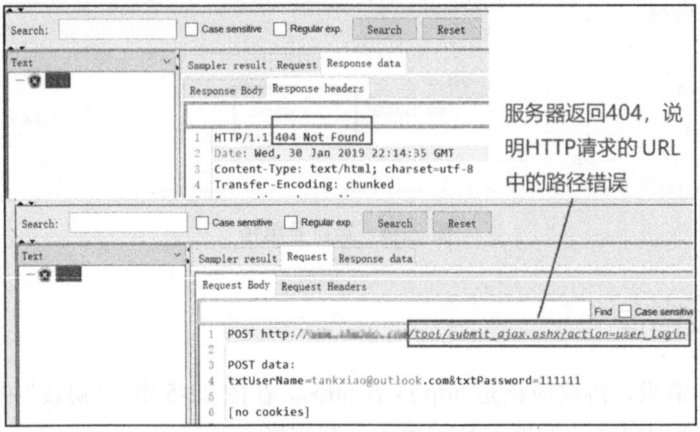

图 22-7 404 错误

22.3.6 服务器返回 400 错误

当服务器返回 400 错误的时候，一般是 HTTP 请求中的信息主体数据有问题。

22.3.7 服务器返回 500 错误

服务器返回 500 错误，代表服务器本身出现问题。凡是以 5 开头的状态码，都是代表服务器错误。JMeter 返回以 5 开头的状态码时，"查看结果树"中的结果会变红。有时候响应中不会出现状态码，只会出现报错信息，如图 22-8 所示。

图 22-8 未知主机异常

仔细查看图 22-8 中的报错信息，可以看到是 Unknown Host Exception（未知主机异常），说明是域名写错了。

22.4 Postman 发包常见问题

至于 Postman 发出去的包，因为没有“查看结果树”，所以无法看到真正发出去的 HTTP 请求的内容，如图 22-9 所示。

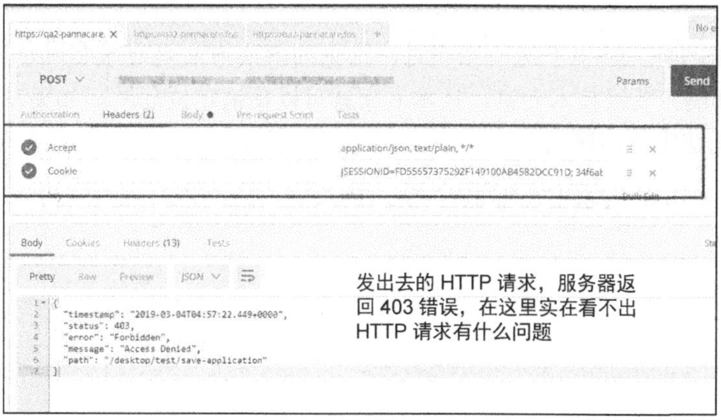

图 22-9 Postman 发包错误

解决的办法是，用 Fiddler 去抓 Postman 的包，看 Postman 发出什么样的 HTTP 请求。

22.5 JMeter 和 Postman 的区别

JMeter 和 Postman 都是发包工具，区别如下所示。

- JMeter 可以做接口测试和性能测试，Postman 只能做接口测试。
- JMeter 有“查看结果树”，可以清晰地看到发出去的 HTTP 请求和响应的内容，这样有助于调试。例如，响应有问题了，可以查看是 HTTP 请求的问题，还是服务器响应有问题。
- JMeter 有 HTTP 请求默认值，在有大量接口时，非常方便用户操作。
- JMeter 是用 Java 语言开发的，用户可以利用 Java 代码来扩展自己的功能，例如测试加密接口。

- JMeter 支持中英文或者其他语言，Postman 只有英文版。
- Postman 简洁明了，上手比较快。
- Postman 可以用账号登录。
- 除了 HTTP 请求，JMeter 还可以做其他协议的测试。JMeter 可以通过 JDBC 来连接数据库，还可以发送中间件协议（如 MQ 协议）。

22.6 接口测试寻求帮助

在接口测试的响应结果不是所期望时，常见的解决方法是寻求帮助，此时需要把完整的 HTTP 请求和响应发给技术专家，技术专家就可以帮忙定位问题。如果没有完整的 HTTP 请求和响应是无法定位问题的。

请问，图 22-10 的问题出在哪里？

图 22-10 接口调用出错

我们来了解一下分析过程。

（1）首先看问题是什么，图 22-10 的问题是响应数据为空，跟期待的不一样。

（2）查看状态码，状态码是 302。302 代表跳转，当没有认证的时候会出现跳转。

（3）检查 HTTP 请求中的 Cookie，发现没有 Cookie，也没有看到 token 字符串，从而确定这个问题是因为 HTTP 请求中没有携带认证信息，所以服务器返回 302 跳转。

（4）尝试添加 Cookie 或者 token，就可以解决这个问题，如图 22-11 所示。

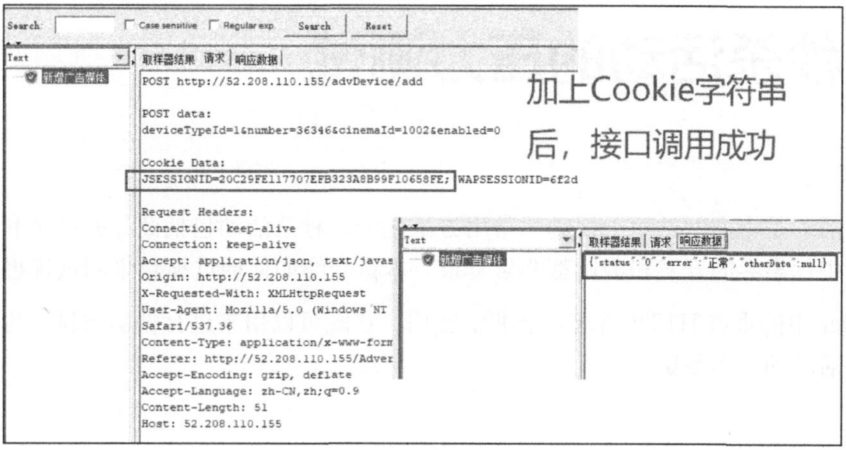

图 22-11　接口调用成功

22.7　本章小结

本章列举了使用 JMeter 和 Postman 进行接口测试时的常见错误和解决方法。读者在进行接口测试出现错误后，可以对照本章内容自行排查问题。最后，本章还介绍了 JMeter 和 Postman 的区别，读者可根据实际需求选择使用。

第 23 章 秒杀活动的压力测试

秒杀活动是电商网站用于促销的常用方法之一。秒杀活动包括商品的秒杀和优惠券的秒杀，其中优惠券的开发和测试都非常复杂。本章介绍如何通过抓包来测试优惠券。

Fiddler 中的重放 HTTP 请求功能非常实用。它既可以用来进行性能测试，也可以用来进行秒杀活动的压力测试。

23.1 秒杀活动的压力测试方案

秒杀活动一般是电商网站针对一些稀缺或者特价商品在约定时间点开展的抢购活动。秒杀活动会造成短时间内大量的 HTTP 请求同时访问服务器，是一种瞬时高并发的场景。因此它比较容易导致服务器拥挤。为保证秒杀活动的正常进行，需要测试人员提前对秒杀活动进行性能测试。

秒杀活动中比较常见的是商品的秒杀和优惠券的秒杀。

23.1.1 秒杀的原理

有这样一个场景：一个优惠券的秒杀活动，商家约定在某一时间点共发布 100 张优惠券；当有 10000 名用户同时进行领取优惠券的操作时，最终这 100 张优惠券仅由 1%的用户瓜分，并且一般 1s 之内就会被抢光。

大家肯定都有秒杀失败的经历，那么导致失败的主要因素可以归结为：

（1）Web 服务器的时间和本地机器的时间有差别；

（2）人工操作的手速慢。

本质上，一个用户进行秒杀操作就是浏览器向 Web 服务器发送了一个 HTTP 请求。领取优惠券的过程如图 23-1 所示。

多个用户在同一时间进行秒杀操作就是在某一个特定时间点对服务器瞬间施压的过程。

通常用户在参加秒杀活动之前需要先登录系统。也就是说，这个秒杀活动的 HTTP 请求已经携带了 Cookie 字符串。

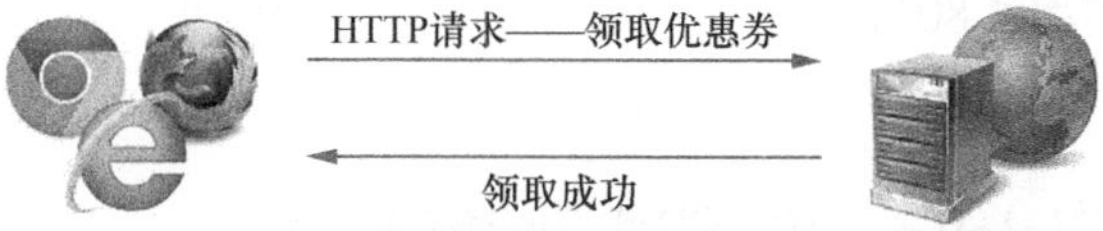

图 23-1 领取优惠券的过程

23.1.2 测试目标

通过对秒杀系统进行压力测试，我们可以达到以下目的：

- 了解秒杀系统在高并发情况下是否稳定；
- 了解秒杀系统的性能瓶颈，并对其进行优化；
- 通过实施业务场景压力测试为系统调优提供数据参考。

23.1.3 业务分析

一般来说，用户参加秒杀活动的操作顺序是：登录系统→打开秒杀活动页面→在约定时间点击秒杀链接。

这个秒杀链接只是一个 HTTP 请求，并且已经包含了用户登录的信息。对秒杀系统进行压力测试时，仅需要这个 HTTP 请求，不再需要模拟登录。

23.1.4 测试指标

性能测试中需要测试的性能指标如下所示。

（1）并发用户数，假设为 5000。

（2）交易响应时间。

- ≤0.2s，性能优异。
- 1s，性能良好。
- 5s，性能不可接受。

（3）并发交易成功率≥99%。

压力测试需要关注服务器资源的使用情况，监控的服务器应该包括 Web 服务器和数据库服务器。需要关注的指标如下所示。

（1）系统 CPU 使用率≤80%。

（2）系统内存使用率≤80%。

（3）系统 I/O 使用率≤80%。

23.2 使用 Fiddler 来测试秒杀活动

23.2.1 用 Fiddler 重新发送 HTTP 请求

Fiddler 的工具栏中有一个 Replay 按钮，单击该按钮可以向 Web 服务器重新发送选中的 HTTP 请求。选中多个会话（Session）并单击 Replay 按钮后，Fiddler 会用多线程同时发送请求。此功能可以用来进行并发的性能测试。

按住 SHIFT 键的同时单击 Replay 按钮，窗口会弹出一个提示框，该提示框要求指定每个请求被重新发送的次数。

在会话列表中选中一个或者多个会话后，右键单击菜单，我们可以看到 Replay 选项，如图 23-2 所示。

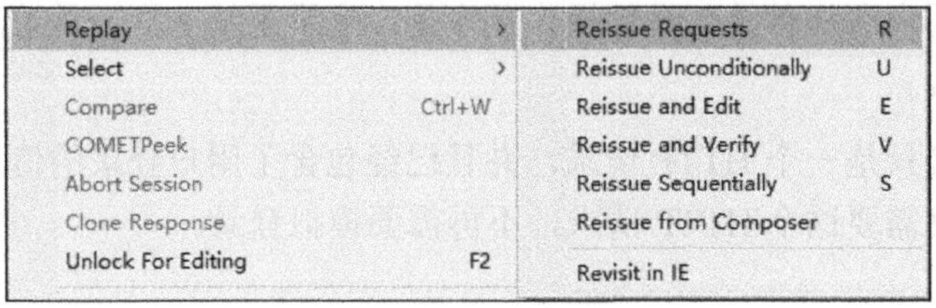

图 23-2 Replay 选项

部分子选项的含义如下。

- Reissue Requests：多线程同时发送请求。
- Reissue Sequentially：单线程发送请求。若选中多个 HTTP 请求，则会按顺序一个一个地重新发送请求。

23.2.2 用 Fiddler 测试秒杀活动的思路

用 Fiddler 测试秒杀活动的思路具体如下。

第 1 步：登录电商网站。

第 2 步：用 Fiddler 捕获秒杀活动的 HTTP 请求。

第 3 步：重放这个 HTTP 请求，将数量从 1 个更改为 100 个。

第 4 步：在秒杀活动开始的时候，全选这 100 个 HTTP 请求，并使用单线程重放或者多线程重放。

第 5 步：观察使用重放功能模拟的大量用户同时操作的场景是否让服务器产生拥挤，从而导致服务器不能正常工作。

Fiddler 使用单线程发送相当于模拟了用户的行为，一般不会被 Web 服务器察觉；当 Fiddler 使用多线程同时发送的时候，Web 服务器有可能察觉到这是非人为的重复操作。因此，测试的时候，Fiddler 的这两种发送方式最好都使用，并观察 Web 服务器能否探测到对服务器有危害的操作。

23.2.3 用 Fiddler 测试优惠券

下面通过一个秒杀优惠券的实例，来大致模拟一下使用 Fiddler 捕获和重放 HTTP 请求的功能以进行秒杀活动测试的过程。具体步骤如下。

第 1 步：打开某电商的网站并登录。

第 2 步：打开领券页面，如图 23-3 所示。

图 23-3 某购物网站图书优惠券活动

第 3 步：打开 Fiddler，然后单击页面中的“每满 200 减 100”优惠券的按钮。这样 Fiddler 就能捕获到这个 HTTP 请求了，如图 23-4 所示。

第 4 步：选中我们刚才捕获到的领取券的请求，多次单击 Replay 按钮，这样领取券的 HTTP 请求，就从原来的一个变成了多个。

第 5 步：选中所有“领取优惠券”的请求，在秒杀活动开始时，单击鼠标右键，选择

Replay→Reissue Sequentially 或者用快捷键 S，如图 23-5 所示。

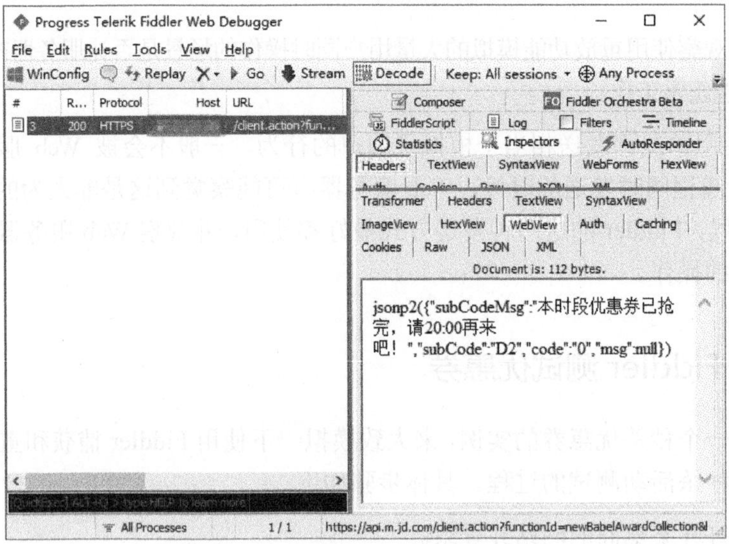

图 23-4 领取优惠券的 HTTP 请求

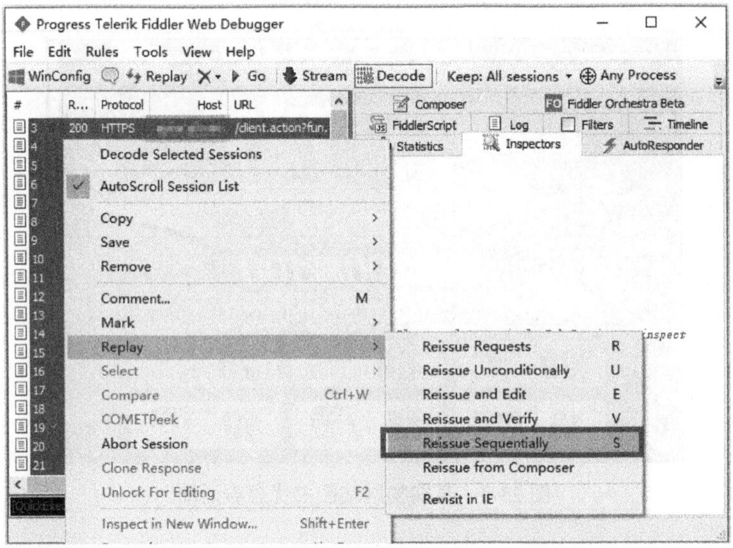

图 23-5 单线程重放

这样我们就实现了在特定的时间点，通过使用 Fiddler 模拟多个请求对服务器施加压力的情形，这也就是对一种瞬时高并发场景的模拟。

Fiddler 本身并不是一个专业的压力测试工具，利用 Fiddler 可能无法模拟出 5000 个用户同时秒杀优惠券的场景。

23.2.4 单线程还是多线程

重放时建议先尝试使用多线程，如果服务器拒绝了请求，就说明多线程重放的操作触发了风控系统；如果服务器没有拒绝，说明这个服务的风控系统做得不好。然后再尝试使用单线程重放，以体会两种重放方式的不同。

23.2.5 分辨脚本和用户

一般来说，通过脚本进行秒杀活动的操作可能会给系统服务器带来巨大的压力。作为秒杀活动的运营方，特别是在我们进行测试的时候，需要分辨哪些行为是用脚本来抢优惠券，哪些是真正的用户行为。而对于非人工的大量重复的请求，系统是需要屏蔽的。

如图 23-6 所示，在 1s 内有大量的 HTTP 请求，显然这不是用户的行为，而是脚本的行为，应该屏蔽。

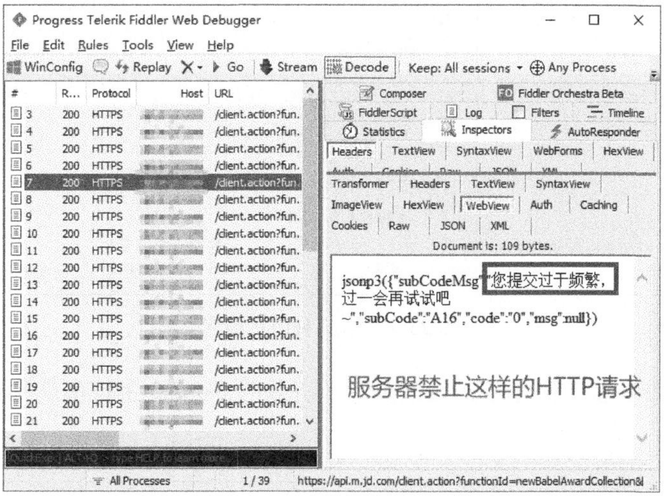

图 23-6 禁止大量的 HTTP 请求

23.3 捕获 App 上的优惠券活动

使用 Fiddler 同样也可以用来捕获手机 App 上的秒杀活动。手机 App 上秒杀活动的原理与 Web 端是相同的，都是向系统服务器发送一个带有客户信息的秒杀活动的 HTTP 请求。与 Web 端相比，手机端的这类 HTTP 请求有以下优势。

- App 秒杀活动的请求一般不会有验证码。

- App 的登录 Cookie 一般不会超时，可以一直用下去。

23.4 使用 JMeter 来测试秒杀活动

通过使用 Fiddler 进行压力测试的过程可以看到，我们不需要写任何一行代码就可以完成测试。对于比较简单的压力测试来说，Fiddler 操作简单方便，同时也提高了我们的工作效率。但对于比较专业的压力测试，JMeter 则是首选。JMeter 可以模拟大量并发的情形，并且它还提供测试报告，以供性能测试专业人员分析系统的性能。

接下来模拟一下使用 Fiddler 抓包和 JMeter 进行压力测试的过程。仍然是以秒杀优惠券为例，具体步骤如下。

第 1 步：把 Fiddler 中领取优惠券的 HTTP 请求填入 JMeter 中，如图 23-7 所示。

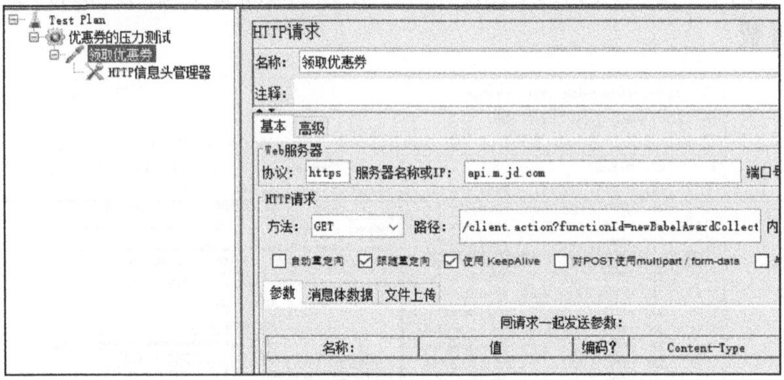

图 23-7 添加 HTTP 请求

第 2 步：添加信息头管理器。如果携带了有效的 Cookie 字符串就不需要模拟登录了，如图 23-8 所示。

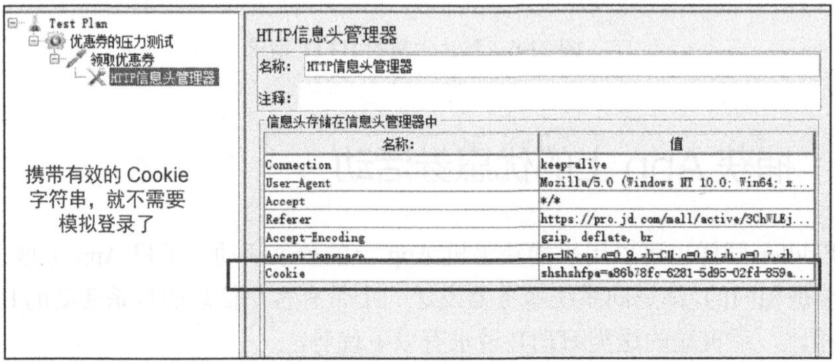

图 23-8 添加信息头

第 3 步：设置并发数量以及压测时间，如图 23-9 所示。

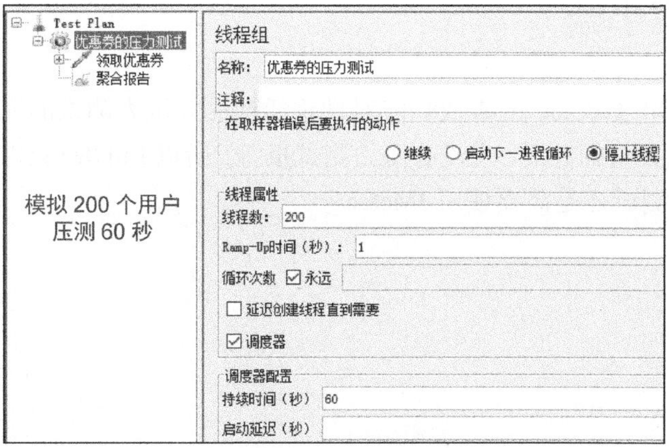

图 23-9 并发设置

第 4 步：添加聚合报告后就可以得到一个测试报告了，如图 23-10 所示。

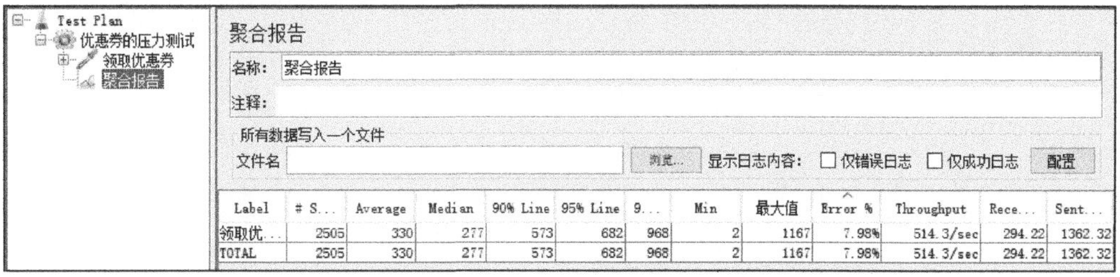

图 23-10 聚合报告

23.5 压力测试报告

压力测试结束后，我们可以根据 JMeter 中的聚合报告来写一份压力测试报告，压力测试报告如表 23-1 所示。

表 23-1 压力测试报告

并发数	响应时间	成功率	CPU 利用率	内存利用率	系统 I/O 使用率
200	≤0.1s	≥90%	≤80%	≤80%	≤80%
1000	≤0.5s	≥90%	≤80%	≤80%	≤80%
5000	≤1s	≥90%	≤80%	≤80%	≤80%
50000	≤4s	≥90%	≤80%	≤80%	≤80%

23.6 本章小结

本章展示了使用 Fiddler 的重放功能对秒杀活动进行压力测试的完整操作过程。但是 Fiddler 并不能模拟大量的并发，也没有压力测试报告，所以 Fiddler 只能做一些简单的压力测试。专业的压力测试还是需要使用 JMeter。

第 24 章

用 Fiddler 和 JMeter 进行性能测试

Fiddler 本身可以发包，广泛用于各种性能测试。本章将介绍如何用 Fiddler 和 JMeter 进行性能测试。

24.1 性能测试概述

图 24-1 列出的是性能测试的一些基本知识。

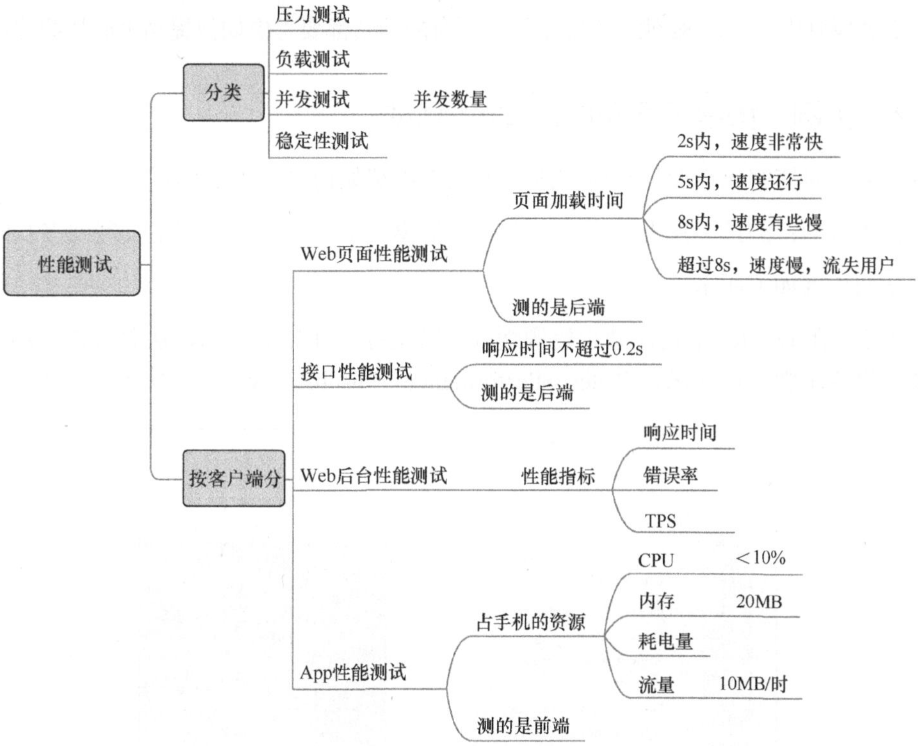

图 24-1　性能测试介绍

性能测试是一个很广的概念，测试人员一般会使用 JMeter 和 LoadRunner 来做性能测试。JMeter 是开源软件，并且非常轻便，已经获得越来越多人的青睐。

24.2 Web 页面加载时间测试

从用户的角度看，性能就是响应时间，例如程序用起来是否卡顿，网页打开的速度快不快。页面加载时间是简单且常见的一种性能标准。

24.2.1 258 原则

速度快是一个比较感性的概念，计算机需要用一个数字化的标准来衡量速度的快与慢。业界常见的标准叫作 258 原则。

- 2s 以内可以打开一个网页，用户会感觉速度很快，体验很好。
- 5s 左右可以打开一个网页，用户觉得速度还可以。
- 8s 左右才打开一个网页，用户会感觉速度很慢，但还可以接受。
- 超过 8s 仍然无法打开网页，用户会感觉糟糕透了。

在 258 原则中，超过 8s 就是性能不好，所有的网站都要考虑如何提高页面加载的性能。

24.2.2 实例：博客园页面加载时间测试

本节通过对博客园页面加载时间进行测试来讲解如何进行性能测试。

测试的目的：测试上海电信用户在无缓存的模式下，打开博客园主页需要多长时间。

测试的步骤如下所示。

第 1 步：在 Fiddler 中设置禁止资源缓存，以让每次打开页面都是从服务器中加载最新的资源。设置步骤为依次选择 Rules→Performance→Disable Caching，如图 24-2 所示。

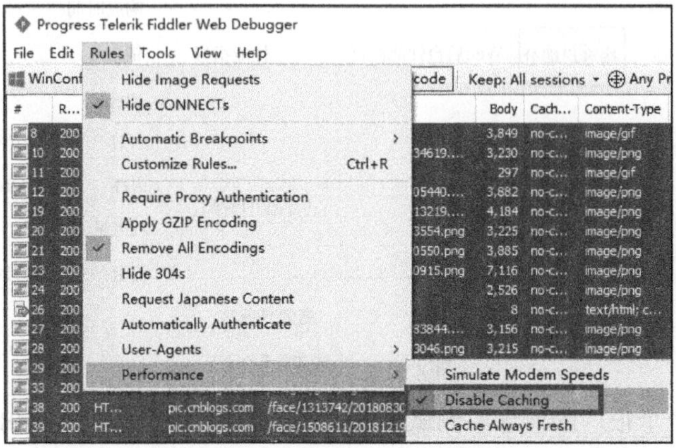

图 24-2 Fiddler 禁止使用缓存

第 2 步：打开 Chrome 浏览器，输入博客园网址。

第 3 步：在 Fiddler 中，选择 Parent Request（博客园首页网站），然后右键单击菜单，选择 Child Requests。这样就选择了打开博客园主页发送的所有 HTTP 请求，如图 24-3 所示。

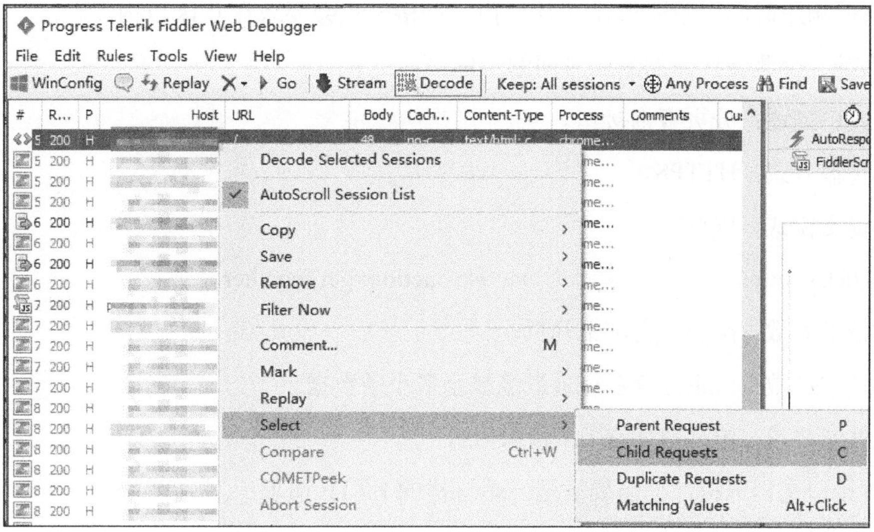

图 24-3 选中博客园主页的所有请求

第 4 步：停止抓包，然后打开右边的 Timeline 面板。

从图 24-4 中可以看出所有的请求都在 1s 内。细看可以发现页面打开时间大概是 0.7s，速度相当快。

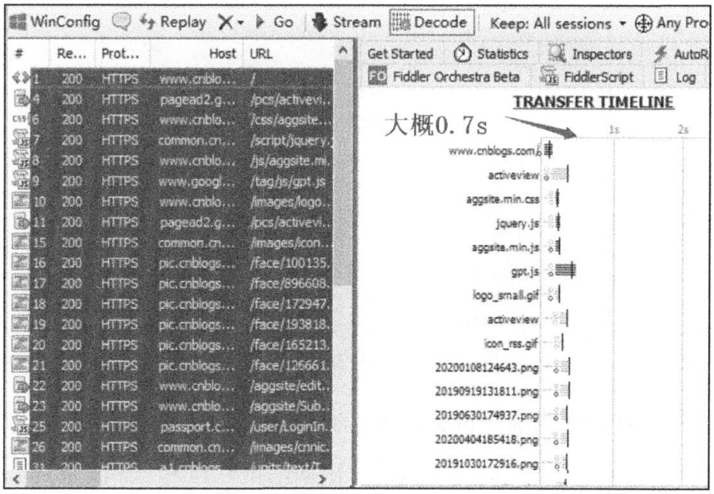

图 24-4 博客园主页的 Timeline 面板

24.3 接口的响应时间测试

接口的响应时间一般要求在 0.2s 以内，严格一点会要求在 0.1s 以内。

下面是一个测试接口的响应时间的示例。

- 接口描述：分页查询接口。
- 传输方式：HTTPS。
- 提交模式：POST。
- URL：https://[redacted]action=getTogether。
- 请求参数：page，表示第几页。
- 请求参数：limit，表示每页最多显示多少条数据。
- 性能要求：响应时间在 0.1 秒以内。

通过接口文档分析，你需要发送一个这样的 HTTP 请求。

```
POST https://[redacted]action=getTogether HTTP/1.1
Host: b[redacted].com

page=1&limit=10
```

打开 Fiddler，在 Composer 面板中，填写 HTTP 请求的结构，然后单击 Execute 按钮，如图 24-5 所示。

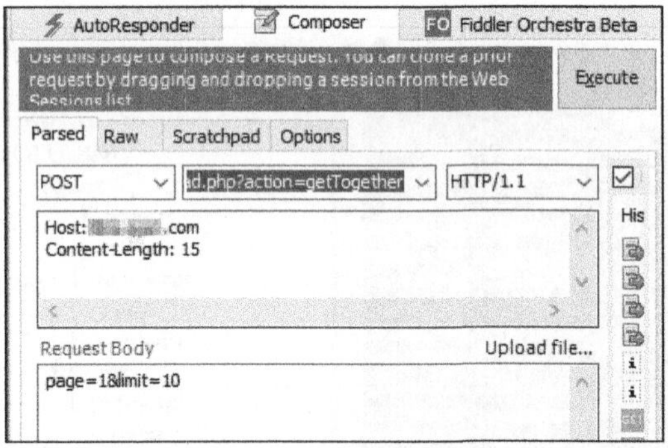

图 24-5 Composer 测试接口

选择发送出去的 HTTP 请求，再选择 Statistics 面板，如图 24-6 所示。

从图 24-6 中可以看到响应时间是 1.2s，与预期结果 0.1s 相比相差太多，测试没有通过，可以开 Bug 了。

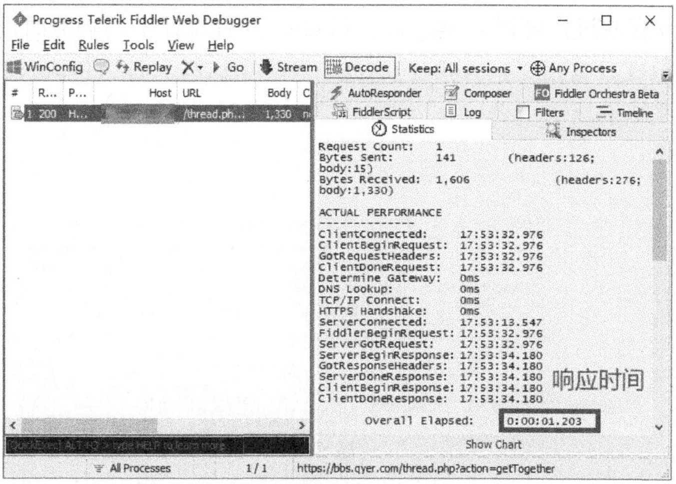

图 24-6 查看响应时间

接口的并发测试

还是上面这个接口，这次进行压力测试。

- 压力测试要求：模拟 10 个用户同时调用查询接口。
- 测试指标：大部分用户的响应时间在 0.2s 以内。

在 Fiddler 中，选择 HTTP 请求，按住 Shift 键的同时单击工具栏中的 Replay 按钮。此时会弹出一个对话框，填入 10，如图 24-7 所示。

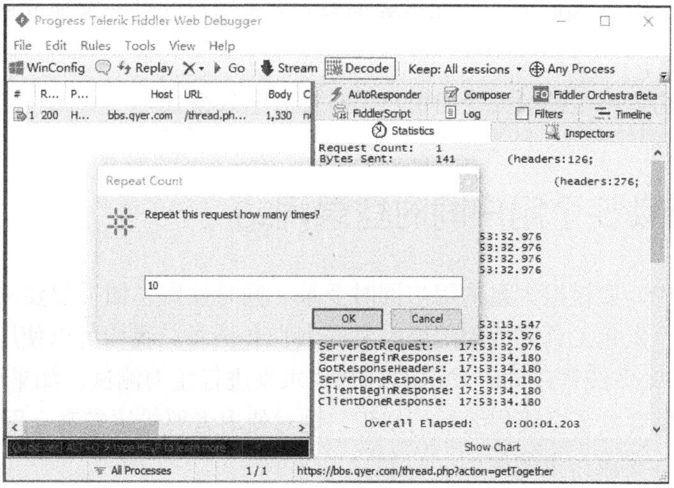

图 24-7 重放次数

从图 24-8 中随便选取一个 HTTP 请求可以看到响应时间是 2.5s，与预期结果 0.2s 相比相差太多，测试没有通过，可以开 Bug 了。Fiddler 没有统计平均响应时间的报表工具，如果想要得到 10 个 HTTP 响应的平均响应时间，只能找到每个 HTTP 请求的响应时间后，大致计算出一个参考结果。

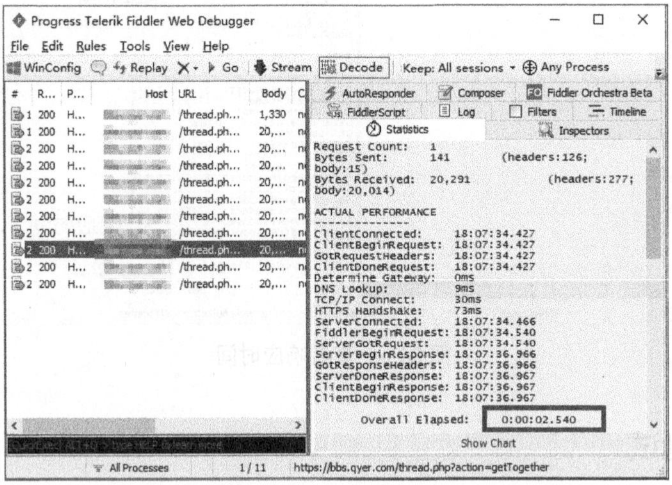

图 24-8 查看响应时间

24.4 视频播放的性能测试

很多直播 App 或者在线教育的 App，可以在线播放视频。如果没有对该类 App 做过压力测试，则可能会出现 App 服务器死机等现象。大量用户同时并发播放视频，会导致视频卡顿或者死机。

做压力测试的思路是模拟大量的用户同时观看下载视频。

24.5 模拟 5 个用户同时登录网站

在压力测试中，要模拟大量的用户同时登录、同时操作。如果想要模拟多个用户并发登录，需要用一个发包工具多线程地同时发送 HTTP 请求。我们可以使用 Fiddler、JMeter 或者 Python 来启动多线程以同时发送 HTTP 请求来进行压力测试。如果用 Python 来实现的话，则需要使用者具备多线程编程的知识，这对使用者要求比较高。用 JMeter 来进行压力测试很简单，具体操作步骤如下。

第 1 步：找一个网站作为示例，找登录不需要验证码的网站。然后对登录进行抓包，抓包的 HTTP 报文如下所示。

```
POST https://www.某网站.com/user/login.php?action=login&usecookie=1 HTTP/1.1
Host: www.某网站.com
Connection: keep-alive
Content-Type: application/x-www-form-urlencoded
User-Agent: Mozilla/5.0 (Windows NT 10.0; WOW64) AppleWebKit/537.36 (KHTML, like
Gecko) Chrome/63.0.3239.26
Referer: https://某网站.com/

username=tankxiaohttp&password=tanktest
```

第 2 步：用 JMeter 发送一个一模一样的 HTTP 请求，这相当于模拟了一个用户登录，如图 24-9 所示。

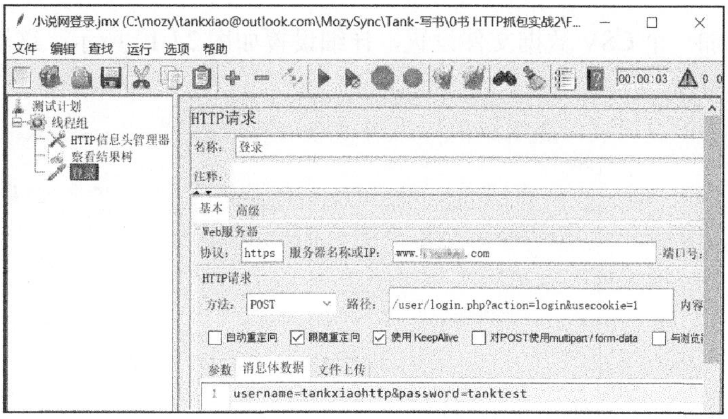

图 24-9　一个用户登录

第 3 步：把线程组的用户数量改为 5，就相当于 5 个用户同时登录，如图 24-10 所示。

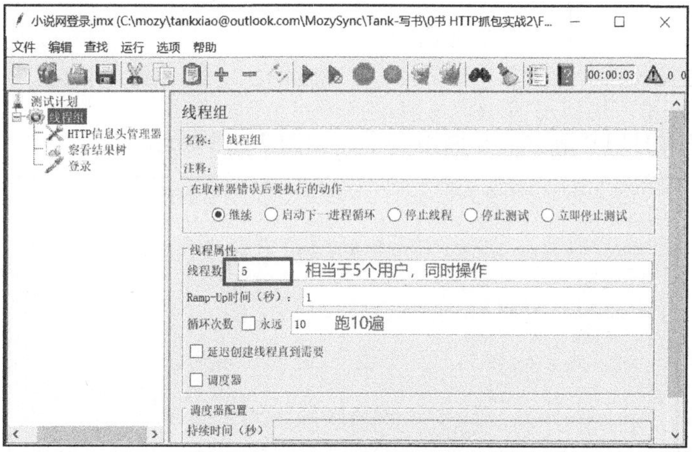

图 24-10　5 个用户同时登录

如果将线程数改为 500，就相当于 500 个用户同时登录网站了。但是在真实的场景中每个用户都应该是用不同的用户名和密码登录的，而现在的脚本都使用的是一样的用户名和密码。做压力测试的时候应该尽量模拟真实的场景，所以我们需要每个用户使用不同的账号，这样更贴近真实的情况。

24.6 模拟 5 个不同的用户同时登录网站

需要在 JMeter 中使用“CSV 数据文件设置”才能做到每个用户用不同的用户名和密码。具体的操作步骤如下所示。

第 1 步：在本地新建一个 TXT 文档。在其中输入 5 个用户名和密码，用户名和密码之间用英文逗号分隔，如图 24-11 所示。

第 2 步：添加一个 CSV 数据文件设置，详细设置如图 24-12 所示。这里的文件用.txt 文档或.csv 文档都可以。

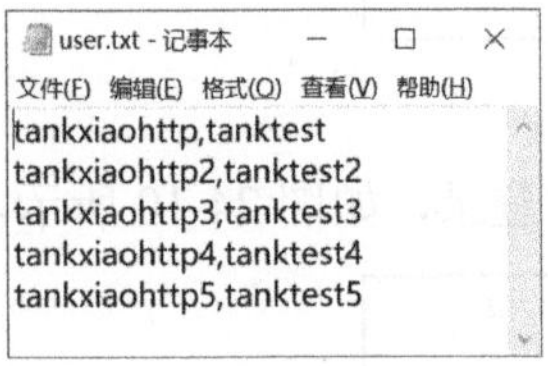

图 24-11 数据放在 txt 文档中

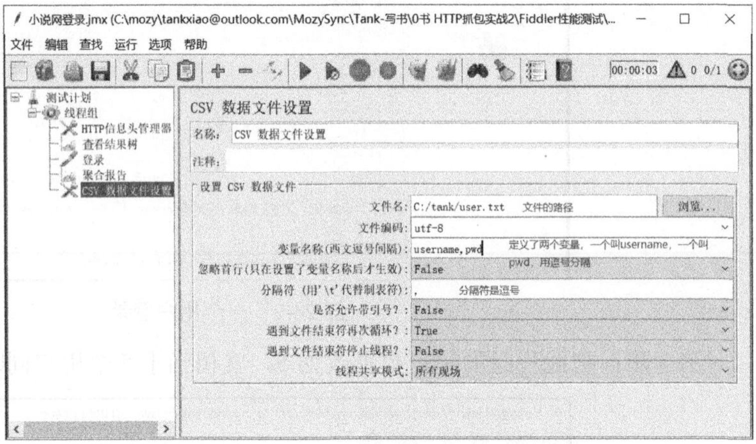

图 24-12 CSV 数据文件设置

第 3 步：修改 HTTP 请求，并调用变量，如图 24-13 所示。

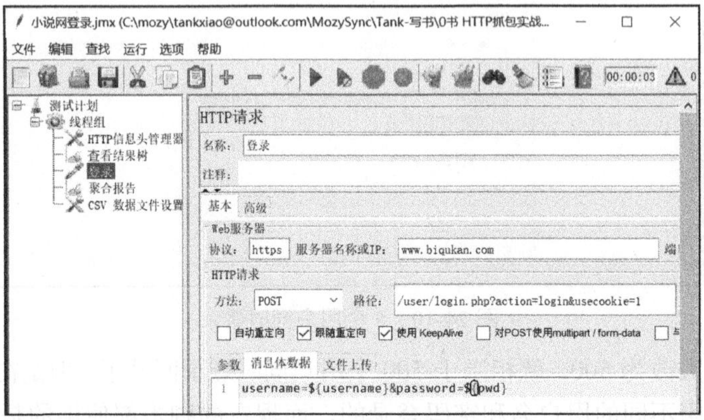

图 24-13 调用变量

第 4 步：运行脚本，在“查看结果树”中查看运行的结果。查看登录用的是否为不同的用户名和密码，如图 24-14 所示。

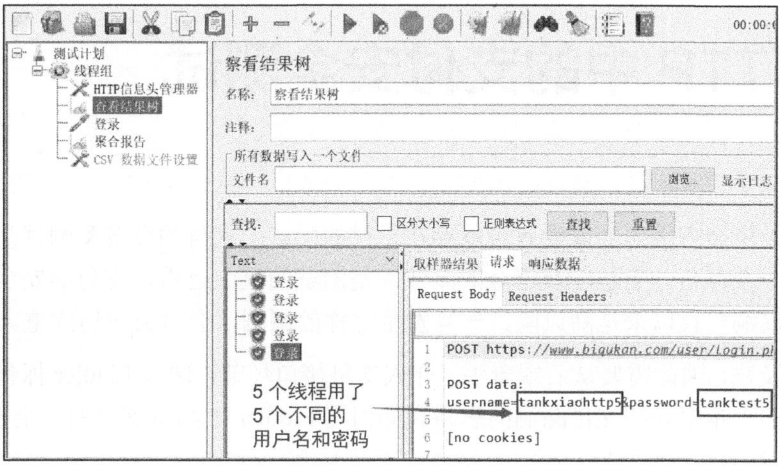

图 24-14　JMeter 运行结果

24.7　本章小结

本章从性能测试出发，介绍了用 Fiddler 进行 Web 页面加载时间测试和接口相应时间测试的具体过程。对于模拟大量的用户同时操作的压力测试，用 JMeter 操作更简单。有些公司有专门的性能测试人员，但是大部分的公司进行性能测试，是由功能测试人员做的。学习完本章，测试人员应该能进行一些简单的性能测试。

第 25 章

HTTP 中的支付安全测试

凡是涉及资金方面的功能就有可能存在支付的问题。支付的开发和测试是电商产品中非常重要的一个环节。支付涉及资金的流转，是测试的重中之重，支付的安全性测试更是重要。支付漏洞一直以来是高风险，一旦发生这样的漏洞，会对公司造成重大损失。

支付涉及钱，因此需要从后端着手，介入支付接口环节，通过 Fiddler 抓包来了解支付是如何交互的。本章介绍支付漏洞的思路和如何用 Fiddler 来测试支付的安全性。

25.1 修改支付价格

订单的支付价格方面的测试是非常重要的，不能出任何问题。如果支付价格出现问题，网站则会遭遇“羊毛党”的攻击，损失会非常惨重。

接下来我们通过一个示例来了解修改支付价格的过程。一般的过程是先提交订单，然后在支付的时候修改支付的价格。详细步骤如下（以下示例为虚拟示例，请勿将其用于非法用途）。

第 1 步：打开订单支付页面，如图 25-1 所示。

图 25-1　订单支付页面

第 2 步：打开 Fiddler，按快捷键 F11 下断点。在支付页面上单击“立即支付”按钮。

Fiddler 会拦截到支付的 HTTP 请求。然后再按快捷键 Shift+F11，取消断点。

第 3 步：在 Fiddler 中，把 280.00 元修改为 0.01 元。然后单击 Run to Completion 按钮，如图 25-2 所示。

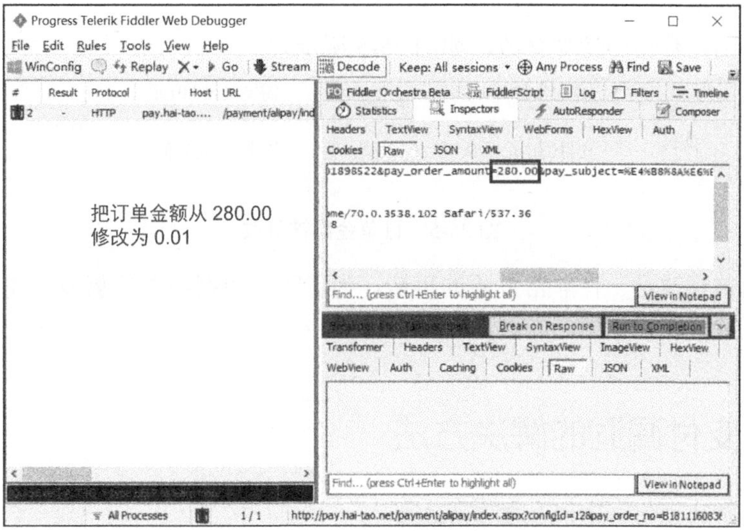

图 25-2 用 Fiddler 修改订单金额

第 4 步：用支付宝支付 0.01 元后，可以看到支付成功界面，如图 25-3 所示。

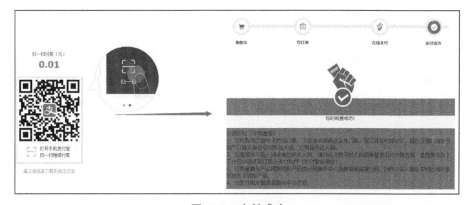

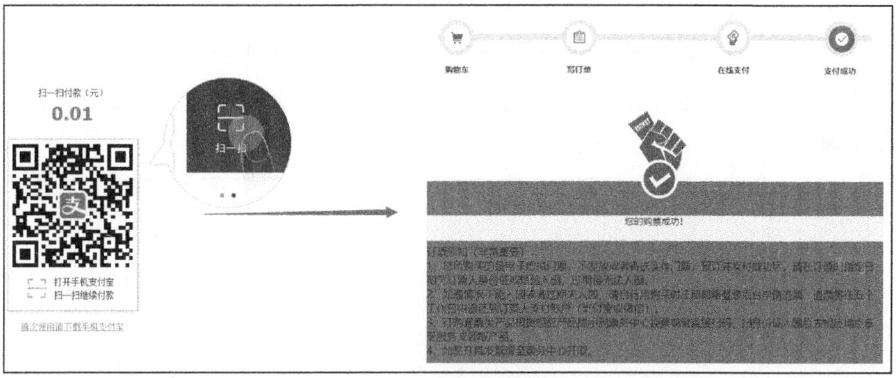

图 25-3 支付成功

25.2 漏洞发生的原因

上述示例中出现支付漏洞的第一个原因是，订单金额从浏览器客户端直接传到服务器，如图 25-4 所示。

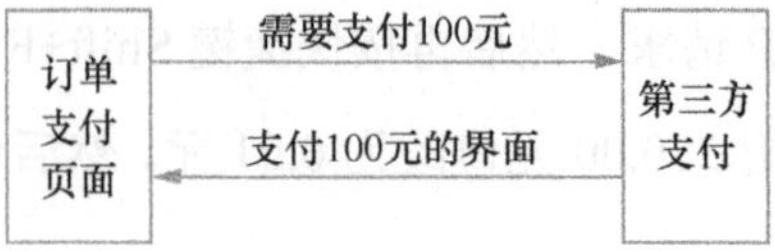

图 25-4 浏览器将订单金额传递给服务器

第二个原因是数据中途被篡改，如图 25-5 所示。

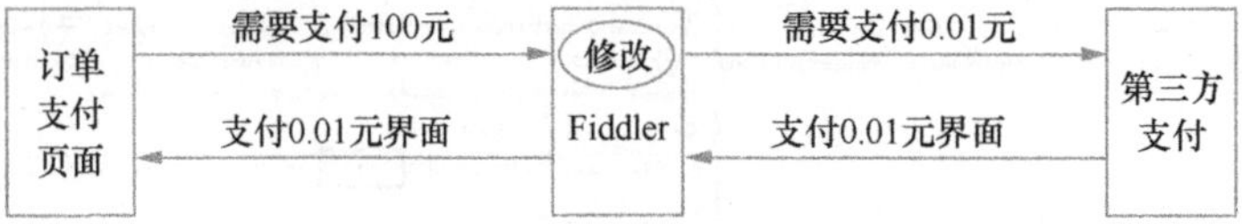

图 25-5 订单金额被篡改

数据中途被篡改是一件非常危险的事情。为了防止数据被中途篡改，需要使用签名来保护数据，也就是保护数据的完整性。

25.3 支付漏洞的解决方法

本节介绍解决支付漏洞的几个常见方法。

25.3.1 前端不传递金额

在客户端付款的时候，客户单击付款按钮跳转到第三方支付，客户端传递给第三方支付的是一个订单号。这样 Fiddler 就没有修改订单金额的机会了。

如图 25-6 所示，单击“立即付款”按钮后，Fiddler 抓到的 HTTP 请求中只有订单号而没有订单金额。

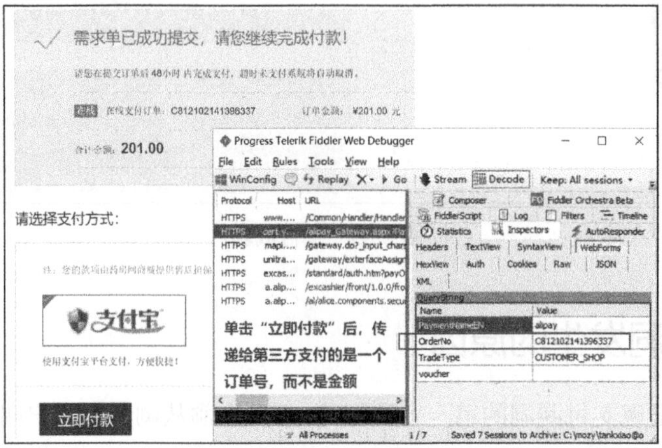

图 25-6 支付的 HTTP 请求使用订单号

25.3.2　签名防止数据被篡改

为 HTTP 请求的数据添加签名可防止数据被篡改，如图 25-7 所示。当 Fiddler 修改了金额后，服务器会直接报错，这是因为服务器已经监测到数据被篡改了。

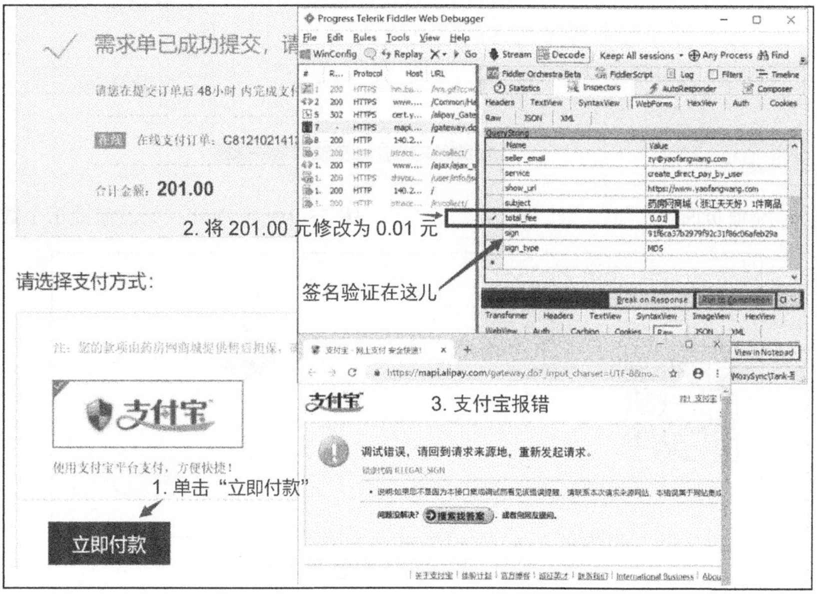

图 25-7　使用签名防止数据被篡改

25.4　修改充值金额测试

很多网站都有充值的功能，此时我们需要防止改包。

接下来以某个虚拟的直播网站为例进行讲解。直播网站一般是用 RMB 来换游戏币，例如 1RMB=100 游戏币，然后用游戏币去购买想要的东西。改包的详细步骤如下（以下示例为虚拟示例，请勿将其用于非法用途）。

第 1 步：打开充值页面，选择 5 元充 500 个游戏币，如图 25-8 所示。

第 2 步：打开 Fiddler，按快捷键 F11 抓包。然后单击“下一步”按钮进行抓包，把 500 个游戏币改为 500000 个游戏币，如图 25-9 所示。

第 3 步：完成支付后，去账号里面查看游戏币的个数，如图 25-10 所示。

测试人员需要对充值功能进行详细的测试，才能杜绝这方面漏洞的出现。目前很少有公司有这样的漏洞了。

图 25-8 充值页面

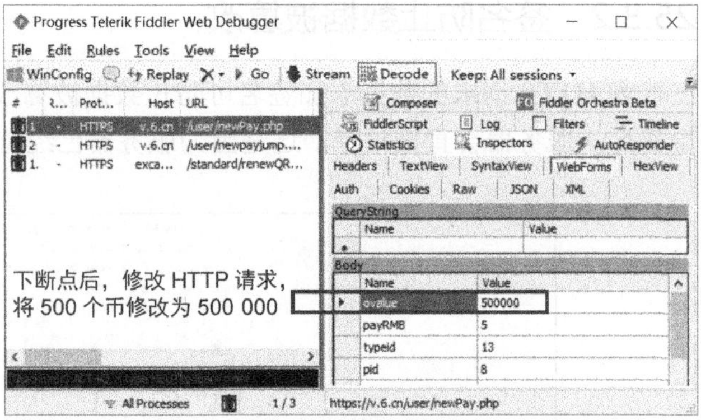

图 25-9 用 Fiddler 修改游戏币个数

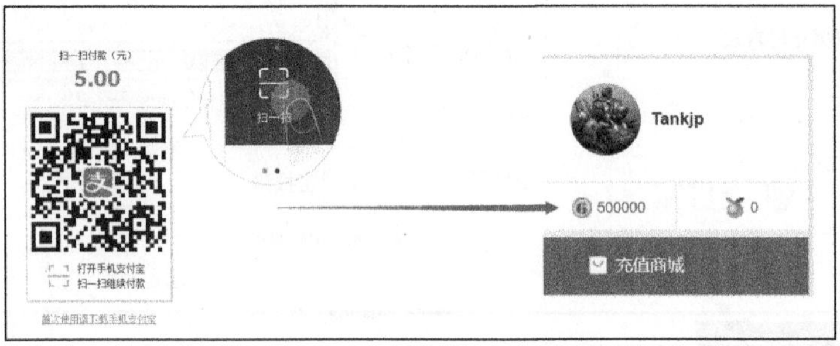

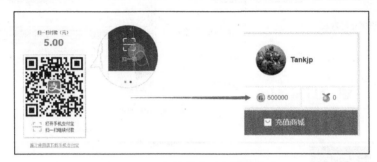

图 25-10 支付成功后查看游戏币

25.5 多线程提现测试

在提现时，如果没有任何验证码或者校验机制，且只要输入提现金额就可以提现（秒到账），此时就需要测试多线程并发问题。例如账号中只有 24 元，若采用多线程提现的方法来提现，每个线程都提现 24 元，如果有两个线程成功了，就有可能可以提出 48 元。接下来以某个虚拟的网站为示例进行讲解。使用多线程提现的详细步骤如下（以下示例为虚拟示例，请勿将其用于非法用途）。

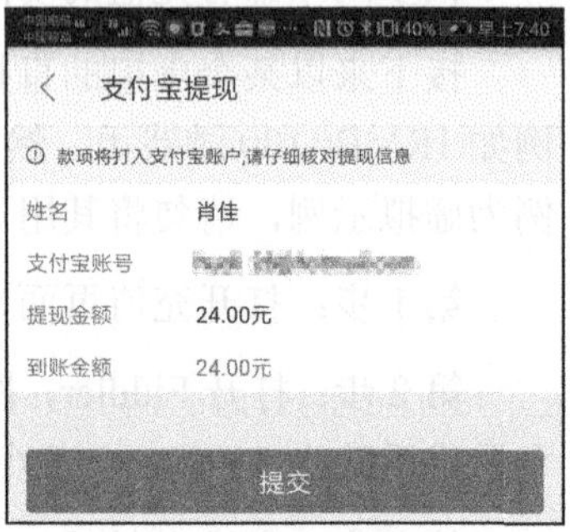

图 25-11 提现页面

第 1 步：打开 App，进入提现页面，如图 25-11 所示。

第 2 步：配置好 Fiddler 后捕获 App，并且按 F11 键下断点，以捕获提现的 HTTP 请求。捕获到后马上取消断点，如图 25-12 所示。

第 3 步：使用 Fiddler 的多线程重放的功能，先选择 HTTP 请求，然后单击 Replay 按钮。重复数量设为 100，如图 25-13 所示。

图 25-12 Fiddler 拦截提现的 HTTP 请求

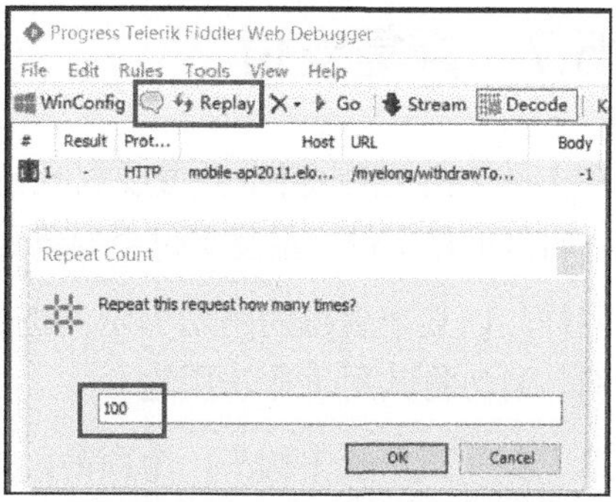

图 25-13 Fiddler 的多线程提现

多线程提现的方法和重复支付的思路是相反的。本来账号最多只能提现 24 元，如果这里出现了 Bug，可以提现出 48 元或者更多。该漏洞会导致大量的非法用户进行攻击，给公司带来严重的损失。

25.6 转账金额修改测试

同样，以某个虚拟的网站为示例进行讲解。修改转账金额的详细步骤如下（以下示例为虚拟示例，请勿将其用于非法用途）。

第 1 步：发起一笔转账交易。

第 2 步：用 Fiddler 工具下断点，修改交易金额后放行，从 250.0 元改为 2500.0 元，如图 25-14 所示。

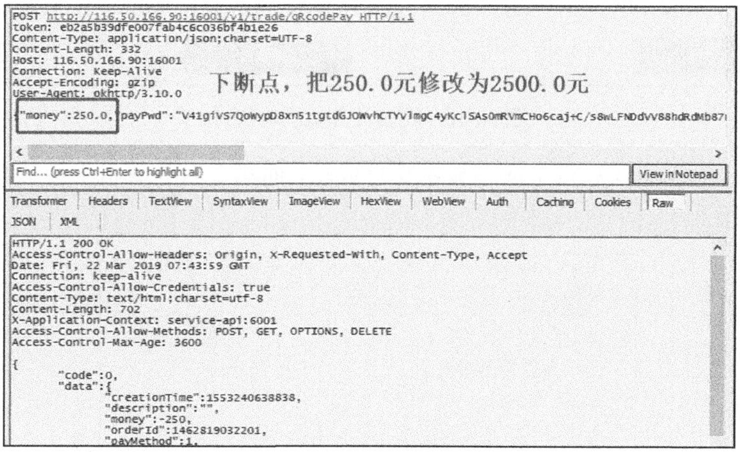

图 25-14 转账改金额

期待结果：交易失败，后台要检验数据。

25.7 重复支付

在支付的相关测试中，重复支付也是比较重要的一个方面。同一个订单，被支付两次及以上，叫作重复支付。重复支付会导致用户的信任度下降甚至消失，非常影响公司的信誉。

同样，以某个虚拟的网站为示例进行讲解。重复支付的详细步骤如下（以下示例为虚拟示例，请勿将其用于非法用途）。

第 1 步：在系统中购买一个商品，如图 25-15 所示。

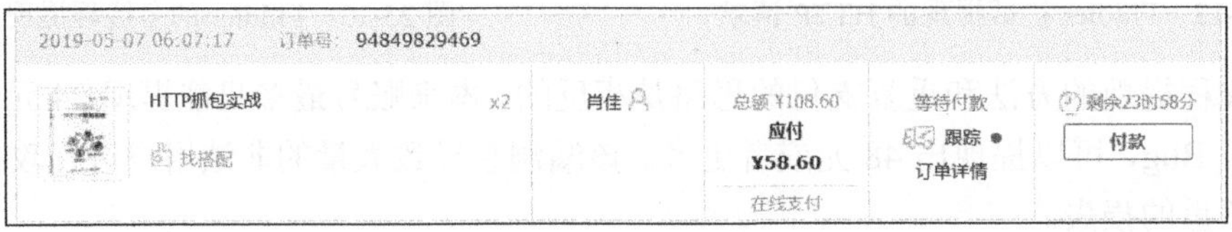

图 25-15　订单

第 2 步：在第 1 台计算机上用浏览器打开支付页面，输入支付密码。在第 2 台计算机上用浏览器打开支付页面，输入支付密码。然后几乎在同一时间，同时单击两台计算机上的“立即支付”按钮，如图 25-16 所示。

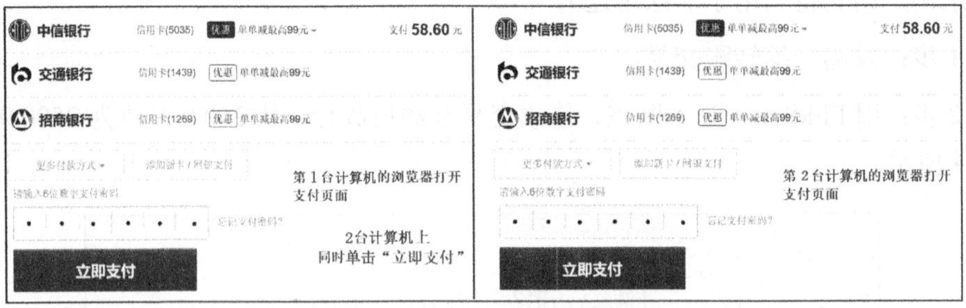

图 25-16　两台计算机同时支付

期待结果：第 1 台计算机上应该显示支付成功，而第 2 台计算机上应该显示支付失败，如图 25-17 所示。

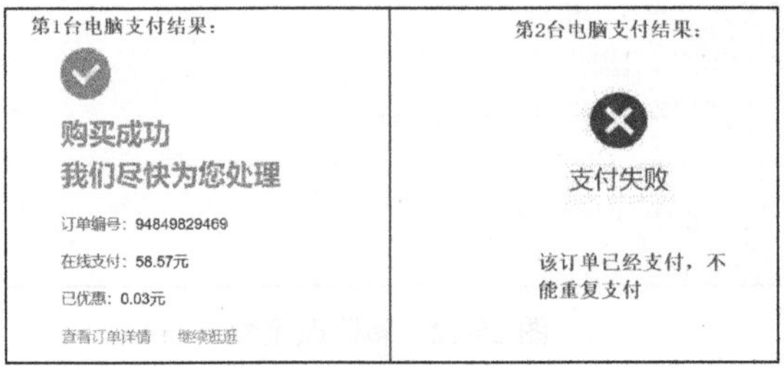

图 25-17　支付结果

一般手动做重复支付测试即可。

25.8 本章小结

本章从修改支付价格的示例入手，讲述了支付漏洞产生的原因及对应的一些解决方法。在此基础上，本章结合示例列举了使用 Fiddler 测试支付安全性的多种方法。支付中的安全测试非常重要。

第 26 章

Web 安全渗透测试

安全测试也叫渗透测试，每个功能测试人员都应该具备一些安全测试的思维。有的公司有独立的安全测试组专门进行安全测试。

26.1 敏感信息泄露测试

系统用户的密码等重要信息的存储要保护好，不能明文存放，而应该通过 MD5 散列算法加密后，然后存放到数据库中。明文存放是一个非常大的安全性 Bug。

敏感信息包括但不限于：密码、密钥、隐私数据（短消息的内容）、信用卡账户、银行账户、个人数据（姓名、住址、电话）等。这些数据在存储或者传输时都应该经过加密处理，如图 26-1 所示。

在图 26-2 中，密码的传输没有加密处理，这是一个安全隐患。

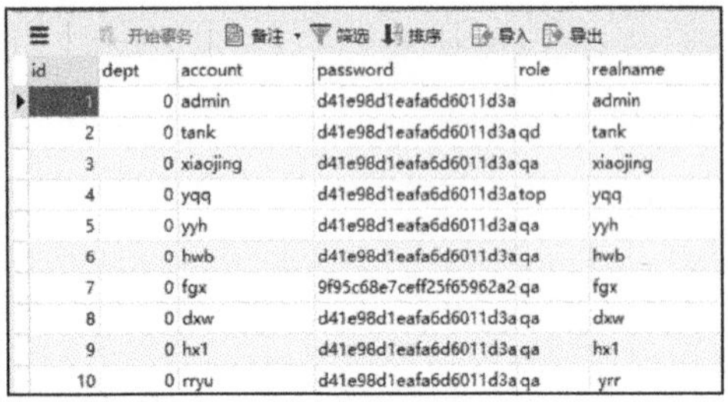

图 26-1 密码在数据库中的存放

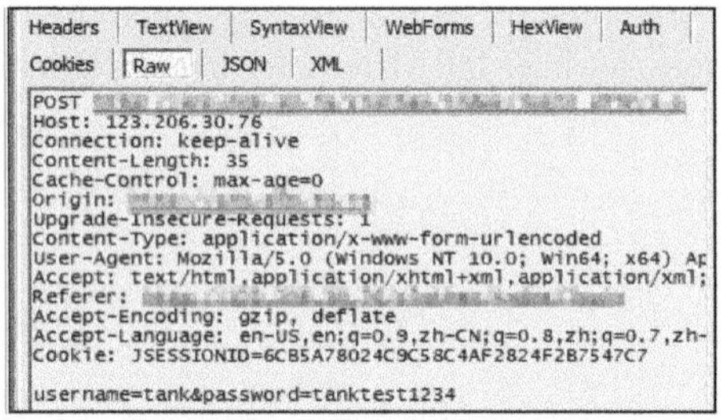

图 26-2 密码传输过程没有加密

26.2 重置密码测试

很多网站或者 App 都有找回密码的功能，找回密码的流程一般分为 4 个步骤：验证用户名→验证短信验证码→输入新密码→重置密码成功。这 4 个步骤应该紧紧相连，只有通过了前一个步骤的验证才可以进入下一个步骤。

如果我们用 Fiddler 改包且跳过了第 2 步，那么就可以重置任何密码了。具体步骤如下所示。

第 1 步：填写手机号码，如图 26-3 所示。

填写正确的手机号码和正确的图片验证码，单击“确定”按钮。

第 2 步：输入手机验证码，如图 26-4 所示。

图 26-3　填写手机号码

图 26-4　短信验证码

填入正确的手机号码和正确的图片验证码。单击“免费获取验证码”按钮。问题来了，这时我们没有短信验证码，因为手机号码的主人不是自己。

第 3 步：打开 Fiddler，下响应断点，然后在图 26-4 中单击“下一步”按钮。Fiddler 可以获取到服务器返回的 HTTP 响应，HTTP 响应中显示短信验证码错误，如图 26-5 所示。

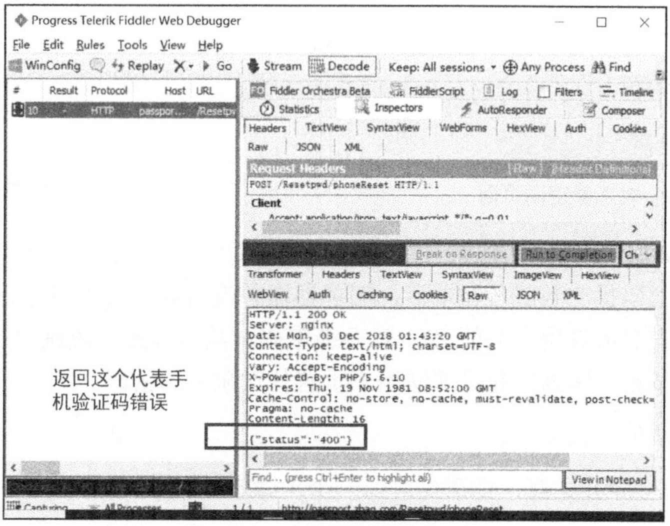

图 26-5　验证码错误

利用 Fiddler 修改包的功能来修改 HTTP 响应，如图 26-6 所示。

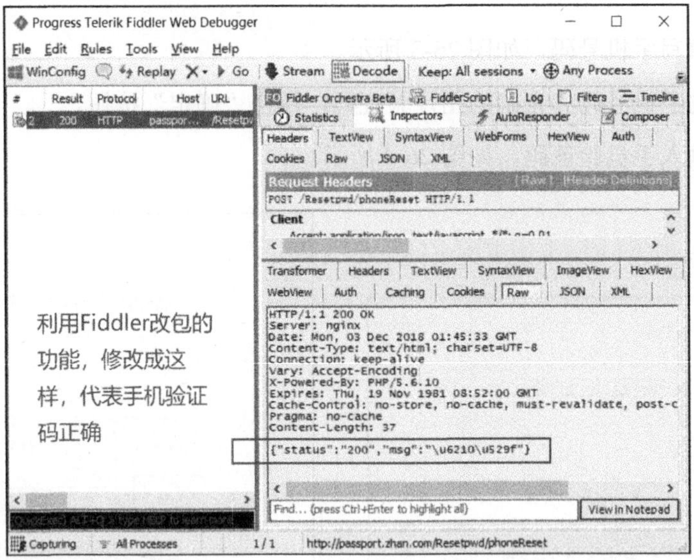

图 26-6 修改 HTTP 响应

这样就欺骗了浏览器，浏览器就会跳转到重置密码页面，如图 26-7 所示。输入新的密码，就可以成功重置密码了，如图 26-8 所示。

图 26-7 输入新密码页面

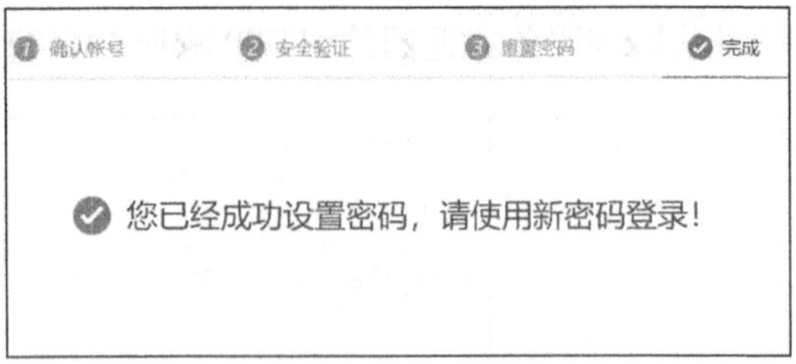

图 26-8 密码重置成功

我们通过 Fiddler 的改包功能跳过了短信验证码页面，直接进入了设置新密码界面。当我们将输入的新密码提交到服务器端后，服务器端并没有对当前用户进行二次验证。服务器端只验证了用户名或者用户名的 ID，以及新密码，从而导致系统跳过短信验证码环节。这样的漏洞非常严重，因为它允许非法用户重置任意账号的密码。

修复该类漏洞的建议如下。

- 在进行每个步骤之前，都需要对前一个步骤进行验证。
- 在最后提交新密码时，应该对用户名 ID、手机号、短信验证码进行二次匹配验证。

26.3 修改任意账号的邮箱密码

邮箱的登录页面中一般会有重置密码的功能。在重置密码的链接中，如果 token 值未验证或者不失效，那么任何账号的密码都可以被重置，这会严重威胁到账号安全。密码重置的原理如下：使用邮箱重置密码时，服务器端向邮箱发送一个重置密码的链接，链接中包含当前用户的身份信息（如用户名或用户 ID）和一个随机生成的 token 信息。如果未对 token 值进行验证或是验证后 token 不失效，我们就可以通过修改用户名或用户 ID 来重置任意账号的密码。

例如，某网站使用邮箱找回密码时，服务器端向邮箱发送的链接如下。

http://www.tankxixiao.com/GetPwd.aspx?token=0x0387a5a6c1224d6ba0ce16dc72e&r=3244166

经过尝试，此处未对随机生成的 token 值进行验证或是验证了但是验证之后未失效，导致 token 可以重复使用，最终只需要将 r 修改为其他用户的 ID，即可重置其他用户的密码。

该漏洞的修复建议如下。

- 让服务器端对客户端提交的 token 值进行验证。
- 保证 token 值使用一次后即失效，防止重复使用。
- 对用户 ID 进行自定义加密。
- 使用根据用户 ID 生成的 token 值来标识用户，链接中不携带用户 ID。

26.4 Cookie 是否是 HttpOnly 属性

当将 Cookie 设置为 HttpOnly 的属性时，JavaScript 脚本就不能读取这个 Cookie 的值，这样 Cookie 就会比较安全。

与登录相关的 Cookie 或者会话 Cookie 一定要设置为 HttpOnly 属性（对大小写不敏感），这样 JavaScript 脚本将无法读取到 Cookie 信息。如果 Cookie 信息泄露，攻击者可以重播窃取的 Cookie，伪装成用户获取敏感信息。

可以用 Fiddler 检查 Cookie 是否被设置为 HttpOnly 属性。打开 Fiddler，捕获某网站的登录的 HTTP 请求和响应。在 Fiddler 中可以看到 Cookie 的属性，如果 Cookie 没有设置为 HttpOnly，那就是一个安全 Bug。

如图 26-9 所示，dbcl2 这个 Cookie 被设置为 HttpOnly 属性，这样 JavaScript 就不能读取。

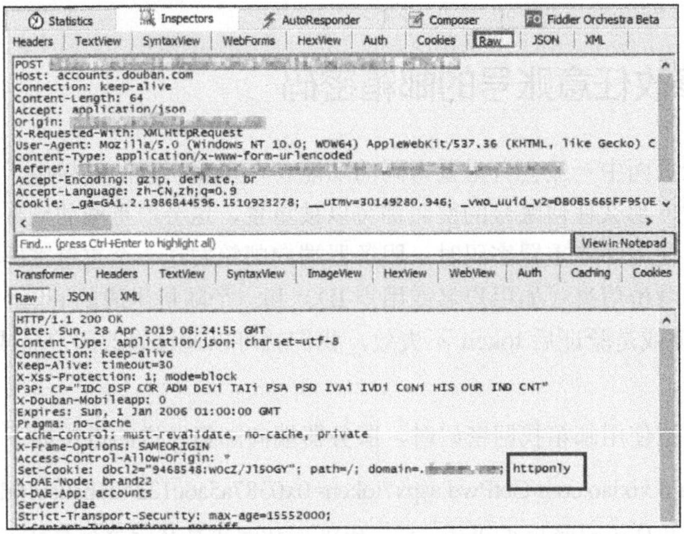

图 26-9 Cookie 被设置为 HttpOnly

用 JavaScript 读取 Cookie

打开网站并登录，然后在地址栏中手动输入 javascript:alert(document.cookie)，该操作可以获取这个网站的所有 Cookie。如果 Cookie 是 HttpOnly 属性就不能读取，如图 26-10 所示。

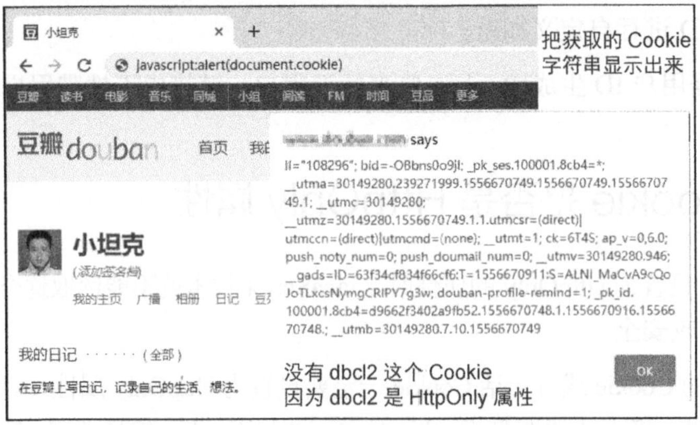

图 26-10 JavaScript 读取 Cookie

26.5 越权访问漏洞

目前存在着两种越权操作类型：横向越权操作和纵向越权操作。前者指的是攻击者尝试访问与他拥有相同权限的用户的资源；后者指的是低级别攻击者尝试访问高级别用户的资源。

正常情况下，用户只能查看自己的订单，而不能查看别人的订单。如果能查看别人的订单，则说明系统存在非常严重的安全 Bug。

查看订单的 URL（不是真实的 URL）。

http://m.tankzoo.com/tools/p_json_ajax.ashx?action=order_list&type=0&user_id=207&page=1

查看到的用户订单详情如图 26-11 所示。

{"status":1,"have":1,"list":[{"id":373443,"order_no":"B19042921304831416463","status":"待付款","button":"
\u003ca href=\"###\" class=\"btn btn1\" onclick=\"onPay(\u0027B19042921304831416463\u0027) \"\u003e
去付款\u003c/a\u003e \u003ca href=\"###\" onclick=\"onCancel(\u0027B19042921304831416463\u0027)\"
class=\"btn\"\u003e取消订单\u003c/a\u003e","good_list":[{"id":313925,"title":"成人门
票","img_url":"/upload/201704/01/thumb_1_201704011017527881.jpg","quantity":1,"sell_price":120.00,"totl_pri
04-29"}]},{"id":373441,"order_no":"B19042921273917665903","status":"待付款","button":" \u003ca
href=\"###\" class=\"btn btn1\" onclick=\"onPay(\u0027B19042921273917665903\u0027) \"\u003e去付款

图 26-11　我的订单

可以看到 user_id=207, 207 是用户的编号。将 207 修改为 208，看看能否获取其他用户的订单信息，如图 26-12 所示。

{"status":1,"have":0,"list":[{"id":986,"order_no":"B17040815274290607794","status":"待付款","button":" \u003ca
href=\"###\" class=\"btn btn1\" onclick=\"onPay(\u0027B17040815274290607794\u0027) \"\u003e去付款
\u003c/a\u003e \u003ca href=\"###\" onclick=\"onCancel(\u0027B17040815274290607794\u0027)\"
class=\"btn\"\u003e取消订单\u003c/a\u003e","good_list":[{"id":993,"title":"成人门
票","img_url":"/upload/201704/01/thumb_1_201704011017527881.jpg","quantity":1,"sell_price":120.00,"totl_price
04-10"}]}]}

图 26-12　修改“我的订单”

我们发现也能看到别的用户的订单。说明这个接口没有做权限控制，从而可以看所有人的订单。这是一个非常严重的安全 Bug。攻击者只需要写一个简单的脚本，就可以把这个网站的所有的订单信息全部窃取出来。

26.6　资源必须登录才能访问

很多 URL 是必须登录后才能访问的。安全测试必须要测试所有需要认证的资源必须在登录状态才能访问。

具体测试步骤如下。

第 1 步：打开网站并且登录。

第 2 步：打开 Fiddler，在网页上访问“我的订单”页面。

第 3 步：在 Fiddler 中找到“我的订单”的 HTTP 请求，右键单击并选择 Replay→Reissue

and Edit。把该 HTTP 请求中的 Cookie 删除，再将修改后的 HTTP 请求发送出去。

第 4 步：检查响应，如果 HTTP 响应返回 401 错误，或者提示用户未登录，那么就是没问题；如果能得到订单信息，那么它就是个安全相关的 Bug，如图 26-13 所示。

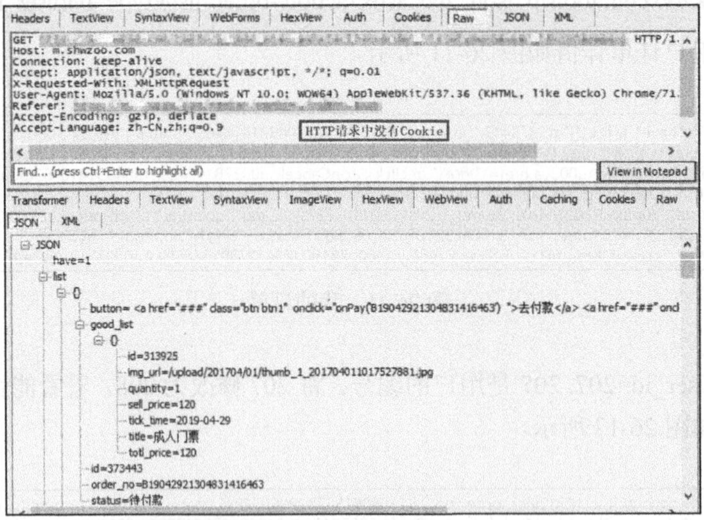

图 26-13 没有 Cookie 访问“我的订单”

26.7 修改 VIP 会员到期时间

很多 App 会提供 VIP 会员功能，用户购买会员 VIP 可以享受更多服务。这里有可能会出现安全 Bug，当 Web 服务器返回 VIP 即将到期的信息时，非法用户可以通过 Fiddler 修改 HTTP 响应，从而修改 VIP 到期时间。图 26-14 所示的是某直播 App 的 VIP 到期时间被修改。

图 26-14 修改 VIP 到期时间

26.8 本章小结

本章介绍了很多有意思的 Web 安全测试的示例，读者还可以找到更多有意思的安全测试方法。

当具备本章所述的这些安全测试思维之后，读者就可以用工具来辅助安全测试了。常用的安全测试工具有 AppScan、Burp Suite 和 Fiddler 等。如果没有安全测试的理论知识，就直接使用安全测试工具去进行测试，那么会看不懂安全测试工具的报告。

第 27 章
综合实例——自动提交订单

大多数产品都有自己核心的业务流。例如在电子商务中，极其重要的业务流是购物。如何保障每次产品迭代时核心的业务流都能正常流转？当然每次去手动跑业务流也是可以的，但这对测试工程师来说无形中增加了很多额外的工作量，而且每次都做一样的操作，也会让测试工程师产生厌恶感，长期下去会对产品产生抵触心理。此时自动化测试就显得尤为重要，不仅节约了工作成本，而且还把人从重复的劳动中解放出来，去做更有意义的事。本章会详细介绍在日常工作中如何做自动化测试。

27.1 背景

小坦克是一家互联网公司的测试人员，公司总共有 10 个开发人员，只有他一个测试人员。他负责公司所有产品的测试，包括 Web 端、移动端（Android 端、iOS 端）、H5 端，甚至还有公众号和微信小程序。功能测试和系统测试也是他一个人做。他基本上每天都要加班到晚上 10 点，因此迫切希望自己的工作能自动化，减少工作量，少加点班。

27.2 回归测试

regression 有退化的意思，原本完好的功能不能使用了，说明功能发生了退化。而回归测试（Regression Test）就是为了防止这样的情况发生。

有时候开发人员修复了一个 Bug，可能会引入新的 Bug。如果测试人员没有进行回归测试，就会发生 Bug 漏测。漏测是指软件产品的缺陷没有在测试过程中被发现，而是在版本发布之后，用户在使用过程中才发现产品存在的缺陷。在每次开发人员修改代码后，测试人员都要做回归测试，目的是防止开发人员引入新的 Bug，造成功能的退化。回归测试的做法是把以前执行过的测试用例重新执行一遍。

需要做回归测试的常见情形如下。

- 开发人员做了些小改动，此时需要测试人员做回归测试，以确保现有的功能没有被破坏。

- Bug 修复也需要做回归测试，从而验证新的代码修复了 Bug，同时也要确保原有的功能没有被破坏。
- 在项目后期需要进行一个完整的回归测试，以确保所有的功能都是好的。此时的测试叫作全站回归。

27.3 让回归测试自动化

回归测试完全是个"体力活"，测试人员可能要重复测试几十遍甚至几百遍，更有可能在较长一段时间内都是测一样的内容。对软件测试人员来说回归测试就是重复测试，所以它最好可以实现自动化。

如果实现自动化回归测试用例，那么测试人员的工作量将大大减少。

27.4 产品的架构

典型的互联网公司的产品架构如图 27-1 所示。一般而言，公司提供了很多客户端（前端）给用户使用，而这些前端都是用同一个后端。

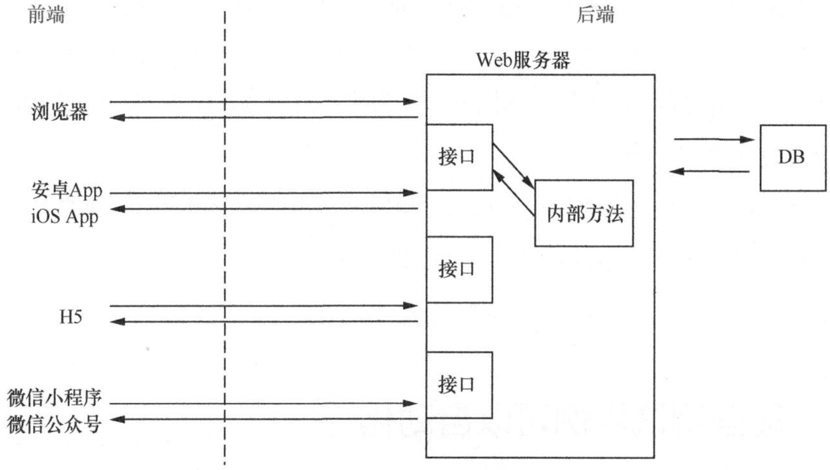

图 27-1 产品架构图

27.5 自动化测试方案

测试人员需要根据自己的精力和技能来选择合适的自动化测试方案。常见的自动化测试方案如图 27-2 所示。

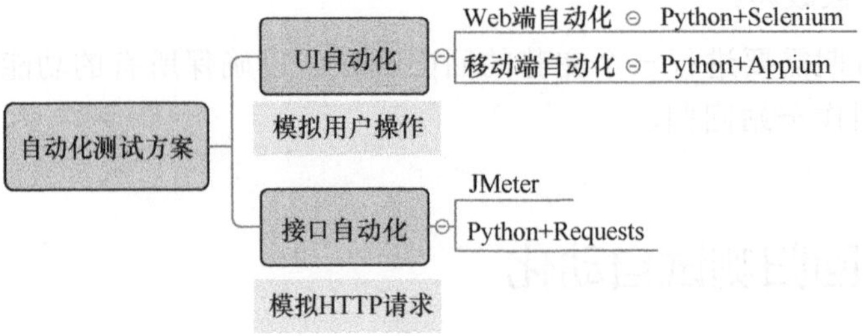

图 27-2 自动化测试方案

对 UI 进行自动化用处不大，理由如下。

- UI 变动很快，基本上 3 个月 UI 就会大更新一次。此时写好的自动化代码要跟着改，维护成本太高。
- UI 端太多，Android 端要写一套自动化方案，Web 端又写一套自动化方案等，工作量太大。
- UI 自动化要投入太多精力，初步估计 1 天只能写 1～2 条自动化测试用例。测试人员平常还要做手动测试，挤不出这么多时间来开展自动化。
- 对测试人员编程水平要求太高，Selenium 入门容易，但是要熟练地将其用到实际项目中还有很长一段路要走。使用 Selenium 实现 UI 自动化一般需要几个月才能完成。

小坦克最终选择的方案是接口自动化。但是接口自动化只测试了后端，没有测试前端，那前端怎么办呢？前端的测试还是用手动测试。因为后端没问题，所以前端出问题的概率也小。

最终小坦克选择以下方案：

（1）用接口自动化测试实现后端自动化。测试人员大约 1 天可以写 5 个自动化测试用例；

（2）手动测试 Web 端、Android 端、iOS 端、微信小程序和公众号等。

采用自动化方案后，至少减少了 50%的重复劳动。

27.6 哪些测试用例可以自动化

对于一个电商网站，下面这些系统测试用例都可以自动化。

- 新建订单，修改订单，删除订单。
- 查询用户的所有订单。
- 新建收货地址，修改收货地址，删除收货地址。

- 查询用户的收货地址。
- 修改个人信息。

27.7 下单的测试用例

我们先用自动化测试方案来实现下单的系统测试用例，步骤如下所示。

（1）注册一个新账号。

（2）用这个账号登录。

（3）查找商品。

（4）把商品加入购物车。

（5）填好各种信息，提交订单。

（6）到我的订单页面，查看订单是否下单成功。

（7）取消该订单。

27.8 用 JMeter 实现自动提交订单

本节介绍如何用 JMeter 实现自动测试用例。用 JMeter 实现自动测试耗时比较短，一般只需要十几分钟就能做好。大部分的测试人员不精通写代码，因此用 JMeter 实现比较方便。

接下来，我将通过示例来详细讲解用 JMeter 实现自动提交订单的过程。

第 1 步：启动 Fiddler，开始抓包。

第 2 步：打开某个电商网站，单击“登录”。

第 3 步：输入正确的用户名和密码，Fiddler 界面如图 27-3 所示。

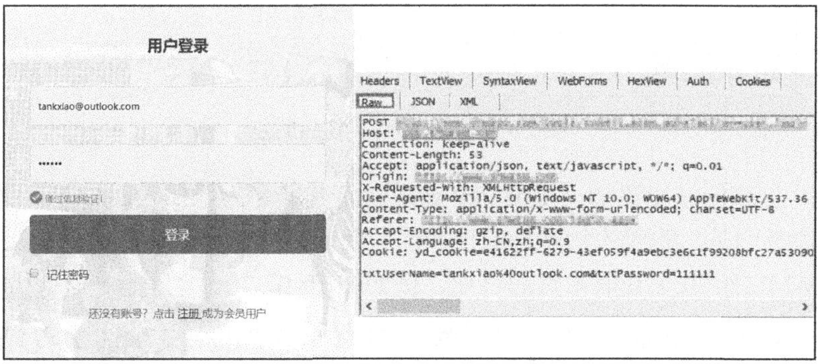

图 27-3 登录抓包

第 4 步：启动 JMeter，并添加一个线程组。在线程组下面，添加 HTTP Cookie 管理器和 HTTP 请求默认值，然后把域名填到 HTTP 请求默认值中。

第 5 步：在 JMeter 中添加一个 HTTP 信息头管理器。在 Fiddler 中，把常用的信息头加入到 HTTP 信息头管理器中，再添加一个查看结果树。

第 6 步：在 JMeter 中添加一个 HTTP 请求，将其取名为“登录”。按照 Fiddler 抓到的登录的包，把路径和信息主体的数据填好（注意：路径后面不要有空格），如图 27-4 所示。

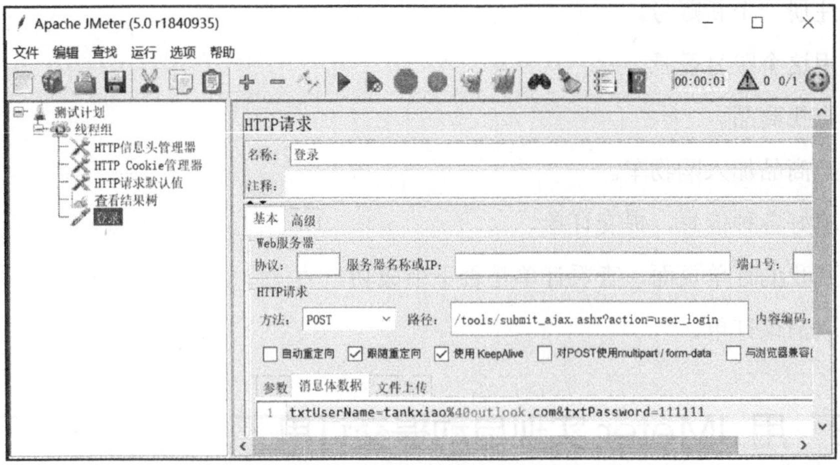

图 27-4 用 JMeter 实现自动登录

第 7 步：在 Web 页面中，把购买的物品加入到购物车中，Fiddler 抓到的包如图 27-5 所示。

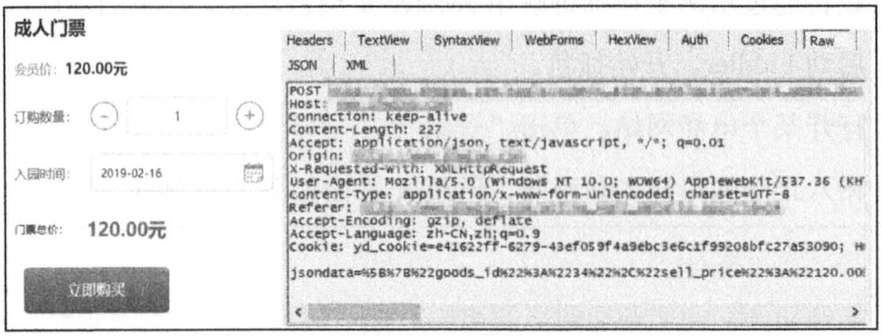

图 27-5 抓到的购买物品的包

第 8 步：在 JMeter 中添加一个 HTTP 请求，将其取名为“加入购物车”，如图 27-6 所示。此处要注意的是，购买的物品是有日期的。我们需要对日期进行参数化处理。用函数{__time(yyyy-MM)}-30 来获取本月的日期，例如 2019-07-30。

第 9 步：在 Web 页面中填好信息，单击“提交订单”按钮，如图 27-7 所示。Fiddler 抓到的包如图 27-8 所示。

图 27-6 用 JMeter 实现加入购物车

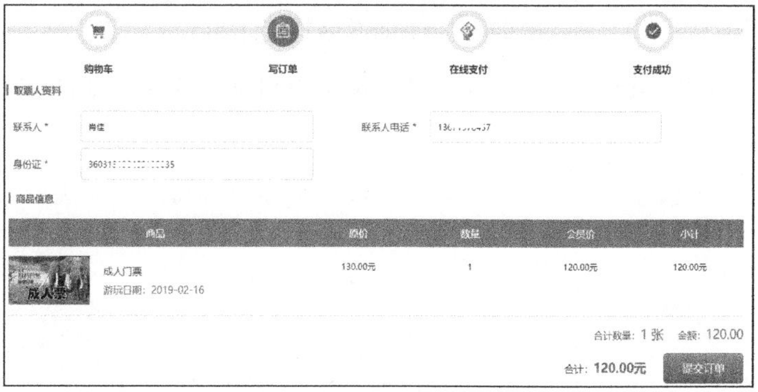

图 27-7 在 Web 页面中提交订单

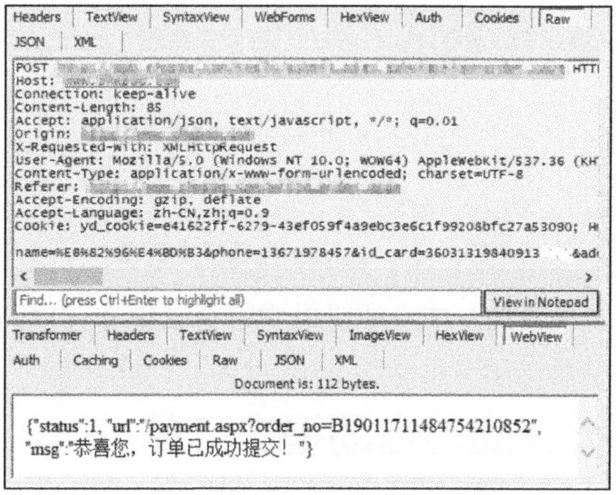

图 27-8 用 Fiddler 抓到的提交订单的包

第 10 步：在 JMeter 中添加一个 HTTP 请求，将其取名为“提交订单”，如图 27-9 所示。按照抓到的包的内容，把路径和信息主体数据填好。注意：身份证号码需要填一个有效的，否则服务器会返回错误，说身份证不合法。

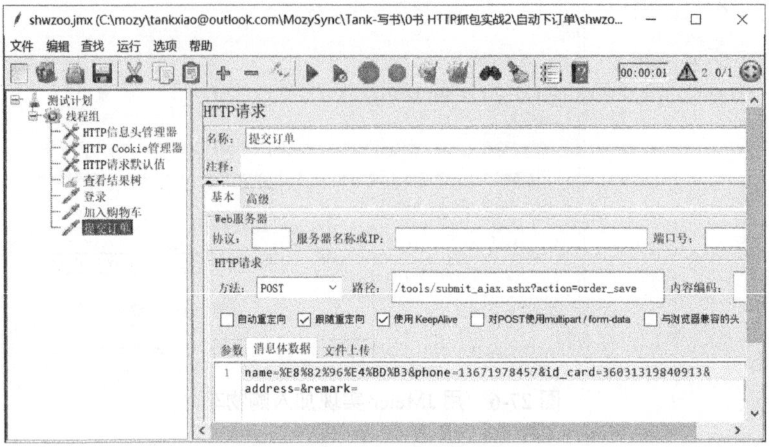

图 27-9 JMeter 实现提交订单

第 11 步：运行 JMeter 脚本，可以看到订单可以自动提交了，如图 27-10 所示。

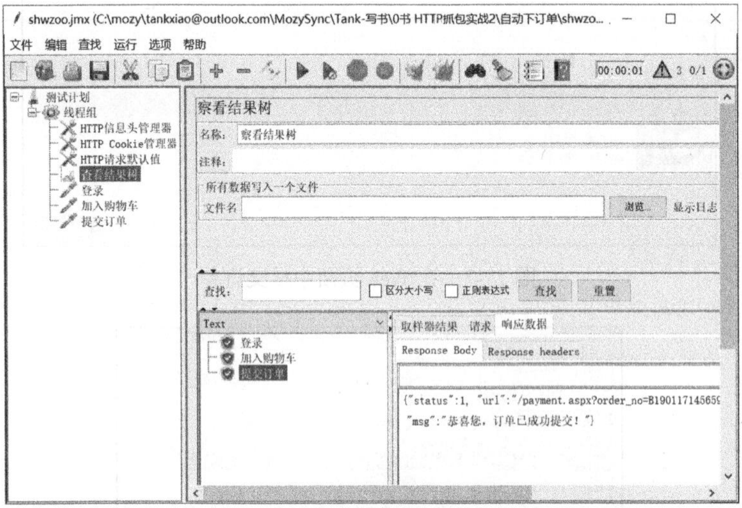

图 27-10 JMeter 自动提交订单

JMeter 总共发送了 3 个 HTTP 请求就可以实现自动提交订单的功能，非常方便、快捷。

27.9 用 Python 实现自动提交订单

用 Python 实现自动提交订单功能的代码如下。

```
import requests
import time

domain = "https://www.shwzoo.com"
sess = requests.session()
# 登录
loginUrl = domain + "/tools/submit_ajax.ashx?action=user_login"
loginData={'txtUserName':'tankxiao@outlook.com','txtPassword':'111111'}
headers = {'User-Agent':'Mozilla/5.0 (Windows NT 10.0; Win64; x64) AppleWebKit/
537.36 (KHTML, like Gecko) Chrome/67.0.3396.99 Safari/537.36'}
sess.headers.update(headers)
loginResult = sess.post(loginUrl,loginData,verify=False)
print(loginResult.text)
# 获取当前日期
ticketDate = time.strftime("%Y-%m")+"-30"
print(ticketDate)
# 商品加入购物车
cardUrl=domain + "/tools/submit_ajax.ashx?action=cart_goods_buy"
cardData={'jsondata':'[{"goods_id":"35","sell_price":"65.00", "quantity":"1",
"goods_type":"1","cart_id":"0","tick_time":"'+ticketDate+'","sku":"94605"}]'}
cardResult=sess.post(cardUrl,cardData,verify=False)
print(cardResult.text)
# 提交订单
orderUrl= domain + "/tools/submit_ajax.ashx?action=order_save"
orderData={'name':'肖佳','phone':'18964343919','id_card':'36031319840913XXXX',
'address':'','remark':''}
orderResult=sess.post(orderUrl,orderData,verify=False)
print(orderResult.text)
```

27.10 用 JMeter 实现自动取消订单

接下来对另外一个测试用例进行自动化，那就是取消订单。取消订单需要一个订单号，因此先要得到订单号。可以从我的订单页面中提取订单号，如图 27-11 所示。

图 27-11 我的订单页面

查看 HTML 源代码。

```
onclick="onCancel('B19011715291868511506')" class="btn mt0">取消订单
```

使用正则表达式来提取订单号。

```
onCancel('.*?')
```

在用 JMeter 时，经常需要通过正则表达式来提取数据，用得非常多的正则表达式是“.*?”。

用 JMeter 实现自动取消订单的步骤如下。

第 1 步：在 JMeter 中添加一个 HTTP 请求，将其取名为“我的所有订单”。该 HTTP 请求是 GET 方法，所以只需要填好路径即可，没有信息主体，如图 27-12 所示。

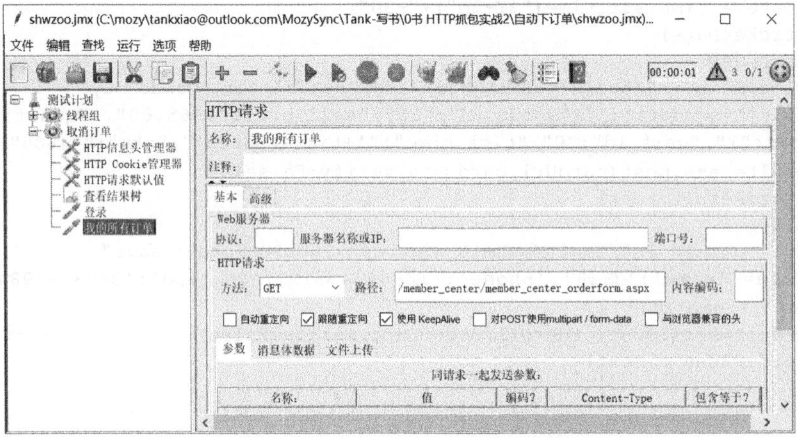

图 27-12　JMeter 中的“我的所有订单”

第 2 步：在“我的所有订单”下面添加一个正则表达式提取器来提取订单号（见图 27-13），并将订单号存到变量 orderID 中。

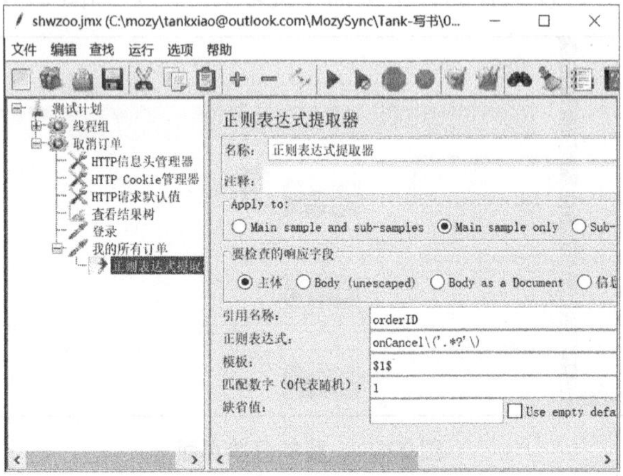

图 27-13　正则表达式提取器

第 3 步：在“我的订单”页面中，单击“取消”按钮，然后用 Fiddler 抓包，如图 27-14 所示。

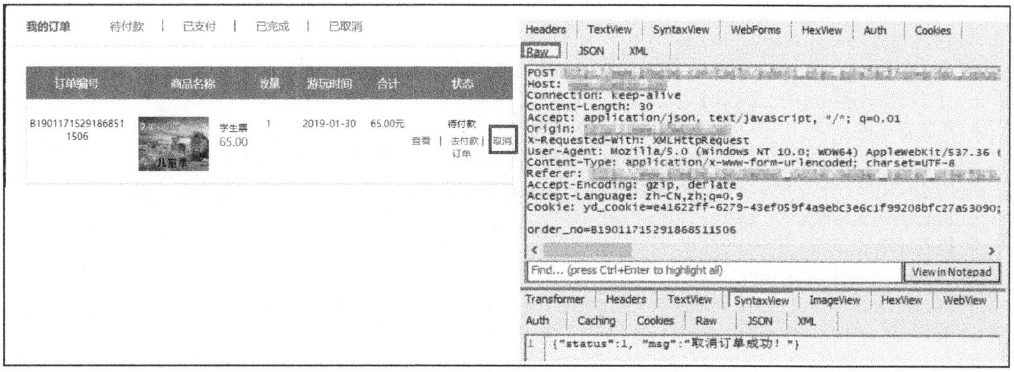

图 27-14　取消订单抓包

第 4 步：在 JMeter 中添加一个 HTTP 请求，将其取名为“取消订单”，然后填好路径。订单号调用了变量${orderID}，这样就可以实现自动取消订单功能了，如图 27-15 所示。

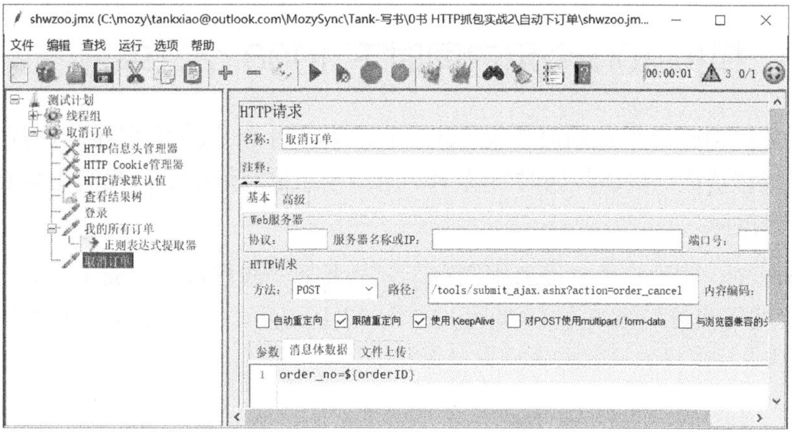

图 27-15　用 JMeter 取消订单

27.11　用 Python 实现自动取消订单

用 Python 实现自动取消订单功能的代码如下。

```
import requests,time,re

domain = "https://www.某网站.com"
sess = requests.session()
# 登录
loginUrl = domain + "/tools/submit_ajax.ashx?action=user_login"
```

```
    loginData={'txtUserName':'tankxiao@outlook.com','txtPassword':'111111'}
    headers = {'User-Agent':'Mozilla/5.0 (Windows NT 10.0; Win64; x64) Chrome/67.0.3396.99 
Safari/537.36'}
    sess.headers.update(headers)
    loginResult = sess.post(loginUrl,loginData,verify=False)
    print(loginResult.text)
    # 我的订单中
    myOrderUrl = domain + "/member_center/member_center_orderform.aspx"
    myOrderHtml = sess.get(myOrderUrl,verify=False)
    print(myOrderHtml.text)
    # 提取订单号
    orderPattern = r"onCancel\('(.*?)'\)";
    orderGroup = re.search(orderPattern,myOrderHtml.text)
    order = orderGroup.group(1)
    print(order)
    # 取消订单
    cancelIDUrl= domain + "/tools/submit_ajax.ashx?action=order_cancel"
    cancelIDData={'order_no':order}
    cancelIDResult=sess.post(cancelIDUrl,cancelIDData,verify=False)
    print(cancelIDResult.text)
```

27.12 模拟 100 个用户同时下 1000 个订单

如果要模拟 100 个用户同时提交 1000 个订单，用 Python 实现比较麻烦，需要用到 Python 的多线程功能，也就是同时启动 100 个线程。更麻烦的是，我们还需要统计这 100 个用户的性能指标。

在 JMeter 中，实现这个功能就很简单了。只要把“线程数”改成 100（一个线程代表一个用户）“循环次数”修改为 10 即可，如图 27-16 所示。然后添加一个聚合报告来查看性能测试报告。

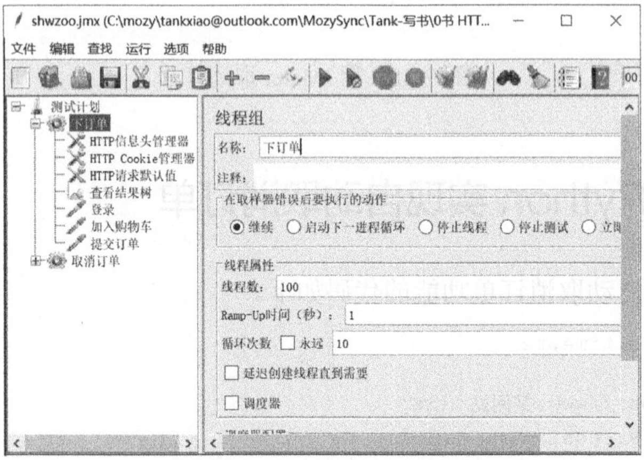

图 27-16 JMeter 性能测试

我们主要观察两个性能指标。

第 1 个性能指标是 Error%（错误率），正常应该是 0，不能有错误。

第 2 个性能指标是 Average（平均响应时间），正常应该是 100～20000。

性能测试的结果如图 27-17 所示。从聚合报告中可以看出，此网站不能同时支撑 100 个用户同时访问。

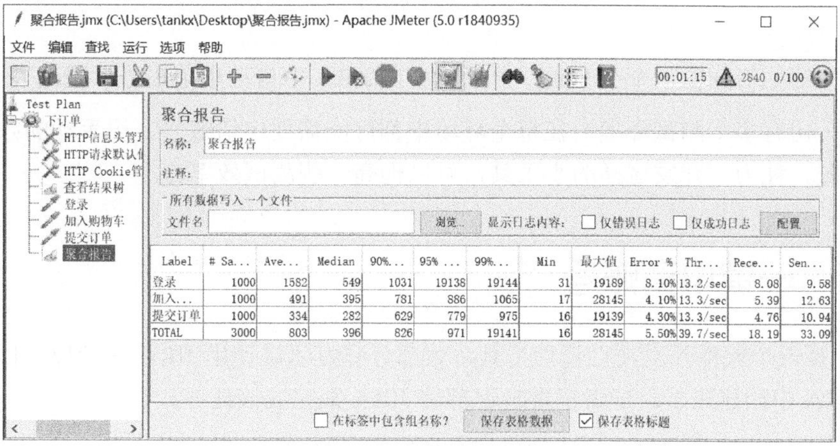

图 27-17 性能测试报告

27.13 本章小结

本章以软件测试人员小坦克迫切想要提高工作效率为背景，分析指出了回归测试是测试工作中必须要做但又不断重复比较耗费时间的工作，可以让其自动化实现，并选择了接口自动化测试的方案。本章还以电子商务网站中的订单系统为实例，演示了如何使用 JMeter、Python 来实现自动提交订单和自动取消订单的完整过程。

第 28 章

——综合实例——自动申请账号

本章介绍如何开发一个小工具，该工具会在 JIRA 中自动申请账号以替代人工操作。

很多公司有多个测试环境，在每个环境中都可能需要申请账号，用手动的办法申请账号比较耗时、耗力。开发这样的小工具，可以提高一些测试效率。

28.1 一键申请账号

JIRA 是一个软件开发项目管理工具，大部分开发团队使用 JIRA 来管理项目。本节我们将在 JIRA 中创建账号。读者需要自己部署 JIRA 来完成该任务。

注意：不同版本的 JIRA 的流程可能会稍微不一样。

第 1 步：登录。打开 Fiddler 和浏览器，输入 JIRA 的登录网址，结果如图 28-1 所示。接着输入管理员的用户名（admin）和密码（123456），然后单击 Log In 按钮。Fiddler 可以捕获到登录的 HTTP 请求，如图 28-2 所示。

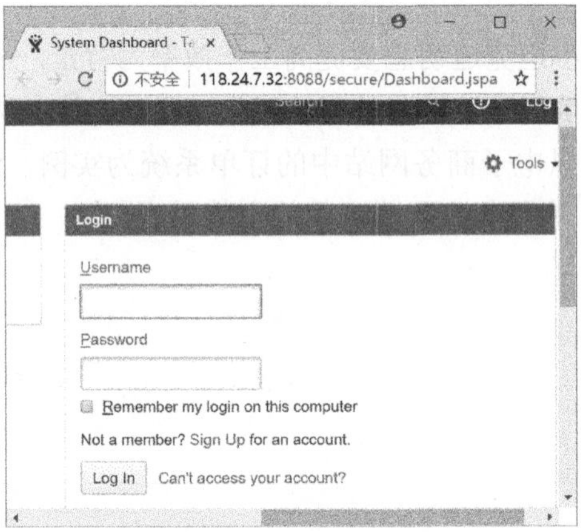

图 28-1　JIRA 登录页面

从图 28-2 中可以看到 Fiddler 捕获到了登录的 HTTP 请求。登录成功后，服务器在 Cookie 中返回了一个和登录有关的 Cookie，还返回了一个 token 字符串，如图 28-3 所示。

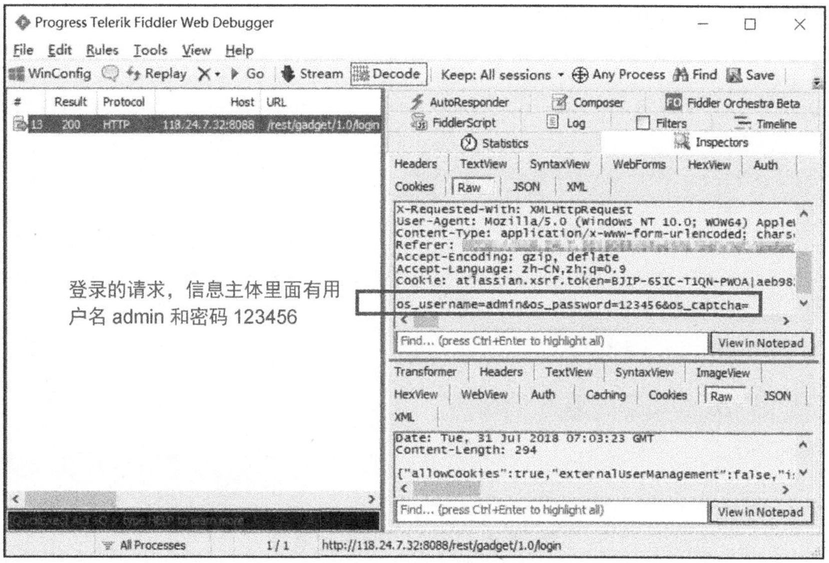

图 28-2 登录页面抓包

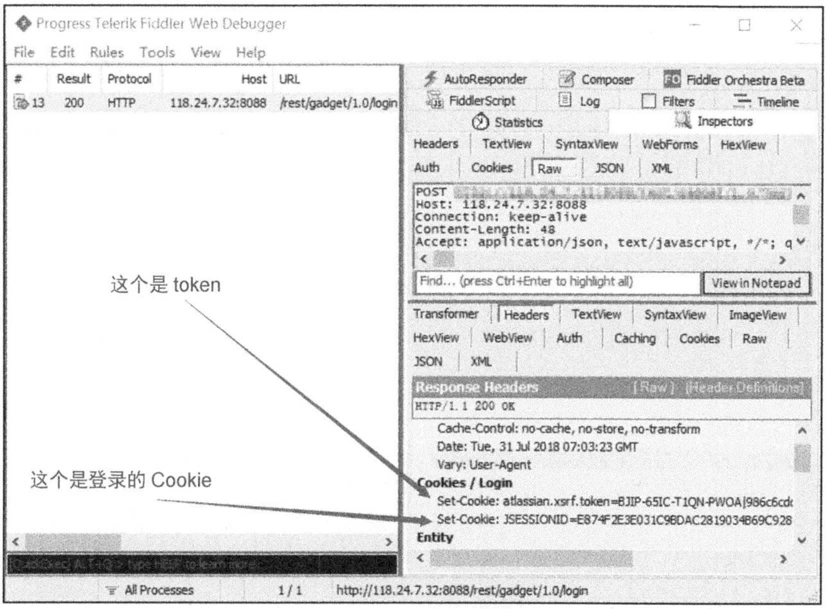

图 28-3 分析登录响应

第 2 步：确认登录。单击 User management，JIRA 会提示再次输入密码，如图 28-4 所示。用 Fiddler 捕获确认登录的 HTTP 请求，如图 28-5 所示。

我们看到确认登录的 HTTP 请求中，需要带一个 atl_token。这个 atl_token 的值，是从第一步登录的响应中的 Cookie 获取的。

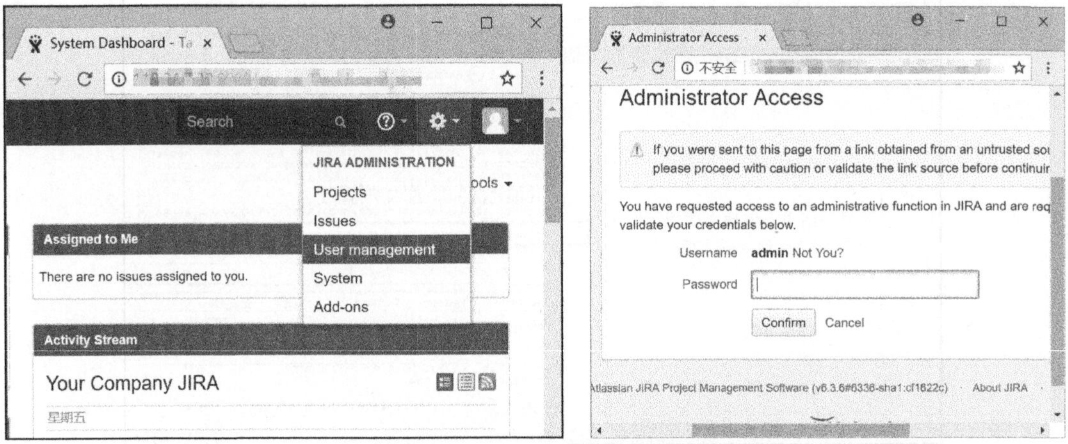

图 28-4 JIRA 中的用户管理

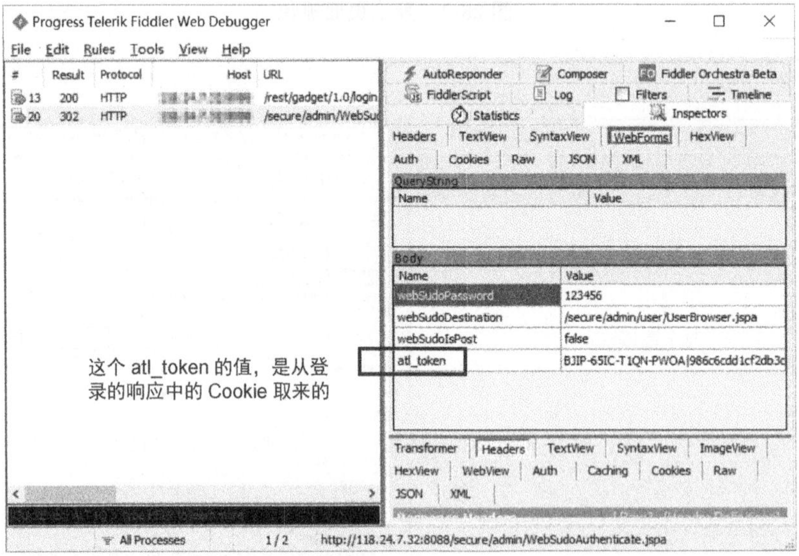

图 28-5 抓包

第 3 步：创建用户，如图 28-6 所示。

Fiddler 捕获到的创建用户的包如图 28-7 所示。

可以看到除了注册的用户名和密码外，创建新用户也需要 atl_token。

通过抓包分析可以得知，创建一个用户共需要 3 个 HTTP 请求。第一个 HTTP 请求用于登录，第二个 HTTP 请求用于确认登录，第三个 HTTP 请求用于创建用户。接下来我们用 JMeter 来实现该功能。

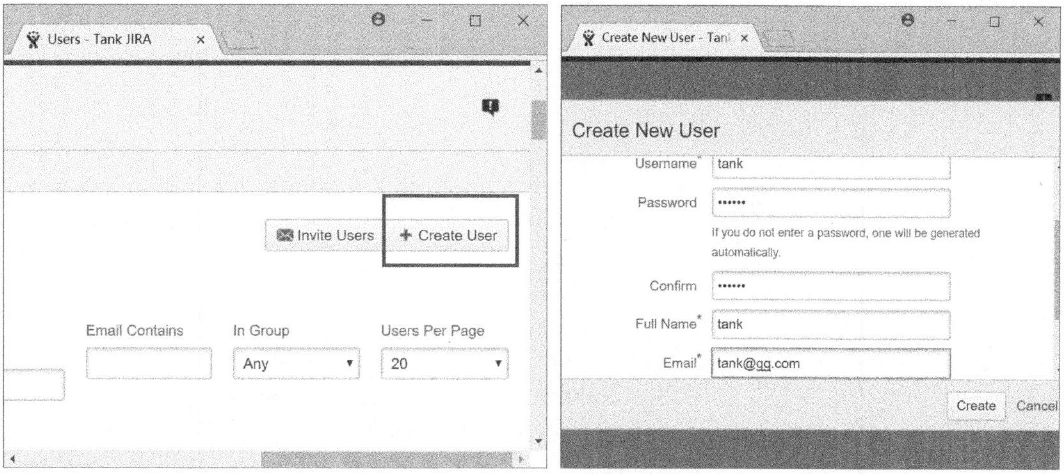

图 28-6　在 JIRA 中创建新用户

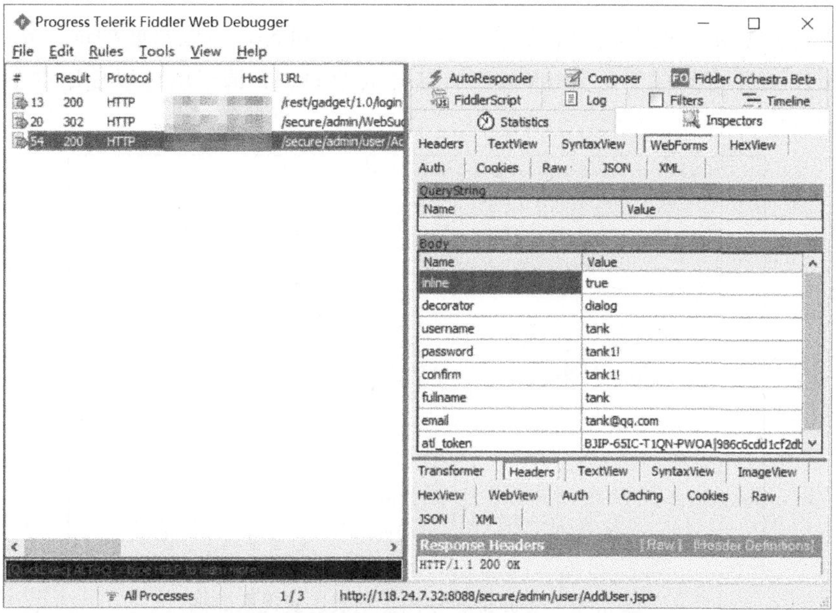

图 28-7　创建新用户的包

28.2　用 JMeter 实现自动创建用户

JMeter 的用法我们已经很熟悉了。启动 JMeter 后添加线程组、HTTP Cookie 管理器、

HTTP 请求默认值、HTTP 信息头管理器和查看结果树，再添加一个登录的 HTTP 请求，并根据 Fiddler 抓到的包填好信息，如图 28-8 所示。

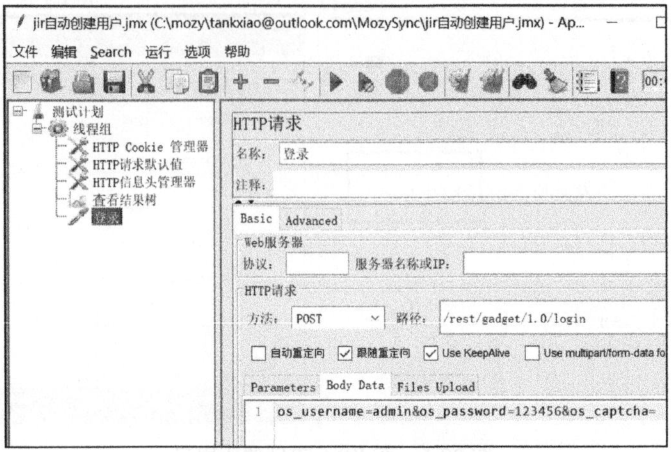

图 28-8 用 JMeter 实现登录

特别要注意的是，因为我们需要信息头中的一个 token，所以需要把这个 token 用正则表达式提取出来并将其存在变量 token 中。这样其他 HTTP 请求就可以使用这个 token 了，如图 28-9 所示。

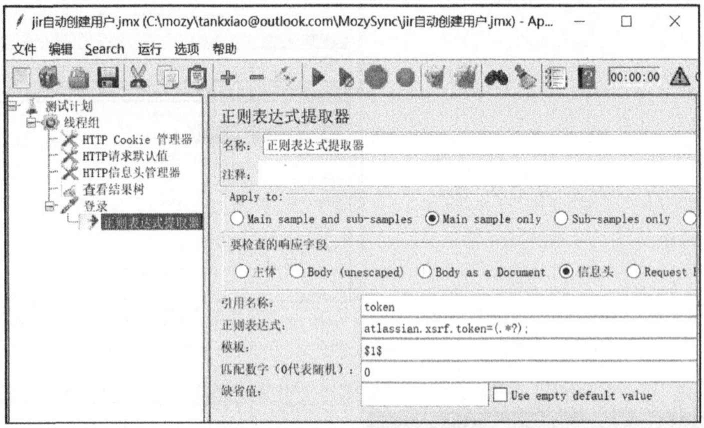

图 28-9 在 JMeter 中用正则表达式提取数据

添加一个确认登录的请求，把通过正则表达式提取器得到的 token（${token}）赋值给 atl_token，如图 28-10 所示。添加一个用户自定义变量，这样想申请什么账号，直接改变量的值就可以了，如图 28-11 所示。

接下来添加创建用户的请求。该请求中所涉及的注册用户名的字段使用用户自定义变量 user 进行赋值，如${user}，如图 28-12 所示。

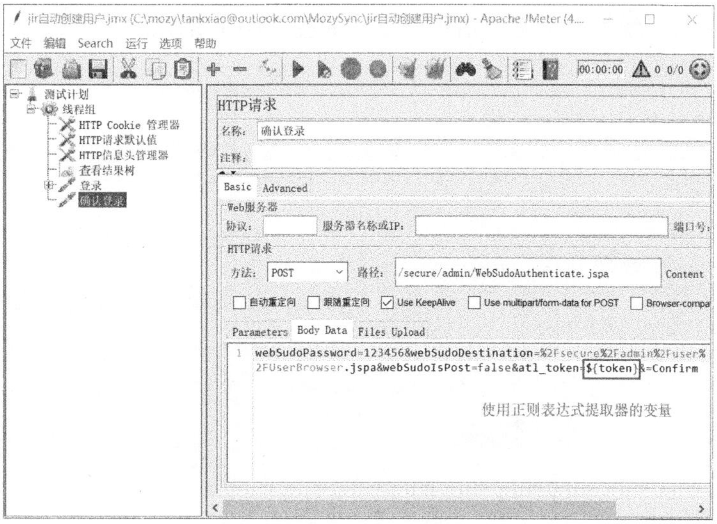

图 28-10　使用变量

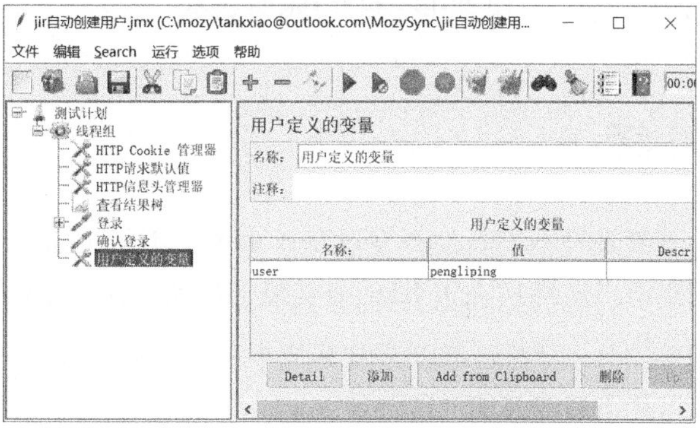

图 28-11　添加用户自定义变量

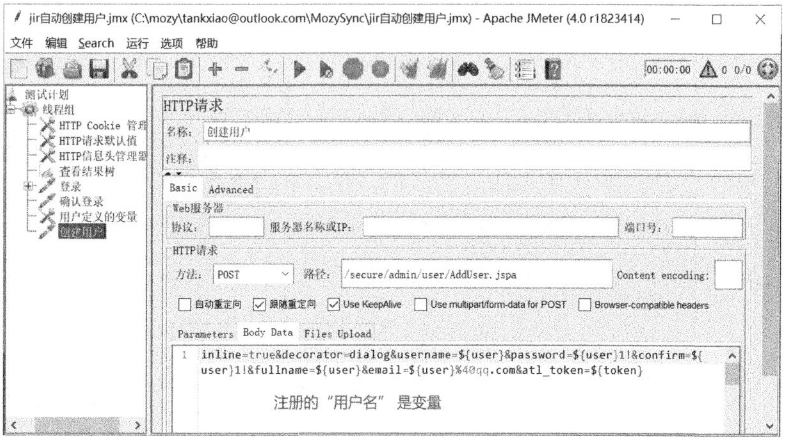

图 28-12　使用变量

运行程序后用户就可以一键申请账号了，如图 28-13 所示。

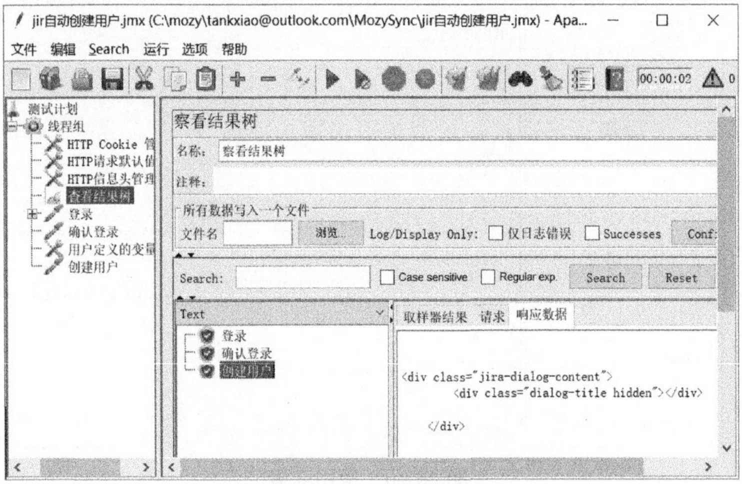

图 28-13 运行 JMeter 脚本

28.3 本章小结

本章介绍了自动申请账号小工具的开发过程。本章使用了 Fiddler 抓包，分析了 JIRA 创建用户需要的 HTTP 请求，然后在 JMeter 中实现了自动创建 JIRA 用户的功能。

除了自动申请账号工具，读者还可以开发其他小工具，例如：自动开 Bug、自动关 Bug、自动填充测试数据和自动下载等工具。

第 29 章

综合实例——自动签到领积分

很多商城有签到领积分的功能。利用抓包原理和 Python 发包可以实现自动签到，然后让 Python 脚本每天定时运行，这可以大大节约时间和精力。

29.1 自动签到的思路

签到是客户端给服务器发送一个签到的 HTTP 请求。自动签到的思路是用 Fiddler 来捕获 App 签到的 HTTP 请求，再用 Python+requests 模拟所发送的签到的 HTTP 请求。

大部分 App 是使用 Cookie 来保持登录的，有了 Cookie 就能模拟登录。App 的 Cookie 的有效期一般很长，如果失效了，那么需要重新抓包以换取新的 Cookie。

每天定时运行脚本就能每天签到领积分，完全不需要人工干预。

29.2 手机抓包

Web 端和 App 端都有签到功能，为什么模拟 App 端，而不模拟 Web 端呢？原因在于 App 端的 Cookie 的登录有效期比较长，通常在几个月以上，而 Web 端的 Cookie 的登录有效期通常只有几天。

图书《HTTP 抓包实战》已经详细介绍了 Fiddler 手机抓包以及 Cookie 的作用。我们的目的是抓到 App 签到的 HTTP 请求。

29.3 某电商签到领豆子

如图 29-1 所示，在某电商 App 首页单击“领豆子”，然后单击签到。

利用 Fiddler 抓包，抓到的 HTTP 请求和响应如图 29-2 所示。

图 29-1 签到领豆子

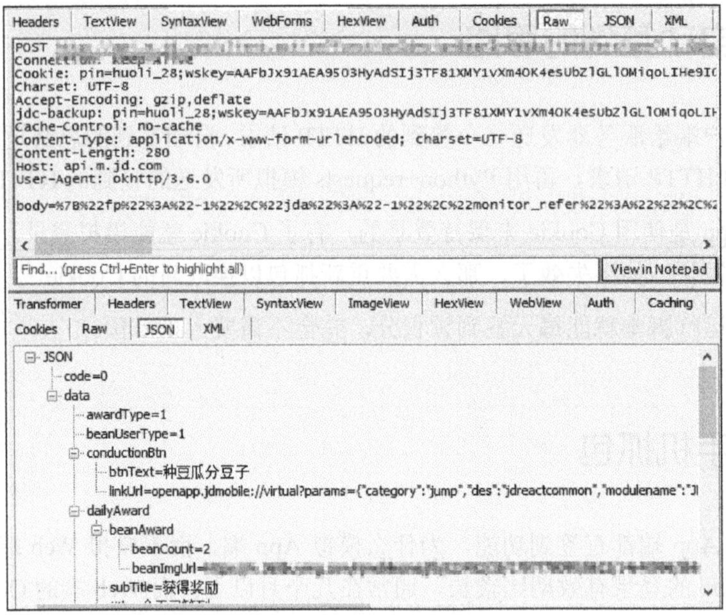

图 29-2 签到领豆子的请求

然后用 Python+requests 实现，发送一个一模一样的 HTTP 请求。

```
import requests, json
# 某电商 App 领豆子
sess = requests.session()
url = "https://api.m.jd.com/client.action?functionId=signBeanStart&body=%7B%22rn
Version%22%3A%223.9%22%7D&appid=ld&client=android&clientVersion=7.1.0"
headers={'User-Agent':'Dalvik/2.1.0 (Linux; U; Android 8.0.0; ALP-AL00 Build/
HUAWEIALP-AL00)'}

cookies={'pt_key': 'fiddler 抓包来的',
        'pt_pin':'huoli_28'}
```

```
loginResult=sess.get(url,headers=headers,cookies=cookies,verify=False)
print(loginResult.text)
```

注意：如果 App 升级了，HTTP 请求可能发生改变，此代码就不能运行了。

29.4 某金融 App 签到

和上面的例子一样，某金融 App 也有一个签到功能，如图 29-3 所示。

图 29-3 金融 App 签到

Fiddler 抓包如图 29-4 所示。

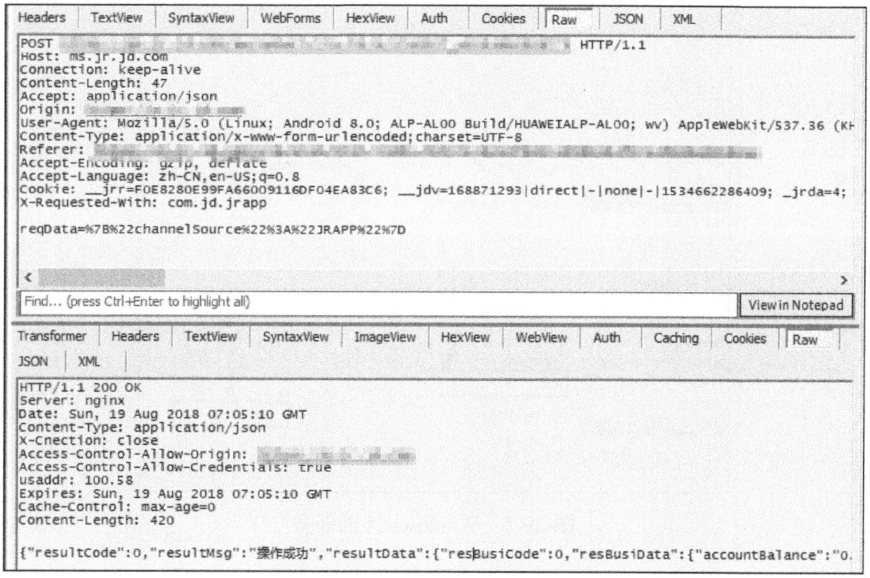

图 29-4 金融 App 签到抓包

29.5 自动运行脚本

脚本写好后，如果需要每天运行脚本才能签到，比较麻烦。将脚本做成每天自动运行就方便得多了。

29.5.1 Python 脚本利用 Windows 计划定时执行

我们希望每天都签到，因此这个 Python 脚本每天都要执行一次。我们可以利用 Windows 系统中自带的“任务计划程序”来实现每天定时运行。实现的具体步骤如下。

（1）启动 Windows 中的任务计划程序。

（2）创建一个基本任务。

（3）给该任务取名。

（4）设置每天启动一次。

（5）设置启动的脚本，如图 29-5 所示。

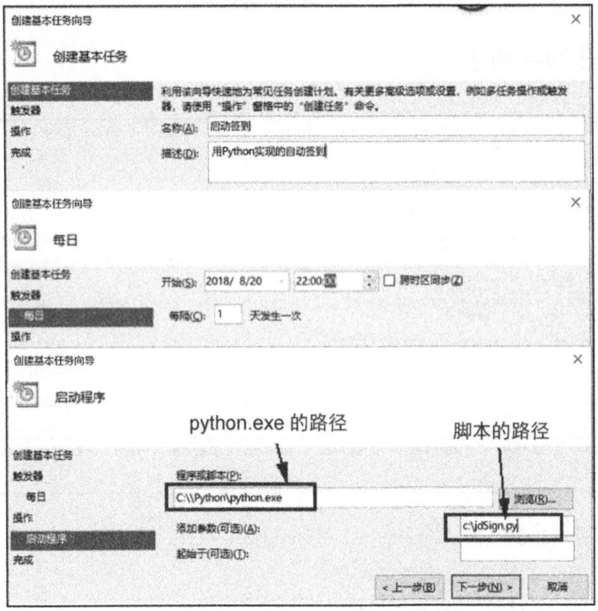

图 29-5 Windows 计划任务

这样设置后就可以每天自动签到了。

29.5.2 在 Jenkins 中定时执行

也可以把 Python 脚本放到 Jenkins 中，再建一个定时运行的任务，这样脚本就可以定时运行了，如图 29-6 所示。

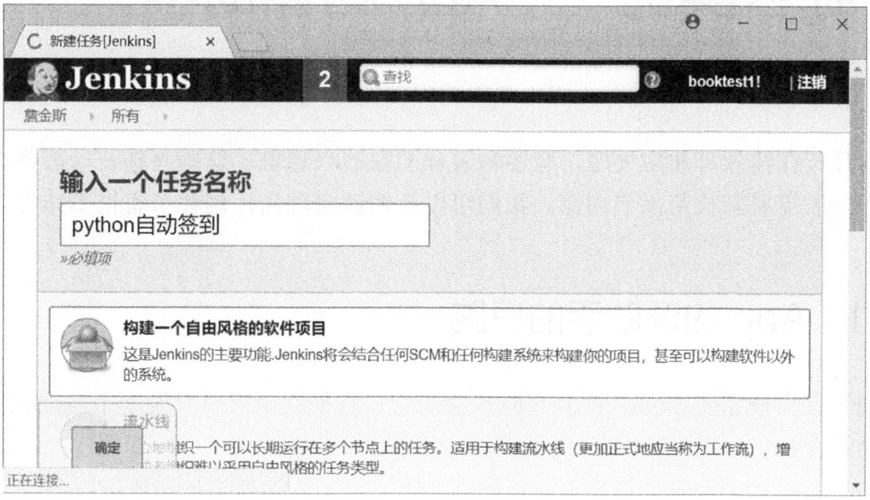

图 29-6 Jenkins 定时运行 Python 脚本

Jenkins 也可以定时运行 JMeter 脚本。

29.6 本章小结

本章利用 Fiddler 抓包和 Python 发包实现了自动签到领取积分的功能，然后提供了每天定时运行脚本的两种方法，实现了签到脚本每天定时运行，从而大大节约了时间和精力。类似的思路还可以做很多小工具，可以大大减少我们的人工操作，例如：

- 上班打卡，有些公司使用 App 签到打卡，利用抓包可以做一个自动打卡的功能；
- 领积分换停车费。

第 30 章 综合实例——App 约课助手

最近几年在线教育非常火爆，有各种各样的在线兴趣班。这些兴趣班一般都有 App。线上课程一般需要家长帮孩子约课。我们可以把约课自动化，这会节省很多精力。

30.1 App 约课助手的思路

手动约课大概需要 5min，而且有时候会忘记。我们完全可以开发一个自动化工具，来实现自动约课。

30.2 自动化方案

自动约课的方案比较多，本节主要介绍 3 种。

第 1 种方案：用 Postman 写脚本，然后用 Jenkins 定时运行。

第 2 种方案：用 JMeter 写脚本，然后用 Jenkins 定时运行。

第 3 种方案：用 Python 写脚本，然后用 Windows 自带的计划任务定时运行。

这个小工具一般是个人使用，用 Jenkins 有点麻烦，而 JMeter 这种工具扩展性不好，用 Python 实现比较简单。把 Python 脚本加到 Windows 计划任务中，这样可以每天定时运行，从而实现全自动约课。

30.3 模拟 App 端还是 Web 端

在线教育产品一般会提供多种客户端，有 App 端、PC 端和 Web 端。图 30-1 所示的是 Web 端，图 30-2 所示的是 App 端，它们提供的功能是一样的。

模拟 App 端还是 Web 端呢？模拟 App 端会简单一点，因为 App 端为了提高用户体验，一般没有验证码，模拟会更简单。

图 30-1 网课 Web 端

图 30-2 网课 App 端

30.4 网课约课助手开发

综合运用本书前面所讲的知识，开发网课约课助手一点都不复杂，具体步骤如下。

30.4.1 第 1 步：模拟登录

启动 App，并在手机上配置好 Fiddler，在登录页面输入正确的用户名和密码以开始抓包，如图 30-3 所示。用户名是 136719784XX，密码是 11111111。（对于 App 而言，抓包是基础。）

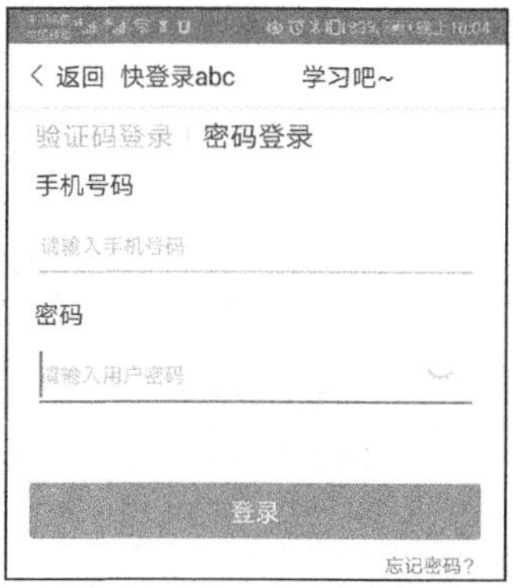

图 30-3 登录页面

单击“登录”按钮，抓到的包如图 30-4 所示。

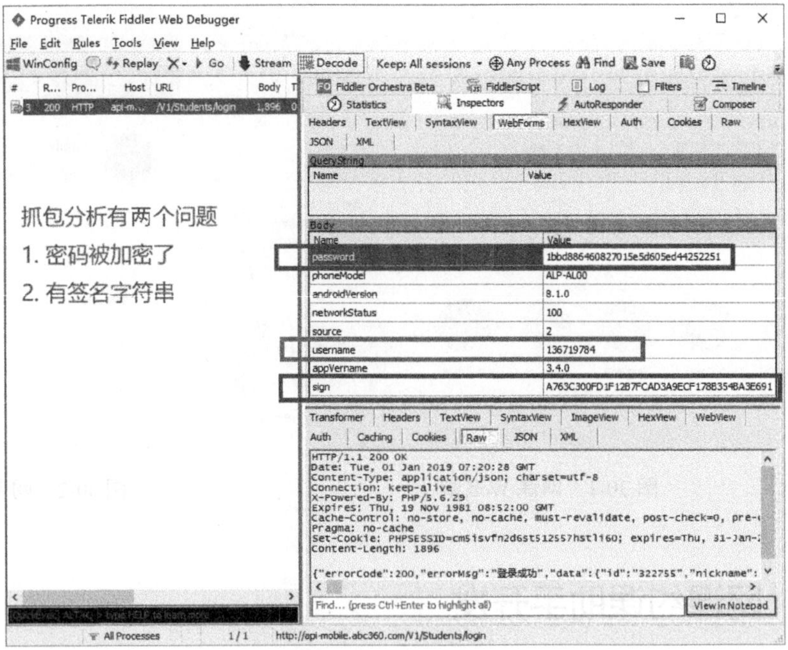

图 30-4 App 登录抓包

从图 30-4 中可以看到分析过程，其中有两个问题需要解决。

第一个问题：密码被加密了，密码原本是 11111111，但是浏览器发给 Web 服务器的密码是“1bbd886460827015e5d605ed44252251”。

这应该是 MD5 加密，可以用 MD5 的在线小工具来验证，如图 30-5 所示。

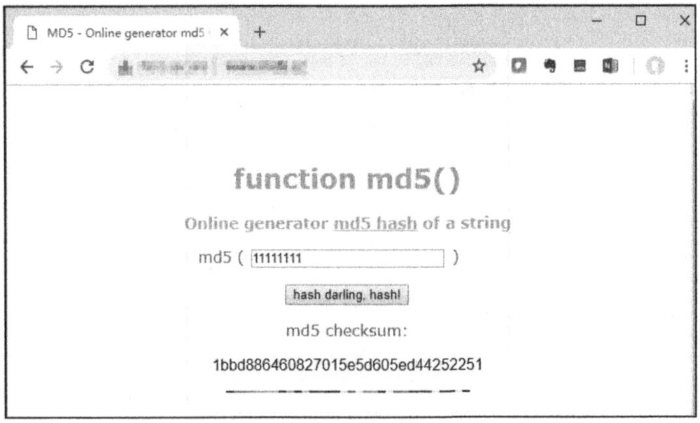

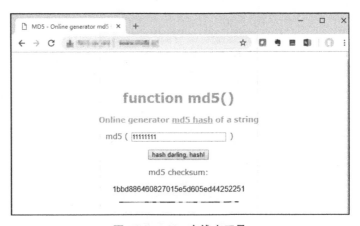

图 30-5 MD5 在线小工具

从图 30-5 可以看出来，密码的确是被 MD5 加密的。

第二个问题是，登录的请求中有个 sign 参数，它是签名，先判断下它是动态签名还是静态签名。如果是动态签名，这个 sign 的值每次都会发生变化；如果是静态签名，那么这个 sign 的值不会发生变化，是固定的。

选中这个登录的请求，单击工具栏上的 Replay 按钮，重放登录的请求。从图 30-6 中可以看出重放后可以再一次登录成功，从而判断出这个 sign 值是静态签名，可以继续在发送登录请求的时候使用。

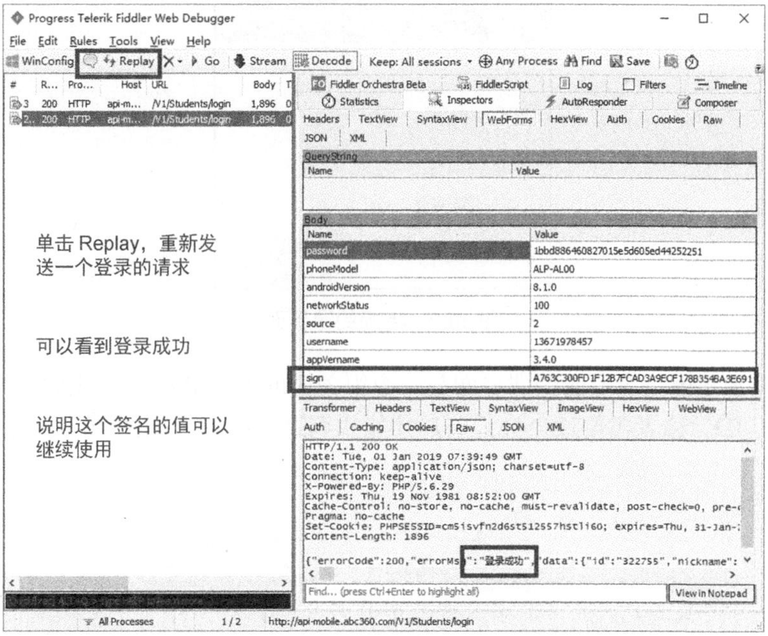

图 30-6 重放登录的请求

用 Python 实现自动登录的代码如下。

```
import requests
# 第一步，模拟登录
domain = "http://某网站.com/"
loginUrl = domain+"/V1/Students/login"

sess = requests.session()
#  下面的信息主体数据，跟 Fiddler 抓到的包中的信息主体数据一模一样
loginData={'password':'1bbd886460827015e5d605ed44252251','phoneModel':'ALP-AL00',
'androidVersion':'8.1.0','networkStatus':'100','source':'2','username':'136719784XX',
'appVername':'3.4.0',  'sign':'A763C300FD1F12B7FCAD3A9ECF178B354BA3E691'}

loginResult=sess.post(loginUrl,loginData)
print(loginResult.text)
```

运行代码之后可以成功登录。

30.4.2 第 2 步：获取课程 ID

在 App 中找到一位自己喜欢的老师的约课界面，如图 30-7 所示。

图 30-7 老师约课界面

这一步非常关键，老师的约课界面是一个很关键的 HTTP 接口，我们需要获取这位老师的所有课程 ID。读者需要逐个分析包，才能找到这个接口，如图 30-8 所示。

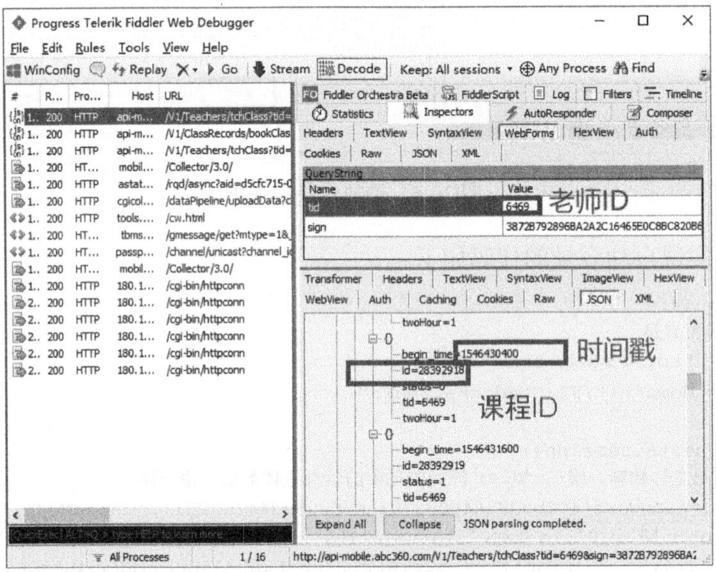

图 30-8 抓课程 ID

约课一般都是要约第二天或者第三天的课程。那么需要根据时间戳来获取课程 ID，这里的 Python 代码比较复杂。先要把明天的 20:00 换成时间戳，然后再根据时间戳获取课程 ID。

用 Python 实现获取课程 ID 的代码如下。

```
import datetime,time
import re

# 第二步，获取课程的 ID
# 发送 HTTP 请求，获取这位老师的所有课程
tchClassUrl= domain +"/V1/Teachers/tchClass?tid=6469&sign=3872B792896BA2A2C1646
5E0C8BC820B6F8ED25A"
tchClassJson = sess.get(tchClassUrl)
print(tchClassJson.text)
# 将第二天 20:00 转换成时间戳
today = datetime.date.today()
tomorrow = today + datetime.timedelta(days=1)
tomorrowTime= str(tomorrow) + " 20:00:00"
timeArray = time.strptime(tomorrowTime, "%Y-%m-%d %H:%M:%S")
timeStamp = int(time.mktime(timeArray))
print (timeStamp)
# 写一个正则表达式来获取课程 ID
classIDPattern = r"id\":\"(.{8}?).{10,30}?begin_time\":\"" + str(timeStamp) + "\"";
classIDGroup = re.search(classIDPattern,tchClassJson.text)
classID=classIDGroup.group(1)
print(classID)
```

30.4.3 第 3 步：约课

在老师的约课界面中，选择第二天 20:00 并单击“预约课程”按钮，通过抓到的包可以看到约课的 HTTP 接口。

这个接口比较简单。发送课程 ID 后就可以开始约课了。Fiddler 抓到的包如图 30-9 所示。

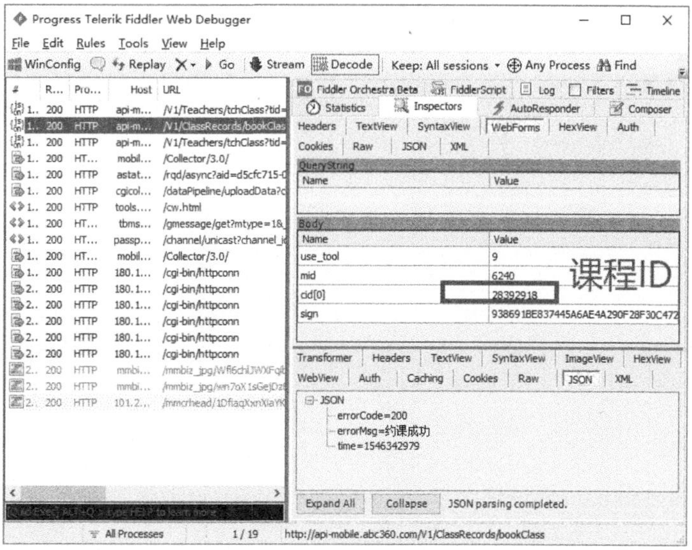

图 30-9 约课的抓包结果

实现约课的 Python 代码如下。

```
#第三步，约课
bookClassUrl=domain + "/V1/ClassRecords/bookClass"
bookData={'use_tool':'9','mid':'6240','cid[0]':classID,'sign':'938691BE837445A6A
E4A290F28F30C4723C494A6'}
bookResult=sess.post(bookClassUrl,bookData)
print(bookResult.text)
```

30.5 本章小结

本章以 App 约课为示例，运用了本书之前章节的知识，结合 Fiddler 抓包和 Python 发包开发了一个自动化工具——App 约课助手，实现了自动约课功能。本章目前只实现了自动约课功能。一旦老师开始放课，那么本脚本会在第一时间帮助用户约到课。我们还可以进行扩展，新加一些功能，例如，把老师添加到“我的收藏”中，自动约收藏的老师的课，自动评价课程等。